Springer-Lehrbuch

Hans-Otto Günther
Horst Tempelmeier

Übungsbuch

Produktion und Logistik

Fünfte, verbesserte Auflage
mit 73 Abbildungen
und 118 Tabellen

Springer

Professor Dr. Hans-Otto Günther
Technische Universität Berlin
Fachgebiet BWL – Produktionsmanagement
Wilmersdorfer Straße 148
10585 Berlin
E-mail: ho.guenther@pm-berlin.net

Professor Dr. Horst Tempelmeier
Universität zu Köln
Seminar für Allgemeine BWL und Produktionswirtschaft
Albertus-Magnus-Platz
50932 Köln
E-mail: tempelmeier@wiso.uni-koeln.de

Bibliografische Information Der Deutschen Bibliothek
Die Deutsche Bibliothek verzeichnet diese Publikation in der Deutschen Nationalbibliografie; detaillierte bibliografische Daten sind im Internet über *http://dnb.ddb.de* abrufbar.

ISBN 3-540-25704-7 5. Auflage Springer Berlin Heidelberg New York
ISBN 3-540-43484-4 4. Auflage Springer Berlin Heidelberg New York

Springer ist ein Unternehmen von Springer Science+Business Media
springer.de

Printed in Italy

Umschlaggestaltung: design & production GmbH
Herstellung: Helmut Petri
Druck: Legoprint

SPIN 11419952 Gedruckt auf säurefreiem Papier – 42/3153 – 5 4 3 2 1 0

Vorwort zur 5. Auflage

Nachdem auch die vierte Auflage dieses Übungsbuches erfreulicherweise eine sehr gute Aufnahme gefunden hat, legen wir hiermit die fünfte Auflage in überarbeiteter Form vor.

Im wesentlichen wurden einige Präzisierungen und marginale Verbesserungen der verbalen Darstellung und der Abbildungen vorgenommen. Darüber hinaus wurden die Gliederung und die Literaturangaben auf die bereits erschienene sechste Auflage des zugehörigen Lehrbuches zur Produktion und Logistik abgestimmt.

Ergänzend zu diesem Übungsbuch ist ein unter MS-Windows lauffähiges Übungsprogramm verfügbar, das dem Leser die Möglichkeit bietet, den größten Teil der Aufgaben, in denen mehr oder weniger umfangreiche Rechnungen erforderlich sind, PC-gestützt zu lösen. Die betreffenden Aufgaben sind mit dem Symbol  gekennzeichnet. Weitere Hinweise zu diesem Programm finden sich im Anhang.

Wir möchten uns an dieser Stelle bei allen Studierenden bedanken, die uns auf Druckfehler und inhaltliche Verbesserungsmöglichkeiten aufmerksam gemacht haben. Unser Dank gilt ausdrücklich auch jenen, die sich bei ihren wohlgemeinten Verbesserungsvorschlägen geirrt haben. Ganz besonders danken wir unseren jetzigen und früheren MitarbeiterInnen sowie unseren studentischen Hilfskräften in Berlin und Köln, die uns im Laufe der Jahre auf zahlreiche Verbesserungsmöglichkeiten hingewiesen haben.

Berlin und Köln	Hans-Otto Günther
im März 2005	Horst Tempelmeier

Inhaltsverzeichnis

Teil A

Einführung – Grundfragen der Produktion und Logistik

1 Produktion als Wertschöpfungsprozeß

Verständnis- und Wiederholungsfragen

1. „Produktion ist ein Wertschöpfungsprozeß." Erläutern Sie diese Aussage sowie die Anforderungen, die an die Gestaltung des Wertschöpfungsprozesses gestellt werden.

2. „Um langfristig erfolgreich zu sein, muß eine Unternehmung versuchen, sich im Einklang mit ihrer Umwelt zu entwickeln, auch wenn sich die Umwelt teilweise turbulent verändert." Erläutern Sie diese Aussage an Hand konkreter Beispiele und nennen Sie aktuelle Einflüsse, die von den verschiedenen Umweltbereichen auf die industrielle Produktion einwirken.

3. Von welchen beiden Definitionen des Wirtschaftlichkeitsprinzips wird üblicherweise in der Betriebswirtschaftslehre ausgegangen. Worin besteht die Problematik dieser Definitionen?

4. Was versteht man unter der Infrastruktur eines Produktionssystems? Welcher Zusammenhang besteht zwischen der Gestaltung der Infrastruktur und der Wertschöpfung eines Produktionssystems?

5. Definieren Sie die Begriffe der „industriellen Produktion" und der „Logistik".

6. Beschreiben Sie den Aufbau eines Arbeitssystems.

7. Systematisieren Sie die in der industriellen Produktion eingesetzten Produktionsfaktoren.

8. Welche Unterschiede und welche Gemeinsamkeiten bestehen zwischen Dienstleistungs- und industriellen Produktionsbetrieben hinsichtlich der zu bewältigenden Entscheidungsprobleme? Wie hat sich in den letzten 20 Jahren der Anteil der Industrie- bzw. Dienstleistungsbetriebe an der Gesamtzahl der Betriebe entwickelt?

9. Finden Sie Beispiele für

- materielle und immaterielle Güter,
- ungeformte und geformte Fließgüter sowie Stückgüter,
- einteilige und mehrteilige Produkte,
- bewegliche und unbewegliche Produkte.

Unter welchen Oberbegriff lassen sich diese Produktionstypen einordnen? Stellen Sie die Abgrenzung der oben aufgeführten Begriffe in einem Begriffsbaum graphisch dar.

10. Finden Sie Beispiele für

- Ein- und Mehrproduktproduktion,
- Massen-, Sorten-, Serien- und Einzelproduktion,
- Kundenproduktion („make to order"), Marktproduktion („make to stock") sowie die Montage von Enderzeugnissen aus vorproduzierten Einzelteilen („assemble to order").

Unter welchen Oberbegriff lassen sich diese Produktionstypen einordnen? Stellen Sie die Abgrenzung der Produktionstypen in einem Begriffsbaum graphisch dar.

11. Welche Organisationstypen der Produktion lassen sich unterscheiden? Was versteht man unter dem Verrichtungs- und unter dem Objektprinzip?

12. Erläutern Sie die Arbeitsweise einer Werkstattproduktion, einer Reihenproduktion, einer Transferstraße, einer Fließproduktionslinie, eines flexiblen Fertigungssystems sowie einer Produktionsinsel.

13. Finden Sie Beispiele für Produktionssysteme mit

- glattem, konvergierendem, divergierendem sowie umgruppierendem Materialfluß (bzw. für den Spezialfall der Kuppelproduktion),
- kontinuierlichem und diskontinuierlichen Materialfluß (bzw. für die Spezialfälle der natürlichen Fließproduktion und der Chargenproduktion),
- Baustellenproduktion,
- einstufiger und mehrstufiger Produktion,
- vorgegebener und veränderbarer Arbeitsgangfolge.

Unter welchen Oberbegriff lassen sich diese Produktionstypen einordnen? Stellen Sie die Abgrenzung der Produktionstypen in einem Begriffsbaum graphisch dar.

14. Finden Sie Beispiele für

- material-, anlagen-, arbeits- und informationsintensive Produktion,
- werkstoffbedingt wiederholbare und Partieproduktion.

Unter welchen Oberbegriff lassen sich diese Produktionstypen einordnen? Stellen Sie die Abgrenzung der oben aufgeführten Begriffe in einem Begriffsbaum graphisch dar.

15. Welche Unterscheidungsmerkmale kann man zugrundelegen, um die strategische, taktische und operative Managementebene voneinander abzugrenzen? Welche Aufgaben nehmen die einzelnen Managementebenen wahr?

16. Erläutern Sie die Interdependenzen zwischen dem Beschaffungs-, Produktions- und Vertriebsbereich in einem Industriebetrieb. Welche Abstimmungsprobleme und welche Zielkonflikte können zwischen diesen Bereichen entstehen?

17. Nennen Sie einige Faktoren, die für die Erhaltung der Wettbewerbsvorteile einer Unternehmung besonders wichtig sind.

Übungsaufgaben

AUFGABE A1.1: ENTSCHEIDUNGSEBENEN

a) Nennen Sie spontan mindestens 12 Entscheidungen, die mit der Planung, Vorbereitung und Durchführung des Produktionsgeschehens im Industriebetrieb zu tun haben. Welche Managementebene trifft gewöhnlich diese Entscheidungen? Welcher Betrachtungszeitraum wird dabei üblicherweise zugrunde gelegt?

b) Plazieren Sie die genannten Entscheidungen in einem Diagramm, das auf der X-Achse den Betrachtungshorizont und auf der Y-Achse die mit der letztendlichen Entscheidung betraute Managementebene angibt.

LÖSUNG

a) 12 typische Produktionsentscheidungen:

(1) Umstieg auf eine neue automatisierte Produktionstechnologie mit dem Ziel, Wettbewerbsvorteile zu erzielen;

(2) Umstellung der Produktionsorganisation;

(3) Einführung eines neuen computergestützten Produktionsplanungs- und -steuerungssystems (PPS-System);

(4) Aufstockung der Produktionskapazität durch Kauf einer neuen Anlage;

(5) Abschluß eines Liefervertrages mit einem Zulieferer und Vereinbarung eines produktionssynchronen Anlieferungsmodus („Just-in-time"-Prinzip);

(6) Vereinbarung einer flexiblen Arbeitszeitregelung mit dem Betriebsrat;

(7) Aufstellung des Produktionsprogramms für die nächsten 12 Monate;

(8) Bestellung von Rohmaterial;

(9) Annahme eines zusätzlichen Kundenauftrages;

(10) Festlegung der Produktionslosgröße für ein selbstgefertigtes Produkt;

(11) Belegung einer Maschine mit einem Produktionsauftrag;

(12) Korrektur der Auftragsterminplanung infolge einer unvorhergesehenen Betriebsstörung.

b) Bild A.1 soll Ihnen verdeutlichen, daß ein enger Zusammenhang zwischen dem Betrachtungshorizont bei einer Entscheidung und der beteiligten Managementebene besteht. Hieraus kann man auch eine Gliederung des produktionswirtschaftlichen Lehrstoffes ableiten.

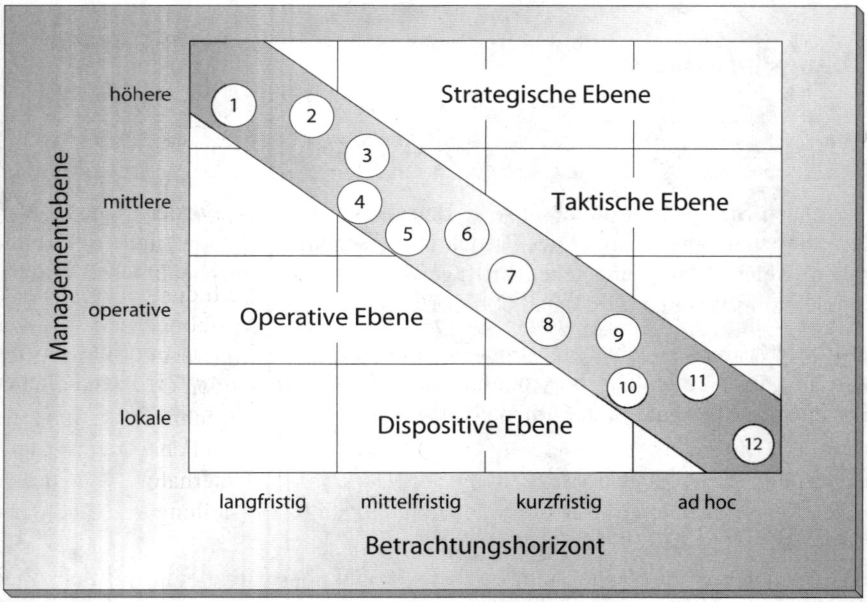

Bild A.1: Entscheidungsebenen

Aufgabe A1.2: Produktionstypen, Industriezweige

Man kann die folgenden Produktionstypen unterscheiden:

- nach dem Wettbewerbspotential von Technologien: *Basistechnologien*, die in der Branche weitgehend allgemein verfügbar sind; *Schlüsseltechnologien*, die die Wettbewerbsfähigkeit der Unternehmung signifikant beeinflussen können; *Schrittmachertechnologien*, die für die Branche neu sind;
- hinsichtlich der geographischen Ausdehnung der Absatzmärkte und Produktionsstandorte: *regionale*, *nationale* und *multinationale Industrieunternehmungen*;
- nach dem Ausmaß des Computereinsatzes: *ausschließlich mensch- und maschinengesteuerte Produktion; computergestützte Produktionsplanung und -steuerung; computerintegrierte Produktion (CIM)*;
- nach dem Innovationsgrad der hergestellten Erzeugnisse: *langlebige Produkte*, die kontinuierlich weiterentwickelt werden und eine stabile Basisnachfrage aufweisen; *normallebige Produkte*, deren Lebenszyklus an die Nutzungsdauer der Anlagen gebunden ist, auf denen sie hergestellt werden; *kurzlebige Produkte*, deren Lebensdauer deutlich kürzer ist als die Nutzungsdauer der zu ihrer Herstellung eingesetzten Anlagen;
- nach dem Variantenreichtum der Produkte: *einheitliche*, *variantenarme* und *variantenreiche Produkte*;
- nach der Umweltverträglichkeit der Produkte und Prozesse: *Prozesse ohne umweltbelastende Produkte*; *Prozesse mit Nebenprodukten*, die umweltunschädlich aufbereitet werden können; *Prozesse mit umweltbelastenden Wirkungen.*

Greifen Sie aus den nachfolgend aufgezählten Industriezweigen jeweils einige Belegbeispiele für die oben genannten Produktionstypen heraus:

Automobilproduktion, Braunkohletagebau, pharmazeutische Industrie, Herstellung von Waschmaschinen, Herstellung von Waschpulver, Herstellung von Computerchips, Bau von Spezialmaschinen, Errichtung von Kraftwerken, Straßenbau, Schiffsbau, Stromerzeugung, Mineralölverarbeitung, Anbau von Obst, Herstellung von Obstkonserven, Möbelindustrie, Herstellung von Getriebezahnrädern, Stahlproduktion, Textilindustrie, Bekleidungsindustrie, Herstellung von Personalcomputern, Bierproduktion, Weinbau, Herstellung von Geräten der Unterhaltungselektronik, Herstellung von Geräten für die Telekommunikation, Herstellung von Meß- und Prüfgeräten.

Aufgabe A1.3: Industrielle Erzeugnisse

Nennen Sie jeweils einige Beispiele für industrielle Erzeugnisse,

- die kundenindividuell bzw. -neutral gestaltet werden,
- die als Konsum- bzw. Investitionsgüter verwendet werden,

- die unbegrenzt, begrenzt oder kaum lagerfähig sind,
- bei denen vom Kunden eine besonders kurze Lieferfrist erwartet wird,
- deren Absatz besonders preissensitiv ist,
- deren Preis infolge technologischer Neuerungen rapide sinkt,
- deren Absatz durch intensive Marketingmaßnahmen unterstützt werden muß,
- die von sehr wenigen bzw. sehr vielen Unternehmungen angeboten werden,
- deren Verbreitung stark zu- bzw. abnimmt,
- die in größerem Umfang importiert bzw. überwiegend heimisch hergestellt werden,
- deren Vertrieb in größerem Maße mit Serviceleistungen verbunden ist,
- deren funktionale Qualität sich in den letzten Jahren spürbar verbessert hat,
- die zunehmend mit elektronischen Steuerungselementen ausgerüstet werden,
- deren Herstellung staatlich stark subventioniert wird,
- durch deren Entwicklung und Markteinführung einzelne Unternehmungen eine herausragende Marktstellung gewonnen haben.

Aufgabe A1.4: Kapazität

Unter Kapazität wird das Leistungsvermögen eines einzelnen Produktionsfaktors oder einer Produktionsfaktorkombination während eines bestimmten Zeitabschnittes verstanden.

a) Wie kann man die Kapazität messen? Welche Maßeinheiten kommen in Frage?

b) Welche Schwierigkeiten treten auf, wenn die Kapazität einer Produktionsfaktorkombination oder eines mehrstufigen Produktionsprozesses gemessen werden soll?

Aufgabe A1.5: Personal-, Anlagen-, effektive Kapazität

Die effektiv nutzbare Kapazität einer Betriebseinheit ist sowohl durch die Anlagen- als auch durch die Personalkapazität begrenzt. Kurzfristige Kapazitätserweiterungen sind i.a. nur in gewissen Grenzen möglich.

a) Welche Faktoren bestimmen die Personalkapazität einer Betriebseinheit? Welche Faktoren bestimmen die Anlagenkapazität einer Betriebseinheit?

b) Analysieren Sie die Zusammenhänge zwischen den beiden Kapazitätsarten. Woraus resultiert die effektive Produktionskapazität einer Betriebseinheit?

c) Welche Maßnahmen kann man ergreifen, um die effektive Produktionskapazität vorübergehend auszuweiten?

d) In der Endmontage eines Industriebetriebs sind vier Montageinseln eingerichtet, die jeweils mit drei Arbeitskräften besetzt werden können. Bei geringerer Personalbesetzung vermindert sich die Arbeitsleistung einer Montageinsel entsprechend. Insgesamt sind 26 Arbeitskräfte eingestellt, deren Normalarbeitszeit 38 Stunden pro Woche beträgt. Gearbeitet wird im Zwei-Schicht-Betrieb. Im Jahresdurchschnitt gehen 15% der Personalkapazität infolge von Urlaub, Krankheit u.ä. verloren. Die Betriebszeit könnte bis zu 80 Stunden pro Woche betragen. Bei der Anlagennutzung gehen 10% der Einsatzzeit aufgrund von Störungen, Wartungen, Umrüstungen usw. verloren. Welche effektive Produktionskapazität pro Woche kann im Jahresdurchschnitt erreicht werden?

e) Wie viele Arbeitskräfte müßten bei der in d) geschilderten Betriebssituation eingestellt werden, damit eine Betriebszeit von 80 Stunden pro Woche tatsächlich erreicht wird?

f) Nehmen Sie an, in der ersten Woche gelte die in d) geschilderte Betriebssituation. In der zweiten Woche muß eine der vier vorhandenen Montageinseln wegen einer notwendigen Überholung stillgelegt werden. Wie hoch ist die durchschnittliche effektive Produktionskapazität während der zwei Wochen?

LÖSUNG

a) Die grundlegende Berechnungsweise für die Personalkapazität PK und die Anlagenkapazität AK während einer Periode (z. B. eines Monats) läßt sich durch die beiden folgenden Formeln angeben:

$$PK = PB \cdot \alpha \cdot AZ \cdot \beta$$

$$AK = M \cdot \mu \cdot BZ$$

wobei die einzelnen Symbole die folgende Bedeutung haben:

PB	Personalbesetzung während einer Arbeitsschicht (Anzahl Personen)
α	durchschnittlicher Anwesenheitsgrad der Arbeitskräfte
AZ	regelmäßige Arbeitszeit pro Person und Periode
β	durchschnittliche Anzahl der Arbeitsschichten pro Tag
M	Anzahl der eingesetzten Anlagen
μ	Nutzungsgrad der Anlagen
BZ	Betriebszeit der Anlagen pro Periode

Bei dieser vereinfachten Berechnungsweise bleibt u.a. die Anzahl der Arbeits- und Betriebstage pro Monat unberücksichtigt.

b) Die effektiv nutzbare Produktionskapazität EK einer Betriebseinheit berechnet sich nach der folgenden Grundformel:

$$EK = \min\left\{M; \frac{PB \cdot \alpha}{\gamma}\right\} \cdot \min\{BZ \cdot \mu; AZ \cdot \beta\}$$

wobei

γ Anzahl Bediener pro Maschine (Bedienungsrelation)

Der prinzipielle Zusammenhang zwischen den Kapazitätsarten ist in Bild A.2 veranschaulicht.

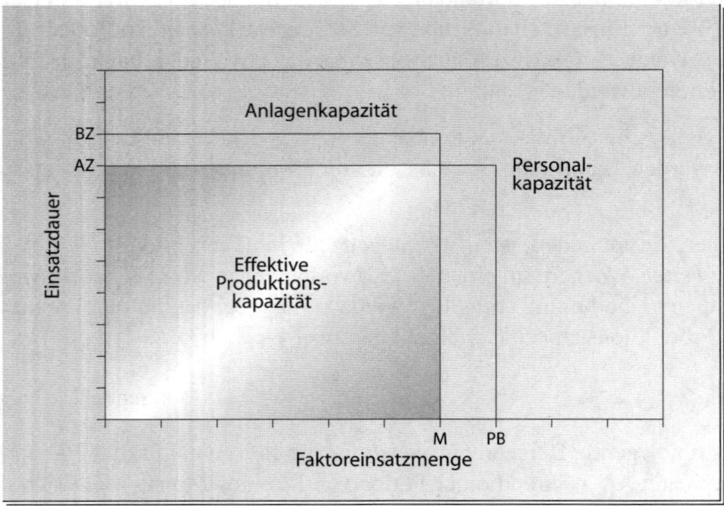

Bild A.2: Zusammenhang zwischen Personal-, Anlagen- und effektiver Kapazität

c) An geeigneten Maßnahmen kommen in Frage:

- Überstunden,
- Sonder- und Teilzeitergänzungsschichten,
- Einsatz von Zeitarbeitskräften,
- Urlaubssperre,
- innerbetriebliche Umsetzungen aus weniger stark ausgelasteten Betriebsbereichen,
- Fremdbezug von Vorprodukten.

d) Zunächst werden die Personal- und die Anlagenkapazität nach den in a) aufgeführten Formeln ermittelt, wobei die Belegschaft von 26 einer nominellen Personalbesetzung von 13 Arbeitskräften je Schicht entspricht. Man erhält:

$$PK = 13 \cdot 0.85 \cdot 38 \cdot 2 = 839.80$$

$$AK = 4 \cdot 0.9 \cdot 80 = 288.00$$

Ebenfalls nach der in a) aufgeführten Formel läßt sich die effektive Produktionskapazität wie folgt ermitteln:

$$EK = \min\left\{4; 13 \cdot \frac{0.85}{3}\right\} \cdot \min\{80 \cdot 0.9; 38 \cdot 2\} = 3.6833 \cdot 72 = 265.20$$

Hierbei stellt man fest, daß die effektive Produktionskapazität hinsichtlich der Faktoreinsatzmenge durch die Personalverfügbarkeit begrenzt ist (es können effektiv nur $13 \cdot \frac{0.85}{3} = 3.6833$ Montageinseln genutzt werden), hinsichtlich der Faktoreinsatzdauer aber die effektive Betriebszeit von $80 \cdot 0.9 = 72$ Stunden pro Woche die nominelle Wochenarbeitszeit von $38 \cdot 2 = 76$ Stunden unterschreitet. Bei der effektiven Produktionskapazität handelt es sich um einen Durchschnittswert, dem z. B. eine Jahresbetrachtung zugrunde liegt. Um eine 80-stündige Betriebszeit bei einer nominellen Wochenarbeitszeit von 38 Stunden zu erreichen, wäre z. B. eine Freischichtenregelung notwendig.

e) Um die vier Montageinseln unter Berücksichtigung der durchschnittlichen Personalanwesenheit vollständig auslasten zu können, wären $3 \cdot \frac{4}{0.85} = 14.1$ Arbeitskräfte je Schicht erforderlich, insgesamt also (aufgerundet) 15 Arbeitskräfte je Schicht bzw. 30 Arbeitskräfte insgesamt.

f) Würde man unmittelbar von der durchschnittlichen Anlagenzahl von 3.5 Montageinseln ausgehen, so ergäbe sich mit

$$\min\left\{3.5; 13 \cdot \frac{0.85}{3}\right\} \cdot \min\{80 \cdot 0.9; 38 \cdot 2\} = 3.5 \cdot 72 = 252.00$$

eine unrealistische Produktionskapazität, da in der ersten Woche der Faktorengpaß beim Personal, in der zweiten Woche hingegen bei den Montageinseln liegt. Unter Berücksichtigung der unterschiedlichen Anlagenverfügbarkeiten errechnet sich die effektiv nutzbare Produktionskapazität während der ersten bzw. zweiten Woche wie folgt:

$$EK_1 = \min\left\{4; 13 \cdot \frac{0.85}{3}\right\} \cdot \min\{80 \cdot 0.9; 38 \cdot 2\} = 3.6833 \cdot 72 = 265.20$$

$$EK_2 = \min\left\{3; 13 \cdot \frac{0.85}{3}\right\} \cdot \min\{80 \cdot 0.9; 38 \cdot 2\} = 3 \cdot 72 = 216.00$$

Hieraus ergibt sich der gesuchte Durchschnittswert:

$$EK = \frac{265.20 + 216.00}{2} = 240.60$$

AUFGABE A1.6: AKTUELLE BEGRIFFE

Recherchieren Sie in der produktionswirtschaftlichen Literatur die Bedeutung der folgenden Begriffe:

- PPS-System (Produktionsplanungs- und -steuerungssystem),

- MRP (Material Requirements Planning),
- MRP II (Manufacturing Resource Planning),
- ERP (Enterprise Resource Planning),
- APS (Advanced Planning System),
- CIM, CAD, CAM usw.,
- MPS (Master Production Scheduling),
- OPT (Optimized Production Technology),
- BOA (Belastungsorientierte Auftragsfreigabe),
- Retrograde Terminierung,
- Logistik (Beschaffungs-, Produktions-, Distributionslogistik),
- JIT (Just-In-Time),
- SCM (Supply Chain Management)
- Push-, Pull-Prinzip,
- KANBAN,
- FFS (Flexibles Fertigungssystem),
- TQM (Total Quality Management),
- KAIZEN, KVP,
- Lean Production,
- Business Process Reengineering,
- Outsourcing,
- Insourcing,
- Monitoring.

Literaturhinweise

Günther (2000)
Günther und Tempelmeier (1995), Einführung
Zäpfel (1989a), Abschnitt I
Tempelmeier (2005)

Teil B

Langfristige Erfolgsvoraussetzungen der industriellen Produktion

2 Strategische Entwicklungsplanung

2.1 Erfolgspotentiale und Wettbewerbsvorteile

Verständnis- und Wiederholungsfragen

1. Nennen Sie einige typische strategische Ziele, die eine konkrete Unternehmung verfolgen könnte. Nennen Sie zur Abgrenzung auch einige Beispiele für operative Ziele.

2. Was versteht man unter einem Erfolgspotential bzw. einem Wettbewerbsvorteil?

3. Greifen Sie als Beispiel eine beliebige, Ihnen bekannte erfolgreiche Unternehmung heraus und überlegen Sie, worin die besonderen Erfolgspotentiale und Wettbewerbsvorteile dieser Unternehmung bestehen.

4. Nennen Sie Beispiele für Unternehmungen, die durch technologische Spitzenleistungen eine herausragende Stellung bei bestimmten Produkten bzw. in bestimmten Märkten gewonnen haben.

5. Erläutern Sie das Wettbewerbsmodell von Porter. Welchen Erklärungswert besitzt es nach Ihrer Meinung?

6. Nennen Sie Beispiele für Unternehmungen, die in den letzten Jahren strategische Fehlentscheidungen getroffen haben.

Übungsaufgabe

Aufgabe B2.1: Wettbewerbsmodell von Porter

Das Wettbewerbsmodell von Porter soll dazu beitragen, die herrschenden wettbewerbsstrategischen Bedingungen zu erklären und Erkenntnisse für die Aufstellung einer Unternehmensstrategie zu liefern. Diskutieren Sie die strukturellen Determinanten des Wettbewerbs und ihr Zusammenspiel am Beispiel

a) des Marktes für Personalcomputer,

b) des Automobilmarktes,

c) des Marktes für Mobiltelephone.

Literaturhinweise

Porter (1999)
Simon (1988)

2.2 Strategieinhalte

Verständnis- und Wiederholungsfragen

1. Was versteht man unter einer Unternehmensstrategie? Welche wesentlichen Eigenschaften weisen Unternehmensstrategien auf?

2. Durch welche Elemente lassen sich Unternehmensstrategien beschreiben?

Literaturhinweis

Aaker (2001)

2.3 Strategiefindung

Verständnis- und Wiederholungsfragen

1. Erläutern Sie die TOWS-Analyse, und erklären Sie den Aufbau der TOWS-Matrix.

2. Was versteht man unter einer strategischen Geschäftseinheit?

3. In welcher Weise läßt sich die für eine strategische Geschäftseinheit gewählte Gesamtstrategie in einzelne Funktionalstrategien aufschlüsseln?

4. Welche Teilbereiche könnte eine Produktionsstrategie umfassen?

Übungsaufgaben

AUFGABE B2.2: TOWS-ANALYSE

Belegen Sie durch konkrete Praxisbeispiele, wann z. B. eine SO-, WO-, ST- oder WT-Strategie im Sinne der TOWS-Analyse gewählt werden sollte.

AUFGABE B2.3: MARKTANTEILS-/MARKTWACHSTUMS-PORTFOLIO

Die bekannteste Portfoliodarstellung ist das Marktanteils-/Marktwachstums-Portfolio. Sie ist anschaulich und einprägsam, aber sie verleitet zu einer oberflächlichen und zu sehr vereinfachten Betrachtung der Zusammenhänge.

a) Erklären Sie den Aufbau und die Einteilung des Marktanteils-/Marktwachstumsportfolios.

b) Wie läßt sich der „Markt" im Marktanteils-/Marktwachstumsportfolio abgrenzen?

c) Wie lassen sich der relative Marktanteil und das Marktwachstum definieren? Welche Probleme treten bei der Messung und empirischen Erfassung dieser Größen auf?

d) Wie läßt sich die Annahme rechtfertigen, daß der relative Marktanteil und das Marktwachstum als die entscheidenden erfolgsbestimmenden Faktoren einer strategischen Geschäftseinheit anzusehen sind? Welche anderen Faktoren können von Bedeutung sein?

e) Welcher Zusammenhang wird von den Verfechtern des Marktanteils-/Marktwachstumsportfolios zwischen dem relativen Marktanteil und dem Marktwachstum einerseits und dem Bedarf bzw. der Freisetzung von liquiden Mitteln andererseits gesehen?

f) Nehmen Sie zur Ableitung von Standardstrategien aus dem Marktanteils-/Marktwachstums-Portfolio kritisch Stellung.

g) Beurteilen Sie den praktischen Nutzen des Marktanteils-/Marktwachstums-Portfolios für die strategische Planung.

Literaturhinweise

Aaker (2001)
Hahn und Taylor (1999)
Homburg (2000), Abschnitte I.2 und I.5

3 Integration von Produktions- und Marktstrategien

3.1 Integrationsschritte

Verständnis- und Wiederholungsfragen

1. Die Kundenzufriedenheit wird immer mehr als ausschlaggebender Erfolgsfaktor im Wettbewerb betrachtet. Durch welche Arten von Maßnahmen wird Kundenzufriedenheit begründet? Nennen Sie jeweils einige Beispiele.

2. Erläutern Sie die fünf Integrationsschritte, die zur Abstimmung von Produktions- und Marktstrategien durchlaufen werden.

Literaturhinweis

Hill (2000), Abschnitt 2.4

3.2 Produktpolitik

3.2.1 Produktlebenszyklen

Verständnis- und Wiederholungsfragen

1. Was versteht man unter dem Lebenszyklus eines Produktes?

2. Wie verläuft der idealtypische Lebenszyklus eines Produktes? In welche Phasen läßt er sich gliedern?

3. Welche Kritikpunkte und Einschränkungen sind bei der Anwendung des Lebenszykluskonzeptes zu beachten?

Übungsaufgabe

AUFGABE B3.1: LEBENSZYKLUSKONZEPT

Eine stark diversifizierte Unternehmung bedient sich des Lebenszykluskonzeptes, um die weitere Umsatzentwicklung der einzelnen Produkte abzuschätzen. Der Geschäftsführung werden u.a. die in der nachfolgenden Tabelle zusammengestellten (inflationsbereinigten) Daten vorgelegt.

a) In welcher Phase des Lebenszyklus befinden sich die drei Produkte?

b) Bei welchem der drei Produkte würde man sich am ehesten für eine Senkung des Absatzpreises entscheiden?

Produkt	Jahresumsatz	Absatzpreis	Deckungsbeitrag	Lagerbestand
Ergebnisse des laufenden Jahres				
A	320.000	50	12	1250
B	450.000	90	23	10
C	600.000	275	5	550
Veränderung gegenüber dem Vorjahr (in %)				
A	1.5	-0.5	2.5	12
B	75.5	8.0	92.7	-27
C	-38.4	-23.8	-64.3	124
Durchschnittliche Veränderung während der letzten 3 Jahre (in %)				
A	16.2	6.7	24.7	-9
B	27.1	2.3	35.8	1
C	-24.6	-9.7	-12.5	21

LÖSUNG

a) Produkt A befindet sich in der Sättigungsphase. Dies ist daran zu erkennen, daß Umsatz, Absatzpreis und Deckungsbeitrag nahezu stagnieren, während in den Vorjahren recht hohe Wachstumsraten erzielt werden konnten. Auch die Zunahme der Lagerbestände deutet auf das Eintreten der Sättigungsphase hin.

Produkt B dürfte sich in der Wachstumsphase befinden, da Umsatz, Absatzpreis und Deckungsbeitrag im laufenden Jahr kräftig zugelegt haben und gleichzeitig die Lagerbestände fast völlig abgebaut sind.

Bei Produkt C haben Umsatz, Absatzpreis und Deckungsbeitrag im laufenden Jahr beträchtlich nachgegeben. Der Deckungsbeitrag von 5 Geldeinheiten bei einem Absatzpreis von 275 Geldeinheiten deutet darauf hin, daß das Produkt bald vom Markt verschwinden dürfte. Es befindet sich offensichtlich in der Degenerationsphase. Aus dem starken Ansteigen der Lagerbestände ist ersichtlich, daß es bereits zum Ladenhüter geworden ist.

b) Bei Produkt A würde eine Senkung des Absatzpreises vermutlich dazu beitragen, das augenblickliche Niveau der Absatzmengen zu halten und das Eintreten einer raschen Degeneration des Absatzes hinauszuzögern. Außerdem sollten die enormen Lagerbestände abgebaut werden. Der Deckungsbeitrag von 12 Geldeinheiten läßt eine Senkung des Absatzpreises ohne weiteres zu. Produkt B ist offensichtlich ein Renner, so daß eine Preissenkung zum aktuellen Zeitpunkt auf jeden Fall vermieden werden sollte. Bei Produkt C würde eine nennenswerte Preissenkung negative Deckungsbeiträge nach sich ziehen.

Literaturhinweise

Hansmann (2001), Abschnitt 4.A.II.
Homburg (2000), Abschnitt 3.3
Zäpfel (1989a), Abschnitt 3.2.2.2.1

3.2.2 Produktentwicklung

Verständnis- und Wiederholungsfragen

1. Erläutern Sie die einzelnen Phasen des Entstehungsprozesses eines Produktes.

2. Was versteht man unter CAD, CAP und CAM? Welche Unterstützung bieten diese Systeme?

3. Wodurch zeichnet sich die teamorientierte Produktentwicklung aus?

4. Was versteht man unter Simultaneous Engineering? Welche Ziele werden mit diesem Konzept verfolgt? Worin bestehen die betriebswirtschaftlichen Auswirkungen des Simultaneous Engineering (vgl. *Grunow und Günther* (2002))?

Übungsaufgabe

AUFGABE B3.2: MATERIALWAHL

Mit dem technischen Entwurf eines Produktes werden gleichzeitig die einzusetzenden Produktionsverfahren und Werkstoffe festgelegt. Ein Produkt kann z. B. aus zwei verschiedenen Werkstoffen gefertigt werden. Die Bearbeitung erfolgt in den Maschinengruppen I, II und III. Die Bearbeitungsverfahren hängen jedoch vom gewählten Werkstoff ab. Es sei angenommen, daß die benötigten Maschinen bereits vorhanden sind und ausreichende Kapazität aufweisen, so daß keine Erweiterungsinvestitionen nötig sind. Die folgende Tabelle enthält die für die Kalkulation benötigten Angaben.

	Werkstoff		Maschinen-
	A	B	stundensatz
Bezugskosten je Werkstoffeinheit	40	75	–
Werkstoffbedarf je Produkteinheit	3	2	–
Stückbearbeitungszeit I	0.2	0.3	150
Stückbearbeitungszeit II	0.4	0.5	180
Stückbearbeitungszeit III	0.1	–	200

a) Welcher Werkstoff sollte unter Kostengesichtspunkten gewählt werden?

b) Welche sonstigen Gesichtspunkte sind *grundsätzlich* bei der Materialwahl zu beachten?

LÖSUNG

a) Der folgende Kostenvergleich spricht für Werkstoff A:

Kosten $(A) = 40 \cdot 3 + 0.2 \cdot 150 + 0.4 \cdot 180 + 0.1 \cdot 200 = 242$

Kosten $(B) = 75 \cdot 2 + 0.3 \cdot 150 + 0.5 \cdot 180 = 285$

b) Die folgenden weiteren Gesichtspunkte können bei der Materialwahl von Bedeutung sein:

- Qualität und Umweltverträglichkeit des Werkstoffes,
- Verfügbarkeit des Werkstoffes sowie Termintreue der Lieferanten,
- Entwicklung des Beschaffungspreises,
- Bereitschaft der Lieferanten, eine JIT-Zulieferung und eine technologische Kooperation einzugehen,
- Lebensdauer und technische Gebrauchseigenschaften des Werkstoffes,
- Vielseitigkeit des Werkstoffes bezüglich der einsetzbaren Maschinen und Bearbeitungsprozesse.

Literaturhinweise

Grunow und Günther (2002)
Ulrich und Eppinger (2004)
Zäpfel (1989b), Abschnitt 2.2.1

3.2.3 Bewertung von Produktideen unter Unsicherheit

Verständnis- und Wiederholungsfragen

1. Auf welche Grenzen stößt die Anwendung klassischer Verfahren der Investitionsrechnung bei der wirtschaftlichen Bewertung neuer Produktideen?

2. Nennen Sie typische Risikofaktoren, die bei der Bewertung einer Produktidee zu beachten sind.

3. Welches sind die wichtigsten der Entscheidungsbaumanalyse zugrundeliegenden Annahmen?

4. Beschreiben Sie den Ansatz der Nutzwertanalyse am Beispiel der Bewertung von Produktideen (vgl. *Günther und Tempelmeier* (1995), Abschnitt 4.3.1).

Übungsaufgaben

AUFGABE B3.3: NUTZWERTANALYSE

In einer Unternehmung wurden drei Produktideen entwickelt, von denen aus Kapazitätsgründen jedoch nur eine verwirklicht werden kann. Die Produktideen wurden an Hand von vier Kriterien auf einer Skala von 0 (sehr schlecht) bis 10 (sehr gut) bewertet. Die folgende Tabelle zeigt die Ergebnisse der Bewertung.

	Produkt		
	A	B	C
Erfolgsrisiko der Produkteinführung	4	8	2
Verträglichkeit mit vorhandenen Produkten	6	7	5
Technische Realisierbarkeit	5	9	7
Langfristige Wettbewerbsvorteile	4	6	6

a) Welche Produktidee weist den höchsten Nutzwert auf, wenn alle Kriterien gleichgewichtet werden?

b) Als weiteres Hauptkriterium soll der erwartete Return-on-Investment (ROI) berücksichtigt werden, wobei angenommen werden kann, daß die Verwirklichung aller Produktideen den gleichen Kapitaleinsatz erfordert. Die Produktideen A, B und C werden hinsichtlich des erzielbaren ROI mit 10, 4 und 5 Indexpunkten vergleichend bewertet. Beide Hauptkriterien, ROI und Nutzwert, werden als gleichrangig angesehen. Plazieren Sie die drei Produktideen in einem Diagramm mit den Achsen „ROI" und „Nutzwert". Welche Entscheidungsempfehlung würden Sie daraus ableiten?

LÖSUNG

a) Die drei Produktideen A, B und C weisen einen Nutzwert von $\frac{19}{4} = 4.75$ bzw. $\frac{30}{4} = 7.5$ bzw. $\frac{20}{4} = 5.0$ auf. Nach dem Nutzwertkriterium wäre Produkt B zu bevorzugen.

b) Bild B.1 verdeutlicht, daß Produkt B einen erheblich höheren Nutzwert bei geringfügig schlechterem ROI aufweist als Produkt C. Man könnte daher u.U. Produkt C aus der weiteren Betrachtung ausklammern. Unter rein finanzwirtschaftlichen Gesichtspunkten wäre Produkt A wegen seines ungewöhnlich hohen ROI attraktiv, jedoch spricht der geringe Nutzwert gegen Produkt A. Die endgültige Auswahl könnte zwischen A und B erfolgen. Ein ROI-Nutzwert-Diagramm wie in Bild B.1 trägt dazu bei, die alternativen Produktideen hinsichtlich der beiden Hauptkriterien transparenter darzustellen.

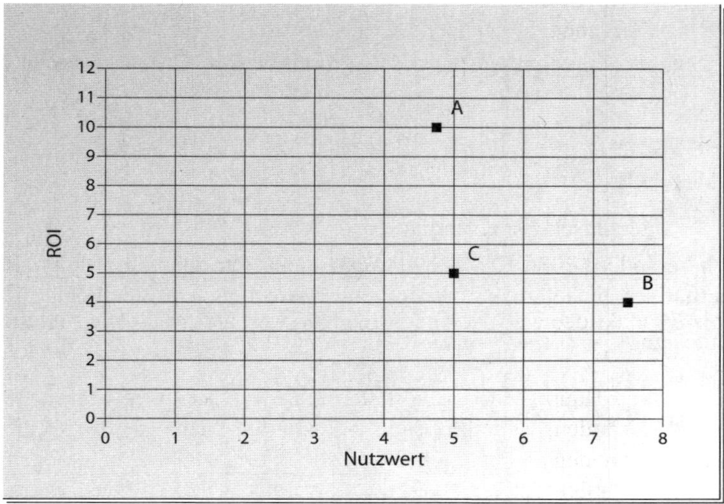

Bild B.1: ROI-Nutzwert-Diagramm der Produktideen

AUFGABE B3.4: NUTZWERTANALYSE

Ein Hersteller von Haushaltsgeräten plant die Einführung einer neuen Modellreihe. Dazu wurden drei verschiedene Produktgestaltungen entwickelt, die nach vier unterschiedlichen Kriterien auf einer Skala von 0 (sehr schlecht) bis 10 (sehr gut) bewertet werden. Die folgende Tabelle zeigt die Ergebnisse der Bewertung sowie die Gewichtung der Kriterien, bei der die funktionelle Qualität im Vordergrund steht.

Produktdesign	Bedienungsfreundlichkeit	Funktionelle Qualität	Wartungsfreundlichkeit	Stückkosten
A	9	7	10	10
B	7	8	9	9
C	6	10	7	8
Gewicht	0.1	0.5	0.1	0.3

a) Vergleichen Sie den Nutzwert der drei Alternativen.

b) Wie ändert sich die Nutzenbewertung der drei Alternativen, wenn die Stückkosten in den Vordergrund gerückt werden und von den Kriteriengewichten 0.1, 0.3, 0.1 und 0.5 ausgegangen wird?

LÖSUNG

a) Die folgende Berechnung zeigt, daß Produktdesign C den höchsten Nutzwert aufweist.

Produktdesign A: $9 \cdot 0.1 + 7 \cdot 0.5 + 10 \cdot 0.1 + 10 \cdot 0.3 = 8.4$

Produktdesign B: $7 \cdot 0.1 + 8 \cdot 0.5 + 9 \cdot 0.1 + 9 \cdot 0.3 = 8.3$

Produktdesign C: $6 \cdot 0.1 + 10 \cdot 0.5 + 7 \cdot 0.1 + 8 \cdot 0.3 = 8.7$

b) Durch Veränderung der Kriteriengewichte kann sich eine völlig andere Rangfolge der Alternativen einstellen, wie die folgende Berechnung verdeutlicht:

Produktdesign A: $9 \cdot 0.1 + 7 \cdot 0.3 + 10 \cdot 0.1 + 10 \cdot 0.5 = 9.0$

Produktdesign B: $7 \cdot 0.1 + 8 \cdot 0.3 + 9 \cdot 0.1 + 9 \cdot 0.5 = 8.5$

Produktdesign C: $6 \cdot 0.1 + 10 \cdot 0.3 + 7 \cdot 0.1 + 8 \cdot 0.5 = 8.3$

AUFGABE B3.5: BORDA-KRITERIUM

Zur Bewertung von Produktideen entschließt man sich in einer Unternehmung, nicht mehr die Nutzwertmethode, sondern das sog. Borda-Kriterium zu verwenden. Hierbei vergleicht man die zu beurteilenden Alternativen $i = 1, 2, ..., n$ und vergibt n Punkte für die beste, $n - 1$ Punkte für die zweitbeste Alternative usw. und schließlich einen Punkt für die schlechteste Alternative. Auf diese Weise nimmt man einen Vergleich der Alternativen hinsichtlich aller als relevant erachteten Kriterien $k = 1, 2, ..., K$ vor. Das Borda-Kriterium besagt, daß die Alternativen gemäß ihrer Rangziffernsumme gereiht werden (vgl. *Schneeweiß* (1991), S. 117ff). In der folgenden Tabelle ist als Beispiel zusammengestellt, welche Rangfolge sich für vier Produktideen A, B, C und D hinsichtlich der Kriterien 1, 2, 3 und 4 ergeben könnte. (Die Produktidee A nimmt beispielsweise bezüglich Kriterium 1 den Rang 1 ein, während die Produktidee D den letzten Rang belegt.)

	Kriterium			
Produkt	1	2	3	4
A	1	3	1	4
B	2	4	4	1
C	3	1	2	2
D	4	2	3	3

a) Welche Punktbewertung ergibt sich nach dem Borda-Kriterium für die vier Produktideen? In welcher Rangreihenfolge wären die Produktideen zu realisieren?

b) Nehmen Sie an, daß sich die Produktidee D nachträglich als undurchführbar erwiesen hat. Man streicht sie daher aus der weiteren Betrachtung, zumal sie ohnehin die geringste Punktbewertung erhalten hätte (siehe die Lösung zu a). Welche

Punktbewertung ergibt sich nun für die drei verbleibenden Alternativen A, B und C? Verändert sich die Rangreihung dieser Alternativen gegenüber der ursprünglichen Bewertung, bei der vier Alternativen betrachtet wurden?

LÖSUNG

a) Aufgrund der folgenden Punktbewertung erhält man die Rangordnung C, A, B, D.

Produkt A: $4+2+4+1=11$

Produkt B: $3+1+1+4=9$

Produkt C: $2+4+3+3=12$

Produkt D: $1+3+2+2=8$

b) Nach Streichung der Alternative D sind die Rangziffern zu korrigieren und bei nunmehr drei Alternativen mit eins bis drei Punkten zu bewerten. Es ergibt sich die veränderte Rangordnung A, C, B, wie die folgende Berechnung verdeutlicht:

Produkt A: $3+2+3+1=9$

Produkt B: $2+1+1+3=7$

Produkt C: $1+3+2+2=8$

AUFGABE B3.6: UNSICHERHEIT DER NACHFRAGE-ENTWICKLUNG

Eine Unternehmung steht vor der Entscheidung, entweder Produkt A oder B auf den Markt zu bringen oder die Produkteinführung gänzlich zu unterlassen (Nullalternative). Man hält aufgrund der nicht vorhersehbaren Konkurrenzreaktionen drei Marktentwicklungen für möglich: geringes, mittleres und hohes Nachfrageniveau. Die zugehörigen diskontierten Rückflüsse sind in der folgenden Tabelle angegeben. Es soll angenommen werden, daß sich die Unternehmung bei ihrer Entscheidung ausschließlich nach dem Erwartungswert der Rückflüsse richtet.

Produkt	Nachfrageniveau		
	gering	mittel	hoch
A	-10	20	30
B	-15	15	60
Wahrscheinlichkeit	0.30	0.50	0.20

a) Für welches Produkt würde sich die Unternehmung entscheiden?

b) Welchen Preis wäre die Unternehmung bereit zu zahlen, um vollkommen sichere Information über das zukünftige Nachfrageniveau zu erhalten?

LÖSUNG

a) Die Berechnung des Erwartungswertes der Rückflüsse lautet:

Produkt A: $-10 \cdot 0.3 + 20 \cdot 0.5 + 30 \cdot 0.2 = 13$

Produkt B: $-15 \cdot 0.3 + 15 \cdot 0.5 + 60 \cdot 0.2 = 15$

Bei beiden Produkten ist der Erwartungswert positiv. Die Nullalternative wäre daher abzulehnen. Aufgrund des höheren Erwartungswertes der Rückflüsse ist Produkt B vorzuziehen.

b) Verfügt die Unternehmung über vollkommen sichere Information, so wäre ihr die zukünftige Nachfrage im vorhinein bekannt. Sie würde daher bei geringem Nachfrageniveau auf die Produkteinführung verzichten (d.h. die Nullalternative wählen), bei mittlerem Nachfrageniveau Produkt A und bei hohem Nachfrageniveau Produkt B wählen. Hieraus ergibt sich der folgende Erwartungswert der Rückflüsse:

$0 \cdot 0.3 + 20 \cdot 0.5 + 60 \cdot 0.2 = 22$

Durch die Verfügbarkeit vollkommener Information läßt sich der Erwartungswert der Rückflüsse von 15 auf 22 verbessern. Die Unternehmung wäre also bereit, einen Preis von bis zu $22 - 15 = 7$ Geldeinheiten für die Verbesserung der Informationslage zu zahlen.

AUFGABE B3.7: ENTSCHEIDUNGSBAUM

Nachdem eine neue Produktidee entwickelt wurde, stellt sich die Frage, die Produktidee einschließlich aller Verwertungsrechte für 180 Geldeinheiten zu verkaufen oder das Produkt selbst bis zur Serienreife zu entwickeln. Die erwarteten Kosten für die Weiterentwicklung betragen 100 Geldeinheiten. Erfahrungsgemäß wird dabei mit einer Wahrscheinlichkeit von 70% eine Produktverbesserung erreicht, die zu Umsatzsteigerungen führt.

Unabhängig von der Erzielung einer Produktverbesserung ist zu entscheiden, ob eine große oder eine kleine Produktionskapazität errichtet werden soll. Die jeweiligen Investitionsausgaben belaufen sich auf 200 bzw. 130 Geldeinheiten.

Nach der Produkteinführung am Markt wird mit einer Wahrscheinlichkeit von 60% eine hohe Nachfrage erwartet. Dann können im Falle der großen Produktionskapazität 600 Geldeinheiten und im Falle der kleinen Produktionskapazität 400 Geldeinheiten an Rückflüssen erzielt werden. Bei niedriger Nachfrage, die mit einer Wahrscheinlichkeit von 40% erwartet wird, belaufen sich die Rückflüsse auf 350 Geldeinheiten unabhängig von der Größe der Produktionskapazität. Wird bei den weiteren Entwicklungsarbeiten keine Produktverbesserung erreicht, so wird man im Falle der großen Produktionskapazität den Verkaufspreis des Produktes senken müssen, so daß generell mit um 100 Geldeinheiten geringeren Rückflüssen zu rechnen ist. Im Falle der kleinen Produktionskapazität bleiben die Rückflüsse unverändert. (Die

Zahlenangaben zu den Rückflüssen sind jeweils als Barkapitalwerte über die gesamte Lebensdauer der Investition zu interpretieren.)

a) Stellen Sie die Entscheidungssituation als Entscheidungsbaum graphisch dar.

b) Wie sollte sich die Unternehmung entscheiden, wenn sie als Entscheidungskriterium den Erwartungswert der Rückflüsse verwendet?

c) Würde hier ein risikosensitiver Investor eine andere Entscheidungsalternative wählen als diejenige, die zum maximalen Erwartungswert der Rückflüsse führt?

LÖSUNG

a) Der Entscheidungsbaum in Bild B.2 verdeutlicht die Entscheidungsalternativen, die möglichen Ergebnisse der Produktentwicklung sowie die Marktreaktionen mit den zugehörigen Wahrscheinlichkeiten und Rückflüssen.

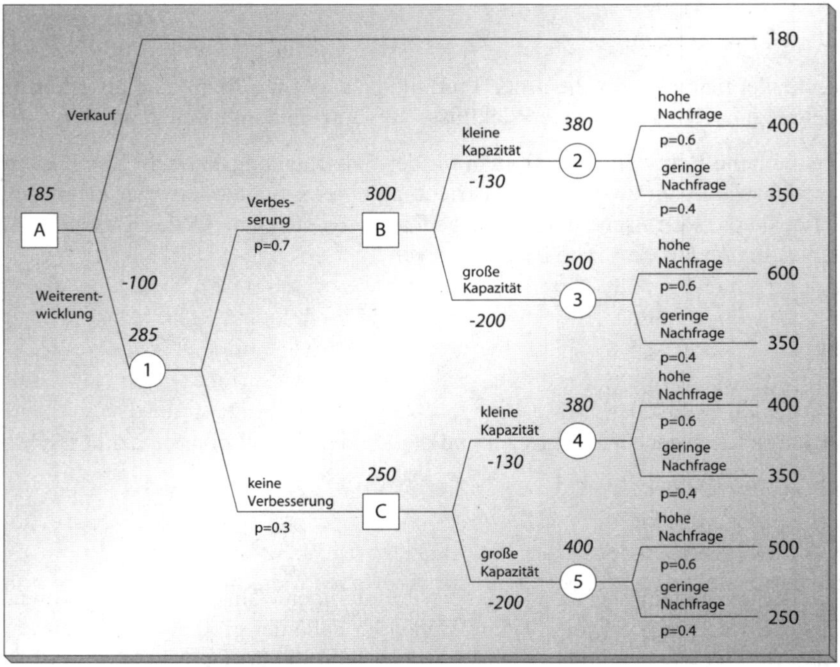

Bild B.2: Entscheidungsbaum

b) Die optimale Lösung erhält man, indem man den in Bild B.2 dargestellten Entscheidungsbaum rekursiv, d.h. von den Endknoten ausgehend, bis hin zum Ursprung auswertet. Auf diese Weise nimmt man gedanklich das Ergebnis der Produktentwicklung vorweg und versucht, die jeweils optimale Folgeentscheidung zu bestimmen. Unter Berücksichtigung dieser optimalen Folgeentscheidungen geht man in die vorgelagerte Entscheidungsstufe und verfährt wiederum nach dem gleichen Lösungsprinzip, bis man im Ursprung des Entscheidungsbaumes angelangt ist.

Man stelle sich zunächst vor, man sei aufgrund vorgelagerter Entscheidungen im Knoten B des Entscheidungsbaumes angelangt. Hier muß zwischen der Errichtung einer großen oder einer kleinen Produktionskapazität gewählt werden. Diese Entscheidung führt entweder auf den Knoten 2 oder 3 mit erwarteten Rückflüssen von

$$0.6 \cdot 400 + 0.4 \cdot 350 = 380$$

bzw.

$$0.6 \cdot 600 + 0.4 \cdot 350 = 500$$

Aufgrund des Vergleichs der erwarteten Rückflüsse sowie der jeweiligen Investitionsausgaben

$$380 - 130 = 250$$

$$500 - 200 = 300$$

entscheidet man sich für die große Produktionskapazität. Man kann also dem Entscheidungsknoten B erwartete Rückflüsse von 300 Geldeinheiten zuordnen.

Eine ähnliche Betrachtung stellt man für den Entscheidungsknoten C an. Hier muß man sich wiederum zwischen der Errichtung einer großen oder einer kleinen Produktionskapazität entscheiden. Die zugehörigen Knoten 4 und 5 des Entscheidungsbaumes führen auf erwartete Rückflüsse von

$$0.6 \cdot 400 + 0.4 \cdot 350 = 380$$

bzw.

$$0.6 \cdot 500 + 0.4 \cdot 250 = 400$$

Der Vergleich zwischen der großen und der kleinen Produktionskapazität ergibt:

$$380 - 130 = 250$$

$$400 - 200 = 200$$

Man entscheidet sich in diesem Falle für die kleine Produktionskapazität und ordnet dem Entscheidungsknoten C erwartete Rückflüsse von 250 Geldeinheiten zu.

Berücksichtigt man weiterhin die Wahrscheinlichkeit für das Eintreten einer Produktverbesserung, so kann man für die Weiterentwicklung der Produktidee (Ergebnisknoten 1) mit den folgenden Rückflüssen rechnen:

$$0.7 \cdot 300 + 0.3 \cdot 250 = 285$$

Schließlich sind im Entscheidungsknoten A die beiden Alternativen „Verkauf" und „Weiterentwicklung" zu vergleichen. Für die Entscheidungsalternative, die Produktidee weiterzuentwickeln, beträgt der Erwartungswert der Rückflüsse:

$285 - 100 = 185$

Dieser ist höher als der Preis für den Verkauf der Produktidee. Die optimale Entscheidungsfolge lautet also, die Produktidee weiterzuentwickeln und im Falle einer Produktverbesserung die große, andernfalls die kleine Produktionskapazität zu errichten.

Anmerkung: Das soeben erläuterte Lösungsprinzip wird als „flexible Planung" bezeichnet, da es Eventualpläne für die einzelnen ungewissen Zukunftssituationen vorsieht und die endgültigen Entscheidungen vom Eintreten der jeweiligen Zukunftssituationen abhängig macht. Bei der sog. „starren Planung" würde man sich von vornherein lediglich auf die Entscheidungsalternativen „große" bzw. „kleine Produktionskapazität" beschränken. Hier würde man allerdings zu einer Fehlentscheidung gelangen, wie die folgenden Berechnungen der erwarteten Rückflüsse zeigen.

große Kapazität: $0.7 \cdot 500 + 0.3 \cdot 400 - 200 - 100 = 170$

kleine Kapazität: $0.7 \cdot 380 + 0.3 \cdot 380 - 130 - 100 = 150$

c) Die in b) durchgeführte Entscheidungsbaumanalyse hat ergeben, daß ein risikoneutraler Investor einen Erwartungswert der Rückflüsse von 185 Geldeinheiten erzielen würde. Die zugehörigen Entscheidungsfolgen und die erzielbaren Nettoergebnisse sind in Bild B.3 veranschaulicht. (Zur Ermittlung der Nettoergebnisse werden die in Bild B.3 am rechten Rand des Entscheidungsbaums eingetragenen Rückflüsse um die Investitionsausgaben für die Errichtung der Produktionskapzazität sowie für die Weiterentwicklung des Produktes vermindert.)

Der in Bild B.3 dargestellten risikobehafteten Entscheidungsalternative mit dem Erwartungswert von 185 steht eine sichere Entscheidungsalternative, nämlich die Rechte an dem Produkt zu verkaufen, mit dem Ergebnis von 180 gegenüber.

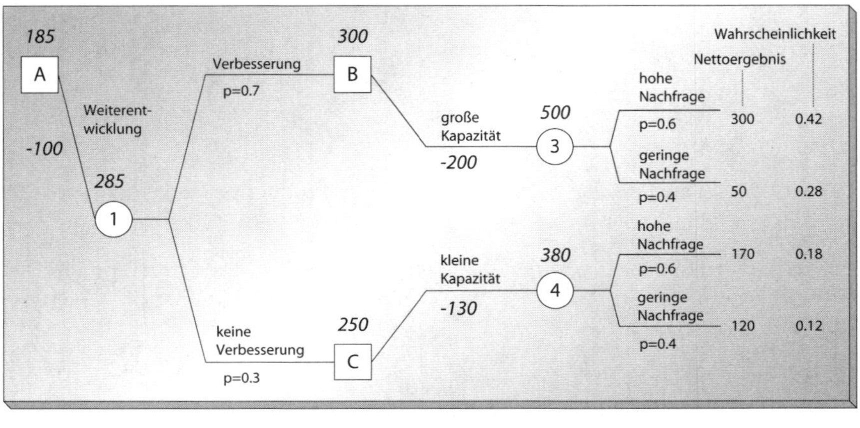

Bild B.3: Entscheidungsfolgen

Die folgenden einfachen Beispiele einer Sensitivitätsanalyse machen deutlich, daß bereits geringfügige Änderungen einzelner Parameter zu einer Gleichbewertung von 180 Geldeinheiten für beide Alternativen führen würden:

- Die Kosten für die Weiterentwicklung des Produktes steigen von 100 auf 105 Geldeinheiten.
- Die Wahrscheinlichkeit für die Erzielung einer Produktverbesserung sinkt von 70% auf 60%. Den kritischen Wert von $x = 0.6$ erhält man durch Auflösung der folgenden Gleichung:
  $180 = -100 + x \cdot 300 + (1-x) \cdot 250$
- Im Falle einer hohen Nachfrage und der Errichtung der großen Produktionskapazität sinken die erzielbaren Rückflüsse von 600 Geldeinheiten um ca. 2%. Den zugehörigen kritischen Wert von $y = 11.9$ Geldeinheiten erhält man durch Auflösung der folgenden Gleichung, in die mit 0.7 die Wahrscheinlichkeit für die Erzielung einer Produktverbesserung und mit 0.6 die Wahrscheinlichkeit für das Eintreten der hohen Nachfrage eingehen:
  $5 = 0.7 \cdot 0.6 \cdot y$

In Bild B.4 sind die möglichen Nettoergebnisse der risikobehafteten Alternative mit ihren jeweiligen Eintrittswahrscheinlichkeiten in Form eines sogenannten Risikoprofils dargestellt. Man erkennt deutlich die starke Streuung der Ergebnisse. In Abhängigkeit von den unsicheren Einflußfaktoren schwanken die erzielbaren Nettorückflüsse zwischen 50 und 300 Geldeinheiten. Der zugehörige Erwartungswert von 185 ist hier als eine rein rechnerische Größe anzusehen, die als Ausgang einer bestimmten Umweltkonstellation niemals wirklich eintreten wird.

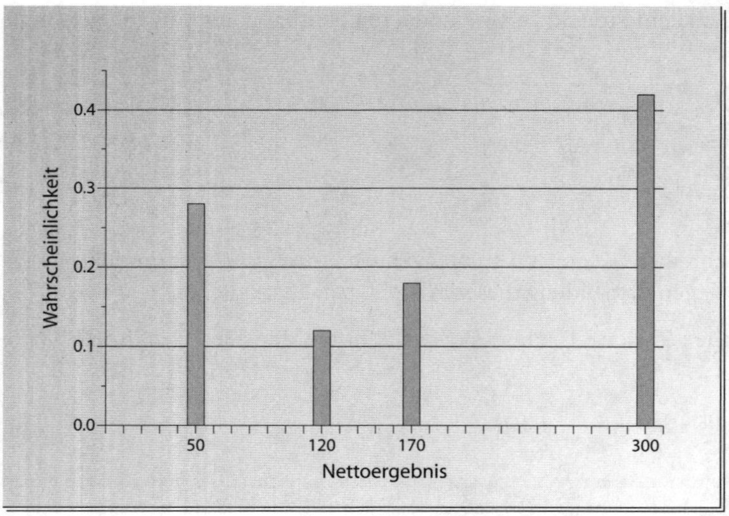

Bild B.4: Risikoprofil

Die Erfahrung hat gezeigt, daß sich die meisten Investoren in der industriellen Praxis risikoscheu verhalten. Bei nur geringem Ergebnisunterschied zwischen der risikobehafteten und der sicheren Entscheidungsalternative, wie in dem obigen Beispiel, würden sich die meisten Investoren vermutlich für die sichere Alternative entscheiden.

Literaturhinweise

Bamberg und Coenenberg (2002), Abschnitt 9.4
Clemen und Reilly (2001), Kapitel 4
Eisenführ und Weber (2002), Kapitel 2
Klein und Scholl (2004), Kapitel 8.4
Zäpfel (1989b), Abschnitt 2.2.2.2

3.2.4 Kaufentscheidende Produkteigenschaften

Verständnis- und Wiederholungsfragen

1. Nennen Sie die wichtigsten kaufentscheidenden Eigenschaften eines Produktes bzw. die entsprechenden Wettbewerbsprioritäten.

2. Durch den Einsatz welcher Mittel bzw. Maßnahmen lassen sich die Produktflexibilität bzw. die Volumenflexibilität einer Industrieunternehmung erhöhen?

Literaturhinweis

Hill (2000), Abschnitt 2.5

3.3 Prozeßwahl

Verständnis- und Wiederholungsfragen

1. Beschreiben Sie die drei grundlegenden Prozeßtypen der Produktion. Welche Kriterien liegen der Bildung dieser Prozeßtypen zugrunde?

2. Nennen Sie jeweils einige Beispiele für die verschiedenen Prozeßtypen.

Übungsaufgabe

AUFGABE B3.8: WAHL DES ANLAGENTYPS

Ein bestimmtes Produktionssegment, das sich in der Vergangenheit stets als Engpaß erwiesen hat, soll mit neuen Produktionsanlagen ausgestattet werden. In diesem

Engpaßbereich werden unterschiedliche Produkte bearbeitet, die sich gemäß ihrer technischen Verwandtschaft zu drei Produktgruppen A, B und C zusammenfassen lassen. Es kann zwischen drei verschiedenen technischen Lösungen des Kapazitätsproblems gewählt werden:

Alternative I: Ein flexibles Fertigungssystem, auf dem alle drei Produktgruppen bearbeitet werden können. Das System kann in zwei normalen sowie in einer unbemannten Schicht pro Tag betrieben werden. Der Kapazitätsausfall beträgt in den normalen Schichten 20% und in den unbemannten Schichten 50%. Die Anschaffungsausgaben belaufen sich auf 1000 Geldeinheiten.

Alternative II: Universalmaschinen, die entweder auf die Produktgruppen A und B oder ausschließlich auf Produktgruppe C eingerichtet werden können. Die Maschinen können im Zweischichtbetrieb eingesetzt werden und verursachen Kapazitätsausfälle von 10%. Die Anschaffungsausgaben betragen 300 Geldeinheiten je Maschine.

Alternative III: Spezialmaschinen, die jeweils nur eine der Produktgruppen bearbeiten können. Im Zweischichtbetrieb wird mit einem Kapazitätsausfall von 5% gerechnet. Die Anschaffungsausgaben betragen 150 Geldeinheiten je Maschine.

Die Unternehmung muß sich bei ihrer Kapazitätsplanung zwischen den sich gegenseitig ausschließenden Alternativen I, II und III entscheiden. Es sind jeweils so viele Anlagen eines Typs bereitzustellen, daß der durchschnittliche Jahresbedarf einer Produktgruppe vollständig gedeckt ist. Außerdem wird verlangt, daß zum Ausgleich von Saisonspitzen bei jeder Produktgruppe eine Kapazitätsreserve von 20% des Jahresbedarfs berücksichtigt werden muß.

Es wird acht Stunden pro Schicht und fünf Tage pro Woche im Zweischichtbetrieb während der 48 Arbeitswochen eines Jahres gearbeitet. Über die hergestellten Produkte liegen die folgenden Informationen vor:

	Produktgruppe		
	A	B	C
durchschnittlicher Jahresbedarf	1000	2500	3000
durchschnittliche Losgröße	20	100	200
Anlagentyp I			
Rüstzeit (Std.)	–	–	–
Stückbearbeitungszeit (Std./Stück)	0.2	0.4	0.5
Anlagentyp II			
Rüstzeit (Std.)	4.0	3.0	0.5
Stückbearbeitungszeit (Std./Stück)	0.75	1.0	1.25
Anlagentyp III			
Rüstzeit (Std.)	1.0	1.0	1.0
Stückbearbeitungszeit (Std./Stück)	1.5	2.0	2.5

a) Nehmen Sie an, daß die Deckung des Kapazitätsbedarfs im Vordergrund steht und daß die auszahlungswirksamen Produktionskosten zunächst vernachlässigt werden. Welchen Anlagentyp soll die Unternehmung wählen? Wie viele Anlagen des gewählten Typs sind bereitzustellen?

b) Welche zusätzlichen im praktischen Anwendungsfall wichtigen Gesichtspunkte wurden in der oben geschilderten Problemstellung ausgeklammert?

LÖSUNG

a) Die Laufzeiten gemessen in effektiven Betriebsstunden pro Jahr einer einzelnen Anlage des jeweiligen Typs betragen:

Anlagentyp I: $[2 \cdot 8 \cdot 0.8 + 8 \cdot 0.5] \cdot 5 \cdot 48 = 4032$

Anlagentyp II: $[2 \cdot 8 \cdot 0.9] \cdot 5 \cdot 48 = 3456$

Anlagentyp III: $[2 \cdot 8 \cdot 0.95] \cdot 5 \cdot 48 = 3648$

Der Kapazitätsbedarf pro Jahr setzt sich aus den erforderlichen Rüstzeiten und den Bearbeitungszeiten zusammen. Nimmt man die Auflegungshäufigkeit eines Produktes als das Verhältnis von durchschnittlichem Jahresbedarf und durchschnittlicher Losgröße an, so läßt sich der Rüstzeitbedarf pro Jahr unschwer ermitteln. Der Kapazitätsbedarf für die eigentlichen Bearbeitungen ergibt sich als Produkt aus Jahresbedarf und jeweiliger Stückbearbeitungszeit. Auf den Rüstzeit- und den Bearbeitungszeitbedarf wird die geforderte Reserve von 20% hinzugerechnet. In der folgenden Tabelle sind die Ergebnisse der Kapazitätsbedarfsrechnung zusammengestellt.

	Produktgruppe		
	A	B	C
Anlagentyp I			
Rüsten	–	–	–
Bearbeiten	200	1000	1500
20% Reserve	40	200	300
Gesamt	240	1200	1800
Anlagentyp II			
Rüsten	200	75	7.5
Bearbeiten	750	2500	3750
20% Reserve	190	515	751.5
Gesamt	1140	3090	4509
Anlagentyp III			
Rüsten	50	25	15
Bearbeiten	1500	5000	7500
20% Reserve	310	1005	1503
Gesamt	1860	6030	9018

Das flexible Fertigungssystem würde in der vorgesehenen Konfiguration ausreichen, um den Kapazitätsbedarf von insgesamt 3240 zu befriedigen (Anschaffungsausgaben = 1000 Geldeinheiten). Beim Anlagentyp II würden jeweils zwei Einheiten für die Produktgruppen A und B bzw. für die Produktgruppe C benötigt (Anschaffungsausgaben = $4 \cdot 300 = 1200$). Würde sich die Unternehmung für die Alternative III entscheiden, so wären sechs Maschinen erforderlich, und zwar eine für die Produktgruppe A, zwei für die Produktgruppe B und drei für die Produktgruppe C (Anschaffungsausgaben = $6 \cdot 150 = 900$). Der Vergleich der Anschaffungsausgaben spricht für den Anlagentyp III.

b) Die in a) ausgesprochene Entscheidungsempfehlung berücksichtigt lediglich Anschaffungsausgaben und die Deckung des Kapazitätsbedarfs. Nicht berücksichtigt wurden u.a. die auszahlungswirksamen fixen und variablen Produktionskosten. Weiterhin wurden die folgenden Gesichtspunkte aus der Betrachtung ausgeklammert:

- zukünftige Nachfrageentwicklung,
- zeitlicher Verlauf der Zahlungsströme,
- Wiederverwendbarkeit der Anlagen bei der Aufnahme neuer Produkte,
- technische und wirtschaftliche Lebensdauer der Anlagen sowie die Zukunftsträchtigkeit der eingesetzten Technologien,
- Investitionsrisiko und Finanzierbarkeit der Anlagen,
- Nutzungsmöglichkeiten für die Überkapazitäten,
- Raumbedarf und bautechnische Vorbereitungen,
- Eingliederung in die bestehende Produktionsorganisation,
- arbeitsorganisatorische Gesichtspunkte,
- saisonale und kurzfristige Bedarfsschwankungen,
- Ausschußraten und Qualitätseigenschaften der Produkte.

Literaturhinweis

Heizer und Render (2004), Kapitel 7

3.4 Produkt-/Prozeßprofilierung

Verständnis- und Wiederholungsfragen

1. Aus welchen Gründen muß die Gestaltung der Produktionsprozesse auf die Erfordernisse neu einzuführender Produkte abgestimmt werden?

2. Erläutern Sie den Aufbau eines Produkt- bzw. Prozeßprofils. Wie läßt sich das Produkt-/Prozeßprofil graphisch darstellen?

Übungsaufgabe

AUFGABE B3.9: PRODUKT-/PROZESSPROFIL

In der Halbleiterproduktion wird als Grundstoff Reinstsilizium eingesetzt. Weltweit gibt es nur wenige Unternehmungen, die Reinstsilizium in Spitzenqualität herstellen. Reinstsilizium wird in einem aufwendigen Produktionsprozeß in Stäben von bis zu zwei Metern Länge gezogen und anschließend in extrem dünne Scheiben zersägt, die oberflächenveredelt an die Hersteller von elektronischen Bauelementen vertrieben werden.

Ein Siliziumproduzent hat bisher lediglich eine begrenzte Anzahl von Standardausführungen der Siliziumscheiben in Serienproduktion hergestellt. Bisher war es nicht gelungen, mit den branchenführenden Halbleiterproduzenten nennenswerte Lieferverträge abzuschließen, da deren Produktspezifikationen durch die Serienproduktion nicht erfüllt werden konnten. Um auch solche Großkunden bedienen zu können, müßte man sich auch im Bereich der Produktentwicklung auf einen raschen Wechsel der Produktspezifikationen und damit auch der Verfahrensbedingungen in der Produktion einstellen. Ein auf gleichmäßige Produktionsszyklen ausgerichteter Produktionsplan könnte nicht mehr beibehalten werden. Stattdessen müßte man sich auf kurzfristige Änderungen der Auftragsgrößen und Produktspezifikationen einstellen. Erfahrungsgemäß lassen sich jedoch für technisch höherwertige und den besonderen Kundenwünschen angepaßte Produkte auch höhere Preise erzielen. Die Großabnehmer sind jedoch nicht bereit, Qualitätseinbußen und Lieferverzögerungen hinzunehmen.

Die gegenwärtigen Produktionseinrichtungen entsprechen den Anforderungen der Serienproduktion. Es werden Universalmaschinen eingesetzt, deren Umrüstung auf neue Produktvarianten ohne weiteres möglich ist. Eine gewisse Flexibilität besteht in einigen Produktionsbereichen auch darin, daß man sich durch geänderte Werkzeuge und Verfahrensbedingungen auf neue Produktvarianten einstellen kann. Die Produktion in den einzelnen Stufen des Prozesses erfolgt zumeist gleichzeitig auf mehreren gleichartigen Anlagen, wobei die Produktionsstückzahlen je Anlage gering, die Zahl der insgesamt erforderlichen Umrüstungen jedoch hoch ist. Der Materialfluß ist stark vernetzt. Vor den einzelnen Maschinen befinden sich größere Pufferlager, so daß bei entsprechend frühzeitiger Freigabe der Produktionsaufträge Maschinenstillstandszeiten weitgehend vermieden werden können. Als Organisationsprinzip herrscht die Werkstattproduktion vor. Allerdings sind die verschiedenen Produktionsstufen auf mehrere Fabrikgebäude verteilt. Da ausreichende innerbetriebliche Transportkapazitäten zur Verfügung stehen, ergeben sich in der Regel keine nennenswerten Transportverzögerungen.

Der Siliziumproduzent sieht sich einer zurückgehenden Nachfrage nach seinen Standarderzeugnissen gegenüber, da immer mehr Halbleiterproduzenten die Einhaltung individueller Produktspezifikationen bei Vorgabe kurzer Lieferzeiten verlangen. Die Vielfalt der elektronischen Bauelemente, für die Reinstsilizium eingesetzt wird, nimmt ständig zu. Gleichzeitig wird die Marktlebensdauer von Elektronikprodukten immer kürzer. Dadurch ändern sich auch die Marktbedingungen für die Hersteller von Reinstsilizium.

a) Skizzieren Sie das Produkt-/Prozeßprofil des Siliziumproduzenten aufgrund seiner bisherigen Serienproduktion.

b) Der Siliziumproduzent beabsichtigt, zukünftig verstärkt Reinstsilizium nach individuellen Kundenanforderungen herzustellen. Leiten Sie durch die Analyse des Produkt-/Prozeßprofils ab, welche grundlegenden Anforderungen sich für die Zukunft an die Gestaltung des Produktionsprozesses ergeben.

Literaturhinweis

Hill (2000), Kapitel 4

4 Standortentscheidungen

4.1 Räumliche Struktur des Logistiksystems

Verständnis- und Wiederholungsfragen

1. Skizzieren Sie die räumliche Struktur des Logistiksystems einer größeren industriellen Unternehmung (z. B. eines Konsumgüterherstellers).

2. Aus welchen Gründen sind regionale Beschaffungslager nur recht selten anzutreffen?

3. Nennen Sie Beispiele für die produktionssynchrone Beschaffung von Fertigungsmaterial oder Zukaufteilen.

4. Welche Gründe sprechen für die Einrichtung von regionalen Auslieferungslagern? Wann sind zentrale Absatzlager sinnvoller?

Übungsaufgabe

AUFGABE B4.1: LOGISTISCHE VERFLECHTUNG

In vielen industriellen Großunternehmungen, z. B. in der Automobilindustrie, ist die Herstellung eines Endproduktes und seiner wichtigsten Vorprodukte (Baugruppen) auf mehrere Produktionsstandorte verteilt. Hierbei ist jeder Produktionsstandort für ein begrenztes Produktspektrum eingerichtet. Einige Produkte werden nur an einem einzigen Standort, andere hingegen an mehreren Standorten gleichzeitig hergestellt. Da die Erzeugnisse des einen Standortes als Vorprodukte an einem anderen Standort benötigt werden, ergibt sich zwangsläufig eine enge logistische Verflechtung.

Als Beispiel sei ein Endprodukt A betrachtet, das sich aus je einer Einheit der Baugruppen B, C und D zusammensetzt. Um eine Einheit von D herzustellen, werden zwei Einheiten der Baugruppe E und vier Einheiten der Baugruppe F benötigt. Die Herstellung der Produkte bzw. Baugruppen ist wie folgt auf vier Werke verteilt: Werk 1: A und B; Werk 2: C und F; Werk 3: B, C und E; Werk 4: C, D, E und F.

a) Stellen Sie die Erzeugnisstruktur des Endproduktes A sowie die logistische Verflechtung der vier Werke mit den zugehörigen Transportströmen der einzelnen Produkte graphisch dar.

b) Welche Gründe können dafür ausschlaggebend sein, daß ein bestimmtes Produkt gleichzeitig an mehreren Standorten hergestellt wird?

c) Wie erklären Sie sich die Tatsache, daß produktionssynchrone Zulieferungen nach dem Just-in-Time-Prinzip auch über größere räumliche Entfernungen durchgeführt werden?

LÖSUNG

a) Die Erzeugnisstruktur von Endprodukt A ist in Bild B.5 dargestellt.

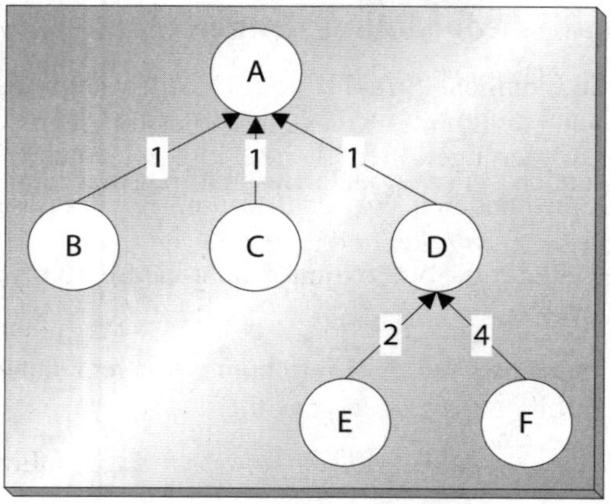

Bild B.5: Erzeugnisstruktur

Bild B.6 veranschaulicht die logistische Verflechtung zwischen den vier Werken.

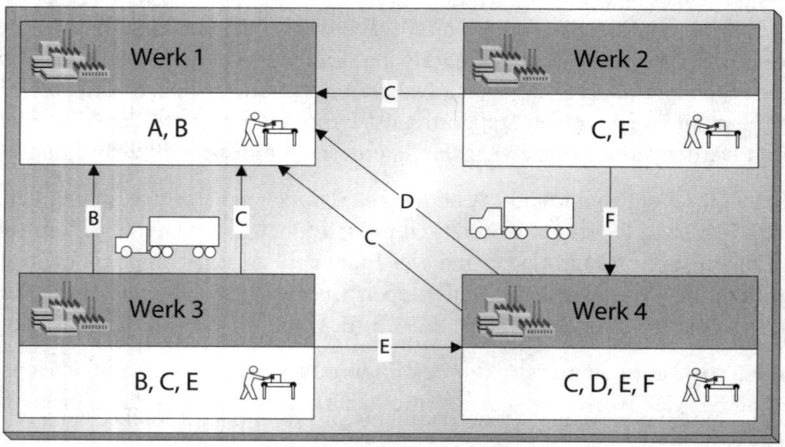

Bild B.6: Logistische Verflechtung

b) Im allgemeinen sprechen Transportkostengesichtspunkte für eine Konzentration der Produktion an einem einzigen Standort. Außerdem lassen sich bei einem hohen Produktionsvolumen und spezialisierten Produktionsanlagen häufig geringere

Stückkosten erzielen. Für eine räumlich diversifizierte Produktion können jedoch u.a. die folgenden Gründe ausschlaggebend sein:

- Fehlende Möglichkeiten zur Kapazitätserweiterung am ursprünglichen Produktionsstandort;
- Schaffung einer vollständig neuen Produktionsorganisation und Einrichtung modernerer Produktionstechnik verbunden mit einem Werksneubau;
- Produktionskostenvorteile an einem ausländischen Standort (geringere Lohnkosten, Investitionsförderungen, steuerliche Bedingungen usw.);
- Ausweichen in einen anderen Wirtschaftsraum, weil dort längere Betriebszeiten aufgrund flexibler Arbeitszeiten möglich sind;
- Verbesserung der Produktionsflexibilität, insbesondere zum Ausgleich von Nachfrageschwankungen zwischen den einzelnen Produkten; gleichzeitig Verringerung der insgesamt bereitzustellenden Produktionskapazität;
- Kooperation mit einem ausländischen Produzenten;
- geringere Distributionskosten im Falle von absatzfähigen Erzeugnissen.

c) Die konsequente Umsetzung des Just-in-Time-Prinzips hat vor allem in der Automobilindustrie dazu geführt, daß wichtige Zulieferer in Werksnähe angesiedelt werden. Es gibt jedoch auch Beispiele dafür, daß Vorprodukte über Entfernungen von mehr als 1000 km produktionssynchron zugeliefert werden. Hier fallen die geringeren standortabhängigen Produktionskosten offensichtlich stärker ins Gewicht als die zusätzlichen Transportkosten. In vielen Fällen hat sich auch die Zusammenarbeit mit einem ausländischen Zulieferer über Jahre hinweg erfolgreich entwickelt, so daß eine enge gegenseitige Bindung entstanden ist. Hinzu kommt häufig eine Kapitalbeteiligung bzw. Konzernverflechtung zwischen Abnehmer und Zulieferer. Der inzwischen erreichte hohe Leistungsstandard vieler Logistikdienstleister begünstigt zudem die zuverlässige Anlieferung auch über größere Entfernungen.

4.2 Produktionsstandorte

Verständnis- und Wiederholungsfragen

1. Worin bestehen die wichtigsten Motive für die Errichtung neuer Produktionsstandorte?

2. Nennen Sie typische quantifizierbare Standortfaktoren und solche, die nicht ohne weiteres quantifizierbar sind.

3. Erläutern Sie beispielhaft die wichtigsten Entscheidungsebenen bei der Wahl eines Produktionsstandortes. Welche Entscheidungskriterien sind auf den einzelnen Ebenen der Entscheidungsfindung relevant?

Literaturhinweise

Chopra und Meindl (2004), Kapitel 11
Heizer und Render (2004), Kapitel 8
Zäpfel (1989a), Abschnitt 4.4

4.3 Bewertung von Standortalternativen

4.3.1 Nutzwertanalyse

Verständnis- und Wiederholungsfragen

1. In welchen Schritten geht man bei der Nutzwertanalyse vor?
2. Welche Kritik läßt sich gegen die Nutzwertanalyse vorbringen?

Übungsaufgabe

AUFGABE B4.2: STANDORTBEWERTUNG, NUTZWERTANALYSE

Eine Unternehmung plant die Errichtung einer zweiten Produktionsstätte. Es kommen vier Standorte in Frage, die nach sechs verschiedenen Kriterien mit jeweils unterschiedlichem Gewicht bewertet werden. Jeder Standort wird bezüglich der einzelnen Kriterien auf einer Skala von 1 (schlecht) bis 9 (sehr gut) bewertet. In der nachfolgenden Tabelle sind die Ergebnisse der Bewertung zusammengefaßt. Welcher Standort sollte nach der Nutzwertanalyse gewählt werden?

		Bewertung für Standort			
Kriterium	Gewicht	A	B	C	D
(1) Arbeitsmarkt	0.25	9	5	6	8
(2) Transportwege	0.20	6	6	5	4
(3) Nähe zu Lieferanten	0.20	3	4	4	6
(4) Nähe zum Absatzmarkt	0.15	7	4	6	5
(5) Lebensqualität	0.10	3	4	6	1
(6) Steuerliche Belastung	0.10	3	7	7	5

LÖSUNG

Die Nutzwertanalyse gewichtet und addiert die Einzelbewertungen. Man erhält die folgenden mit μ_i bezeichneten Nutzwerte der Standortalternativen i:

$\mu_A = 0.25 \cdot 9 + 0.20 \cdot 6 + 0.20 \cdot 3 + 0.15 \cdot 7 + 0.10 \cdot 3 + 0.10 \cdot 3 = 5.7$

$\mu_B = 0.25 \cdot 5 + 0.20 \cdot 6 + 0.20 \cdot 4 + 0.15 \cdot 4 + 0.10 \cdot 4 + 0.10 \cdot 7 = 4.95$

$\mu_C = 0.25 \cdot 6 + 0.20 \cdot 5 + 0.20 \cdot 4 + 0.15 \cdot 6 + 0.10 \cdot 6 + 0.10 \cdot 7 = 5.5$

$\mu_D = 0.25 \cdot 8 + 0.20 \cdot 4 + 0.20 \cdot 6 + 0.15 \cdot 5 + 0.10 \cdot 1 + 0.10 \cdot 5 = 5.35$

Die Alternative A ist nach der Nutzwertanalyse die vorteilhafteste.

4.3.2 Break-Even-Analyse

Verständnis- und Wiederholungsfragen

1. Nennen Sie typische standortabhängige Produktionskosten.
2. Welche vereinfachenden Annahmen liegen der Break-Even-Analyse zugrunde?

Übungsaufgaben

AUFGABE B4.3: KOSTENANALYSE, STANDORTVERGLEICH

Für die Errichtung einer neuen Fabrik kommen drei Standorte A, B und C in Frage, deren laufende Kosten in der folgenden Tabelle angegeben sind:

Kostenart	A	B	C
Lohnkosten/Arbeitsstunde	5.00	4.00	4.00
Arbeitsstunden/Stück	1.20	1.00	0.50
Distributionskosten/Stück	1.50	1.00	1.00
Sonstige variable Stückkosten	2.50	3.00	3.00
Fixe Kosten/Jahr	12000	16000	24000

Die Unternehmung möchte wissen, wie sie die Standortwahl in Abhängigkeit von der (unbekannten) Ausbringungsmenge wählen soll, wenn ausschließlich die laufenden Kosten pro Jahr berücksichtigt werden sollen. Stellen Sie Kostenfunktionen für die drei Standorte auf und veranschaulichen Sie die Zusammenhänge durch eine graphische Darstellung.

LÖSUNG

Die Kostenfunktionen der drei Standorte lauten in Abhängigkeit von der Ausbringungsmenge x:

$K(A) = 12.000 + (5.0 \cdot 1.2 + 1.5 + 2.5) \cdot x = 12000 + 10 \cdot x$

$K(B) = 16.000 + (4.0 \cdot 1.0 + 1.0 + 3.0) \cdot x = 16000 + 8 \cdot x$

$K(C) = 24.000 + (4.0 \cdot 0.5 + 1.0 + 3.0) \cdot x = 24000 + 6 \cdot x$

Aus der in Bild B.7 wiedergegebenen graphischen Darstellung ist zu entnehmen, daß bei Ausbringungsmengen von $0 \leq x \leq 2000$ der Standort A, bei $2000 \leq x \leq 4000$ der Standort B und bei $x > 4000$ der Standort C am kostengünstigsten ist.

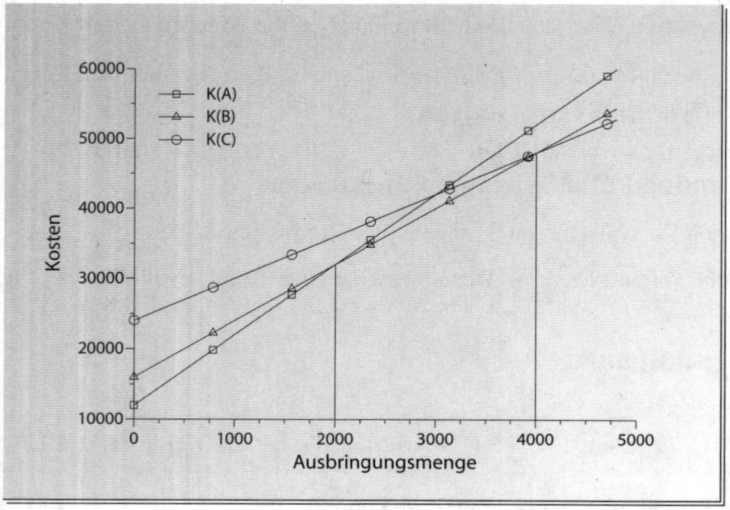

Bild B.7: Kostenfunktionen der drei Standorte in Abhängigkeit von der Ausbringungsmenge

AUFGABE B4.4: KOSTENANALYSE, STANDORTVERGLEICH

Für die Errichtung einer neuen Produktionsstätte kommen zwei außereuropäische Standorte in Frage: der eine in Südamerika, der andere in Ostasien. Die Investitionskosten seien in beiden Ländern gleich hoch.

a) Wie sollte sich der Investor in Abhängigkeit von der erwarteten Ausbringungsmenge entscheiden, wenn folgende Kostenunterschiede relevant sind:

Kostenart	Südamerika	Ostasien
Fixe Kosten/Jahr	60000	50000
Lohnkosten/Stück	20	30
Materialkosten/Stück	30	36
Transportkosten/Stück	10	4
Steuern und Abgaben/Stück	20	30

b) Es sind die folgenden weiteren Gesichtspunkte zu beachten: Bei der Investition in Ostasien darf der gesamte Produktionsausstoß mit Ausnahme von 100 Produkteinheiten, die für den heimischen Markt bestimmt sind, steuer- und abgabenfrei exportiert werden. Bei der Investition in Südamerika vermindern sich die fixen Kosten pro Jahr um 15.000 Geldeinheiten aufgrund von Subventionen, wenn der jährliche Produktionsausstoß mindestens 500 Einheiten beträgt. Wie sollte sich der Investor unter diesen Umständen entscheiden?

LÖSUNG

a) Die Kostenfunktionen für die beiden Standorte lauten in Abhängigkeit von der Ausbringungsmenge x:

$$K(\text{Südamerika}) = 60000 + (20 + 30 + 10 + 20) \cdot x = 60000 + 80 \cdot x$$

$$K(\text{Ostasien}) = 50000 + (30 + 36 + 4 + 30) \cdot x = 50000 + 100 \cdot x$$

Bis zu einer Ausbringungsmenge von 500 ist der Standort Ostasien am kostengünstigsten. Bei höherer Ausbringung weist die Produktion in Südamerika niedrigere Kosten auf. Diese Zusammenhänge sind in Bild B.8 graphisch dargestellt.

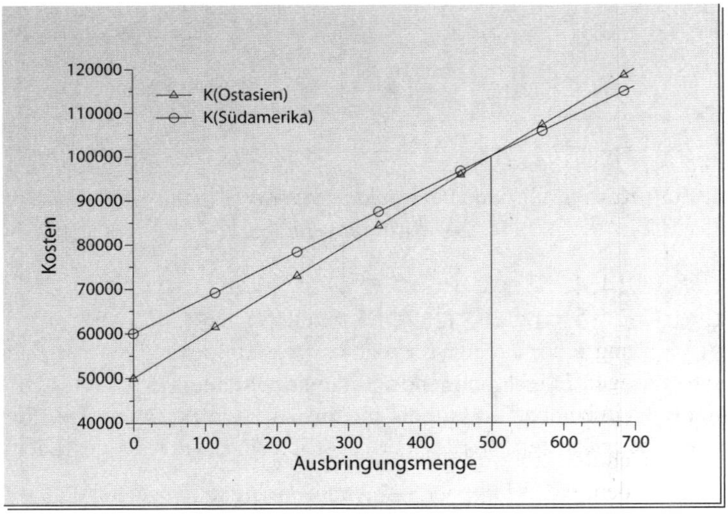

Bild B.8: Kostenfunktionen der beiden Standorte in Abhängigkeit von der Ausbringungsmenge

b) Für die erweiterte Aufgabenstellung lauten die Kostenfunktionen:

$$K(\text{Südamerika}) = \begin{cases} 60000 + 80 \cdot x & | \quad 0 \leq x < 500 \\ 45000 + 80 \cdot x & | \quad x \geq 500 \end{cases}$$

$$K(\text{Ostasien}) = \begin{cases} 50000 + 100 \cdot x & | \quad 0 \leq x < 100 \\ 53000 + 70 \cdot x & | \quad x \geq 100 \end{cases}$$

Die Kostenfunktionen sind in Bild B.9 veranschaulicht. Bei Ausbringungsmengen von $0 \leq x < 500$ sollte die Produktion in Ostasien und bei $500 \leq x \leq 800$ in Südamerika erfolgen. Bei $x > 800$ wäre wiederum Ostasien am kostengünstigsten.

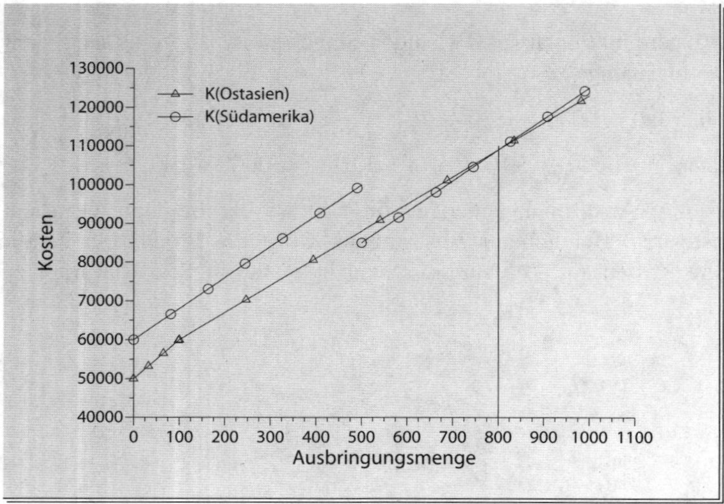

Bild B.9: Kostenfunktionen der beiden Standorte in Abhängigkeit von der Ausbringungsmenge

AUFGABE B4.5: INVESTITIONSRECHNUNG

Bezüglich zweier in Frage kommender Produktionsstandorte A und B hat eine Unternehmung die jährlichen Ausgaben, die zur Aufrechterhaltung des Produktionsstandortes in den nächsten 10 Jahren erforderlich sind, wie folgt geschätzt:

Jahre	A	B
1 bis 3	100	120
4 bis 7	130	130
8 bis 10	150	140

Alle Ausgaben werden dem Ende des jeweiligen Jahres zugerechnet. Die Errichtung der Produktionsstätten erfordert zu Beginn des ersten Jahres Investitionsausgaben von 500 Geldeinheiten am Standort A und von 600 Geldeinheiten am Standort B. Liquidationserlöse am Ende des zehnten Jahres fallen nicht an. Die Unternehmung rechnet mit einem Kalkulationszinssatz von 10%.

a) Welche Standortalternative sollte nach Maßgabe des Kapitalwertkriteriums gewählt werden, wenn ausschließlich die in der obigen Tabelle angegebenen jährlichen Ausgaben betrachtet werden? (Zur Vorgehensweise bei der Investitionsrechnung vgl. z. B. *Kruschwitz* (1998), Abschnitt 2.3.2.3.3.)

b) Der Nettoverkaufserlös (berechnet als Produktpreis minus variable Herstellkosten am jeweiligen Standort) wird als kritischer Entscheidungsfaktor angesehen. Erlösschmälerungen (wie Rabatte und Skonti) seien nicht relevant. Welcher Nettoverkaufserlös in Abhängigkeit von der Jahresproduktionsrate müßte mindestens erzielt werden, damit sich die beiden Investitionen lohnen? Es kann angenommen werden, daß die Jahresproduktionsrate an beiden Standorten in den nächsten 10 Jahren konstant ist. Verdeutlichen Sie die Zusammenhänge durch eine graphische Darstellung.

LÖSUNG

a) Den Barkapitalwert einer über mehrere Jahre gleichbleibenden Zahlung (Rente) kann man vereinfachend durch Multiplikation des Zahlungsbetrages mit dem zugehörigen Rentenbarwertfaktor ermitteln. Bei einem Kalkulationszinssatz von 10% und einer Laufzeit von 3 bzw. 4 Jahren beträgt der Rentenbarwertfaktor 2.487 bzw. 3.170. Zusätzlich ist die Abzinsung des Rentenbarwertes auf den Gegenwartszeitpunkt vorzunehmen. Gemäß der folgenden Berechnung des Barkapitalwertes der Investitionsausgaben ist die Standortalternative A gegenüber B vorzuziehen.

$$BKW(A) = 500 + 2.487 \cdot 100 + 3.170 \cdot 130 \cdot 1.1^{-3} + 2.487 \cdot 150 \cdot 1.1^{-7} = 1250$$

$$BKW(B) = 600 + 2.487 \cdot 120 + 3.170 \cdot 130 \cdot 1.1^{-3} + 2.487 \cdot 140 \cdot 1.1^{-7} = 1387$$

b) Der Nettoverkaufserlös eines Jahres ergibt sich als Produkt aus dem Nettoverkaufserlös je Produkteinheit (bezeichnet als p) und der Ausbringungsmenge x. Der zugehörige Rentenbarwertfaktor bei einem Kalkulationszinssatz von 10% und einer Laufzeit von 10 Jahren beträgt 6.145. Aus der Gleichsetzung des Barkapitalwertes der Nettoverkaufserlöse und des Barkapitalwertes der Investitionsausgaben erhält man die gesuchten Bestimmungsgleichungen:

Standort A: $p \cdot x \cdot 6.145 = 1250$ bzw. $p = \dfrac{1250}{x \cdot 6.145}$

Standort B: $p \cdot x \cdot 6.145 = 1387$ bzw. $p = \dfrac{1387}{x \cdot 6.145}$

In Bild B.10 sind diese Zusammenhänge für die beiden Standortalternativen vergleichend dargestellt.

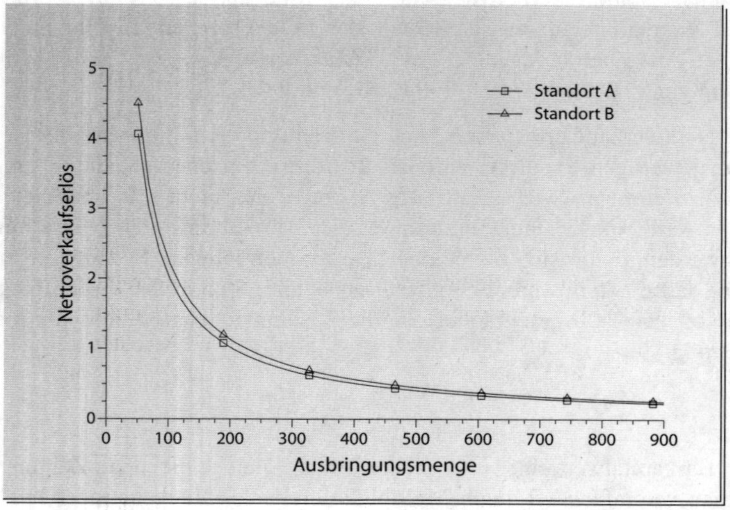

Bild B.10: Zusammenhang zwischen Nettoverkaufserlös und Ausbringungsmenge der beiden Standortalternativen

Literaturhinweise

Günther und Tempelmeier (1995), Abschnitt B.2
Heizer und Render (2004), Kap. 7

4.3.3 Ein Optimierungsmodell zur Standortwahl

Verständnis- und Wiederholungsfragen

1. Worin besteht der Unterschied zwischen einem diskreten und einem kontinuierlichen Standortproblem?

2. Von welcher Kostenstruktur geht man üblicherweise bei der Formulierung von Optimierungsmodellen zur Standortwahl aus?

3. Erläutern Sie die Beziehungen zwischen dem Standortproblem und dem klassischen Transportproblem.

4. In welcher Weise können lineare variable Produktionskosten im Standortmodell berücksichtigt werden?

5. Suchen Sie in der Literatur nach heuristischen Lösungsverfahren für das Standortproblem.

Übungsaufgabe

AUFGABE B4.6: STANDORTPLANUNG FÜR PRODUKTIONSSTÄTTEN

Eine Unternehmung der Elektronikindustrie plant den Aufbau einer neuen Fertigung für Speicherbausteine. Für die Zwecke der Standortplanung wird der Absatzmarkt zu acht Nachfragezentren verdichtet, deren erwartete jährliche Bedarfsmengen 20, 5, 10, 15, 25, 20, 10 und 5 betragen. Es sollen zwei Produktionsstätten errichtet werden, von denen aus die Bedarfsmengen in den acht Nachfragezentren befriedigt werden. Nach einer Vorauswahl stehen fünf potentielle Produktionsstandorte zur Disposition, deren Produktionskapazitäten und jährliche Fixkosten in der folgenden Tabelle zusammengefaßt sind.

Standort	A	B	C	D	E
Kapazität	50	70	60	80	70
Fixkosten	1000	700	600	1100	2000

Die Transportkosten pro Mengeneinheit zwischen den potentiellen Standorten und den Nachfragezentren sind in der folgenden Tabelle angegeben. Dabei ist zu berücksichtigen, daß einige Transportverbindungen nicht zulässig sind.

von/nach	1	2	3	4	5	6	7	8
A	120	180	100	–	60	–	180	–
B	210	–	150	250	55	210	110	165
C	180	190	110	195	50	–	–	195
D	–	190	150	180	65	120	160	120
E	170	150	110	150	–	195	200	–

a) Formulieren Sie ein lineares Optimierungsmodell zur Bestimmung der Produktionsstandorte.

b) Implementieren Sie das Modell mit Hilfe einer geeigneten PC-Software (z. B. AMPL; vgl. *Fourer et al.* (1993)), und bestimmen Sie die optimale Lösung.

c) Wie ändert sich die optimale Lösung, wenn nicht zwei, sondern drei Produktionsstätten errichtet werden?

LÖSUNG

a) Zunächst werden einige Bezeichnungen definiert.

Indizes:

i potentielle Standorte (i = A, B, C, D, E)

j Nachfragezentren (j = 1, 2, 3, 4, 5, 6, 7, 8)

Variablen:

x_{ij} Transportmenge von Standort i zum Nachfragezentrum j

$$y_i = \begin{cases} 1, & \text{wenn Standort } i \text{ genutzt wird} \\ 0, & \text{sonst} \end{cases}$$

Die Modellformulierung lautet:

Minimiere

$$\begin{aligned}
&1000 \cdot y_A + 700 \cdot y_B + 600 \cdot y_C + 1100 \cdot y_D + 2000 \cdot y_E \\
&\quad +120 \cdot x_{A1} + 180 \cdot x_{A2} + 100 \cdot x_{A3} + 60 \cdot x_{A5} + 180 \cdot x_{A7} \\
&\quad +210 \cdot x_{B1} + 150 \cdot x_{B3} + 250 \cdot x_{B4} + 55 \cdot x_{B5} + 210 \cdot x_{B6} + 110 \cdot x_{B7} + 165 \cdot x_{B8} \\
&\quad +180 \cdot x_{C1} + 190 \cdot x_{C2} + 10 \cdot x_{C3} + 195 \cdot x_{C4} + 50 \cdot x_{C5} + 195 \cdot x_{C8} \\
&\quad +190 \cdot x_{D2} + 150 \cdot x_{D3} + 180 \cdot x_{D4} + 65 \cdot x_{D5} + 120 \cdot x_{D6} + 160 \cdot x_{D7} + 120 \cdot x_{D8} \\
&\quad +170 \cdot x_{E1} + 150 \cdot x_{E2} + 110 \cdot x_{E3} + 150 \cdot x_{E4} + 195 \cdot x_{E6} + 200 \cdot x_{E7}
\end{aligned}$$

u. B. d. R.

<u>Bedarfsdeckung</u>

$$x_{A1} + x_{B1} + x_{C1} + x_{E1} = 20$$

$$x_{A2} + x_{C2} + x_{D2} + x_{E2} = 5$$

$$x_{A3} + x_{B3} + x_{C3} + x_{D3} + x_{E3} = 10$$

$$x_{B4} + x_{C4} + x_{D4} + x_{E4} = 15$$

$$x_{A5} + x_{B5} + x_{C5} + x_{D5} = 25$$

$$x_{B6} + x_{D6} + x_{E6} = 20$$

$$x_{A7} + x_{B7} + x_{D7} + x_{E7} = 10$$

$$x_{B8} + x_{C8} + x_{D8} = 5$$

<u>Standortnutzung</u>

$$x_{A1} + x_{A2} + x_{A3} + x_{A5} + x_{A7} \leq 50 \cdot y_A$$

$$x_{B1} + x_{B3} + x_{B4} + x_{B5} + x_{B6} + x_{B7} + x_{B8} \leq 70 \cdot y_B$$

$$x_{C1} + x_{C2} + x_{C3} + x_{C4} + x_{C5} + x_{C8} \leq 60 \cdot y_C$$

$$x_{D2} + x_{D3} + x_{D4} + x_{D5} + x_{D6} + x_{D7} + x_{D8} \leq 80 \cdot y_D$$

$$x_{E1} + x_{E2} + x_{E3} + x_{E4} + x_{E6} + x_{E7} \leq 70 \cdot y_E$$

<u>Standortanzahl</u>

$$y_A + y_B + y_C + y_D + y_E = 2$$

Nichtnegativität

$x_{ij} \geq 0 \qquad i = A,B,C,D,E; \quad j = 1,2,...,8$

Ganzzahligkeit

$y_i = \{0,1\} \qquad i = A,B,C,D,E$

b) AMPL (A Modeling Language for Mathematical Programming) ist eine algebraische Modellierungssprache für mathematische Optimierungsprobleme. Sie dient der strukturellen Abbildung und Lösung von Optimierungsmodellen. Ein wesentlicher Vorteil von AMPL ist die strikte Trennung von Modelldefinition und Datenbereitstellung. Für das in a) beschriebene gemischt-ganzzahlige lineare Optimierungsmodell werden die folgenden beiden Dateien benötigt, wobei für die einzelnen Modellbestandteile Bezeichnungen verwendet wurden, die selbsterklärend sein dürften. Für die nichtzulässigen Transportverbindungen setzen wir fiktive Transportkosten von 9999 an.

Modelldefinition:

```
set ORIG;                        # potentielle Standorte
set DEST;                        # Nachfragezentren

param Kapaz {ORIG} >= 0;         # Kapazitäten
param Nachf {DEST} >= 0;         # Nachfragemengen
param Tkost {ORIG,DEST} >= 0;    # Einheitstransportkosten
param FixKost {ORIG} >= 0;       # Fixkosten
param Orte >= 0;                 # Anzahl der Standorte

var Trans {ORIG,DEST} >= 0;      # Transportmengen
var Wahl {ORIG} binary;          # Standort-Binärvariablen

minimize Kosten:
   sum {i in ORIG, j in DEST} Tkost[i,j] * Trans[i,j]
 + sum {i in ORIG} FixKost[i] * Wahl[i];

subject to Bedarf {j in DEST}:
   sum {i in ORIG} Trans[i,j] = Nachf[j];

subject to Angebot {i in ORIG}:
  sum {j in DEST} Trans[i,j] <= Kapaz[i] * Wahl[i];

subject to Anzahl:
  sum {i in ORIG} Wahl[i] = Orte;
```

Problemdaten:

```
set ORIG := A B C D E;
set DEST := 1 2 3 4 5 6 7 8;

param Kapaz :=  A 50  B 70  C 60  D 80  E 70;

param Nachf := 1 20  2  5  3 10  4 15  5 25  6 20  7 10  8  5;

param Tkost :  1     2     3     4     5     6     7     8:=
        A     120   180   100  9999    60  9999   180  9999
        B     210  9999   150   250    55   210   110   165
        C     180   190   110   195    50  9999  9999   195
        D    9999   190   150   180    65   120   160   120
        E     170   150   110   150  9999   195   200  9999;

param FixKost := A 1000  B 700  C 600  D 1100  E 2000;

param Orte := 2;
```

Die optimale Lösung des Modells zeigt, daß Produktionsstätten an den potentiellen Standorten A und D errichtet werden. Die zugehörigen Transportmengen sind in der folgenden Tabelle angegeben. Alle Nachfragezentren mit Ausnahme von 5 werden von einer einzigen Produktionsstätte beliefert. In den beiden Standorten A und D verbleibt eine ungenutzte Kapazität von 10 bzw. 20 Einheiten. Die Gesamtkosten belaufen sich auf 15250 Geldeinheiten.

von/nach	1	2	3	4	5	6	7	8
A	20	5	10	–	15	–	–	–
B	–	–	–	–	–	–	–	–
C	–	–	–	–	–	–	–	–
D	–	–	–	15	10	20	10	5
E	–	–	–	–	–	–	–	–

c) Im Falle von drei Produktionsstätten werden die potentiellen Standorte A, B und D gewählt, wobei die zugehörigen Transportmengen der folgenden Tabelle zu entnehmen sind. Alle Nachfragezentren werden nunmehr von einer einzigen Produktionsstätte beliefert. Bei drei Produktionsstätten steigen die Gesamtkosten nur unwesentlich von 15250 auf 15275 Geldeinheiten, da die zusätzlichen Fixkosten des dritten Standortes weitestgehend durch Ersparnisse bei den Transportkosten kompensiert werden. Allerdings wird die verfügbare Produktionskapazität in den drei Standorten jeweils nur zur Hälfte genutzt.

von/nach	1	2	3	4	5	6	7	8
A	20	5	10	–	–	–	–	–
B	–	–	–	–	25	–	10	–
C	–	–	–	–	–	–	–	–
D	–	–	–	15	–	20	–	5
E	–	–	–	–	–	–	–	–

Literaturhinweise

Chopra und Meindl (2004), Kapitel 11
Domschke und Drexl (1996), Abschnitt 3.2

Teil C

Die Gestaltung der Infrastruktur des Produktionssystems

5 Strukturierung der Produktionspotentiale

5.1 Produktionssegmentierung

Verständnis- und Wiederholungsfragen

1. Finden Sie konkrete Beispiele von Industriebetrieben, in denen mehrere Organisationstypen der Produktion gleichzeitig nebeneinander anzutreffen sind.

2. Was versteht man unter einem Produktionssegment? Aufgrund welcher Kriterien lassen sich Produktionssegmente abgrenzen?

5.2 Layoutplanung

Verständnis- und Wiederholungsfragen

1. Erläutern Sie das Entscheidungsproblem der Layoutplanung in der industriellen Produktion.

2. Aus welchen Anlässen kann die Layoutplanung vorgenommen werden?

3. Von welchen vereinfachenden Annahmen bezüglich der potentiellen Standorte, der Entfernungen, der Transportmengen und -kosten geht man üblicherweise bei der Layoutplanung aus?

4. Erläutern Sie das Prinzip und den Ablauf des Zweieraustauschverfahrens. Warum garantiert dieses Verfahren nicht das Auffinden des globalen Optimums?

Übungsaufgabe

AUFGABE C5.1: INNERBETRIEBLICHE STANDORTPLANUNG

In einer Werkshalle sind sechs Maschinen aufzustellen. Als potentielle Standorte kommen sechs Bereiche in Frage, die in dem in Bild C.1 dargestellten Layout durch gepunktet gekennzeichnete Fahrwege miteinander verbunden sind.

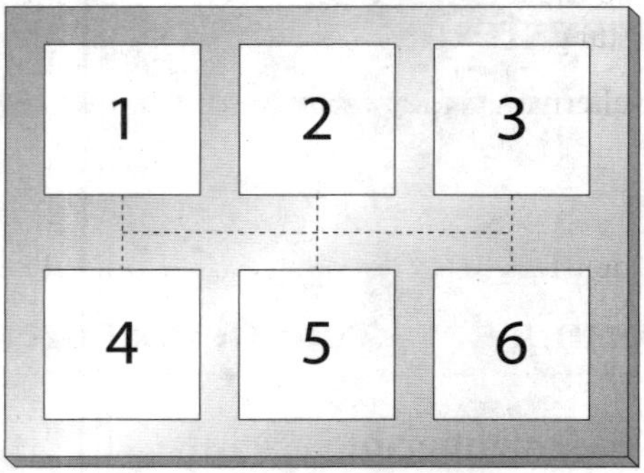

Bild C.1: Potentielle Standorte

Die Entfernungen zwischen diesen potentiellen Standorten betragen (Meter):

	Standort					
von/nach	1	2	3	4	5	6
Standort 1	0	60	80	20	60	100
Standort 2	60	0	60	60	20	60
Standort 3	80	60	0	100	60	20
Standort 4	20	60	100	0	60	100
Standort 5	60	20	60	60	0	60
Standort 6	100	60	20	100	60	0

Aufgrund des geplanten Produktionsprogramms wird mit folgenden Materialflüssen zwischen den Maschinen gerechnet (Stück):

von/nach	Maschine					
	1	2	3	4	5	6
Maschine 1	0	85	20	18	6	13
Maschine 2	30	0	3	1	5	9
Maschine 3	32	0	0	0	0	2
Maschine 4	36	7	0	0	1	0
Maschine 5	9	11	0	4	0	1
Maschine 6	27	33	8	0	0	0

a) Wie hoch ist die gesamte Transportleistung, wenn Sie von der Zuordnung {Maschine 1-Standort 1, Maschine 2-Standort 2, Maschine 3-Standort 3, Maschine 4-Standort 4, Maschine 5-Standort 5, Maschine 6-Standort 6} ausgehen?

b) Vertauschen Sie die Standorte der Maschinen 1 und 5. Wie verändert sich die gesamte Transportleistung?

c) Wie viele Lösungsalternativen gibt es?

LÖSUNG

a) Wie aus der folgenden Tabelle zu ersehen ist, beträgt die Transportleistung 21100 [Stück·Meter].

von/nach	Maschine					
	1	2	3	4	5	6
Maschine 1	0	5100	1600	360	360	1300
Maschine 2	1800	0	180	60	100	540
Maschine 3	2560	0	0	0	0	40
Maschine 4	720	420	0	0	60	0
Maschine 5	540	220	0	240	0	60
Maschine 6	2700	1980	160	0	0	0
					Summe:	21100

Bild C.2 verdeutlicht, daß die Maschine M1 mit ihren intensiven Materialflußbeziehungen zu den anderen Maschinen besser an einer zentraleren Position plaziert werden sollte.

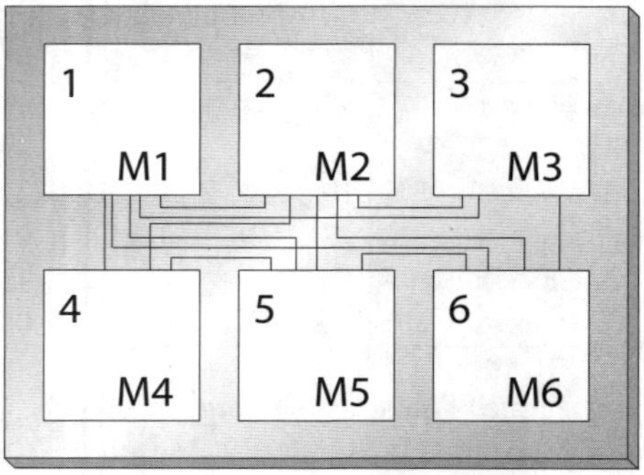

Bild C.2: Anfangslayout

b) Nach dem Austausch der Maschinen 1 (jetzt am Standort 5) und 5 (jetzt am Standort 1) ergeben sich folgende Transportleistungen:

von/nach	Maschine					
	1	2	3	4	5	6
Maschine 1	0	1700	1200	1080	360	780
Maschine 2	600	0	180	60	300	540
Maschine 3	1920	0	0	0	0	40
Maschine 4	2160	420	0	0	20	0
Maschine 5	540	660	0	80	0	100
Maschine 6	1620	1980	160	0	0	0
					Summe:	16500

Durch die Änderung der Standorte der Maschinen 1 und 5 können somit Transportleistungen in Höhe von 4600 (Stück·Meter) eingespart werden. Aus der folgenden Darstellung wird erkennbar, daß die Maschine 1 aufgrund ihrer dominierenden Materialflußbeziehungen in die Mitte des Layouts verschoben worden ist.

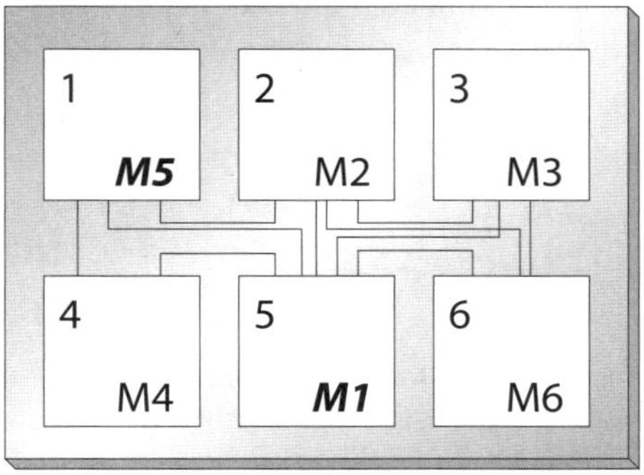

Bild C.3: Layout nach Austausch der Maschinen M1 und M5

c) Die Anzahl unterschiedlicher Zuordnungen von Maschinen zu Standorten entspricht der Anzahl Permutationen der Zahlen $1, 2, ..., n$. Insgesamt gibt es $n!$ Permutationen. Im Beispiel ($n = 6$) existieren genau $6! = 720$ Lösungen.

Literaturhinweise

Arnold (2002)
Domschke und Drexl (1996), Abschnitt 6.3
Wäscher (1985, 1993)

5.3 Konfigurierung von Fließproduktionssystemen

Verständnis- und Wiederholungsfragen

1. Nennen Sie Beispiele für Fließproduktionssysteme mit deterministischen Bearbeitungszeiten und für solche mit stochastischen Bearbeitungszeiten.

2. Welche Einflußgrößen können dazu führen, daß die Verweildauern der Werkstücke an den Stationen in einem Fließproduktionssystem Zufallsvariablen sind?

5.3.1 Fließbandabstimmung bei getaktetem Materialfluß

Verständnis- und Wiederholungsfragen

1. Was versteht man unter dem Bandwirkungsgrad?

2. Welche Beziehung besteht zwischen dem Bandwirkungsgrad und der Auslastung einer Station?

3. Welche Einflußgrößen determinieren die Durchlaufzeit einer Erzeugniseinheit in einem Fließproduktionssystem mit getaktetem Materialfluß?

Übungsaufgaben

AUFGABE C5.2: FLIESSPRODUKTION

Die Endmontage eines Produktes erfordert sechs einzelne Arbeitselemente. Wenn das erste Arbeitselement abgeschlossen ist, können die Arbeitselemente 2, 3 und 4 beginnen. Sind die Tätigkeiten 2 und 3 abgeschlossen, so kann das Arbeitselement 5 folgen. Das letzte Arbeitselement 6 setzt den Abschluß der Tätigkeiten 4 und 5 voraus. Dieser Zusammenhang ist in Bild C.4 als Vorranggraph dargestellt. Aus den Zahlen oberhalb der Knoten ist abzulesen, wie viele Minuten die einzelnen Arbeitselemente dauern.

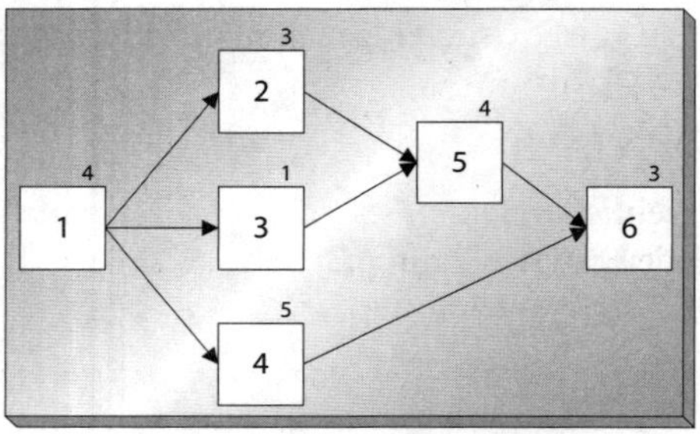

Bild C.4: Vorranggraph

Bei der Leistungsabstimmung der Montagelinie ist man von einer Taktzeit von acht Minuten ausgegangen und hat drei Arbeitsstationen mit den folgenden Arbeitselementen gebildet: $\{1, 2, 3\}$, $\{4\}$ und $\{5, 6\}$.

a) Welche Leerzeiten entstehen in den einzelnen Arbeitsstationen? Welche Leerzeiten entstehen insgesamt? Läßt sich eine Leistungsabstimmung finden, bei der die Leerzeiten gleichmäßiger verteilt sind?

b) Nehmen Sie an, daß man sich darauf festgelegt hat, nur zwei Arbeitsstationen zu bilden. Wie läßt sich die zugehörige minimale Taktzeit bestimmen? Läßt sich in dem obigen Beispiel eine Leistungsabstimmung finden, bei der diese minimale Taktzeit eingehalten wird?

LÖSUNG

a) Die Leerzeiten in den drei Arbeitsstationen betragen null bzw. drei bzw. eine

Zeiteinheit(en). Somit ergibt sich eine Leerzeit von vier Zeiteinheiten für das Gesamtsystem.

Bildet man Arbeitsstationen mit den Arbeitselementen $\{1, 2\}$, $\{4, 3\}$ und $\{5, 6\}$, so werden die Leerzeiten gleichmäßiger verteilt. Sie betragen nunmehr eine bzw. zwei bzw. eine Zeiteinheit(en). Bei dieser Leistungsabstimmung wäre auch eine Taktzeit von sieben Zeiteinheiten und damit ein entsprechend höherer Output möglich.

b) Die minimale Taktzeit beträgt

$$C = \frac{\sum_{i=1}^{I} t_i}{M} = \frac{20}{2} = 10$$

wobei mit t_i die Elementzeit des Arbeitselementes i $(i = 1, 2, ..., I)$ und mit M die vorgegebene Zahl der Arbeitsstationen bezeichnet wird.

Werden zwei Arbeitsstationen mit den Arbeitselementen $\{1, 3, 4\}$ bzw. $\{2, 5, 6\}$ gebildet, so kann die minimale Taktzeit von zehn Zeiteinheiten eingehalten werden.

AUFGABE C5.3: FLIESSPRODUKTION, TAKTZEIT, ANZAHL STATIONEN

Betrachten Sie eine zeitlich getaktete Einprodukt-Fließproduktion, in der $I = 20$ Arbeitselemente mit deterministisch bekannten, identischen Elementzeiten $t_i = 1$ $(i = 1, 2, ..., 20)$ ausgeführt werden sollen.

a) Welcher Zusammenhang besteht zwischen der geplanten Produktionsmenge und der Taktzeit?

b) Stellen Sie den Zusammenhang zwischen der Taktzeit und der Anzahl benötigter Stationen graphisch dar.

c) Stellen Sie den Bandwirkungsgrad des Fließproduktionssystems als Funktion der Taktzeit graphisch dar.

LÖSUNG

a) Die Taktzeit bestimmt den Abstand zwischen den Fertigstellungszeitpunkten zweier aufeinanderfolgender Werkstücke. Soll bei einer täglichen Einsatzdauer von T Minuten eine Produktionsmenge von x Stück hergestellt werden, dann darf die Taktzeit höchstens

$$C = \frac{T}{x}$$

Minuten betragen. Bei $T = 480$ und $x = 960$ darf die Taktzeit z. B. höchstens 0.5 Minuten betragen. Ist die Taktzeit kürzer und wird ohne Unterbrechung während T Minuten gearbeitet, dann wird die geplante Produktionsmenge überschritten.

b) Bild C.5 zeigt, daß die Anzahl der benötigten Stationen mit der Taktzeit nicht kontinuierlich, sondern in Sprüngen variiert.

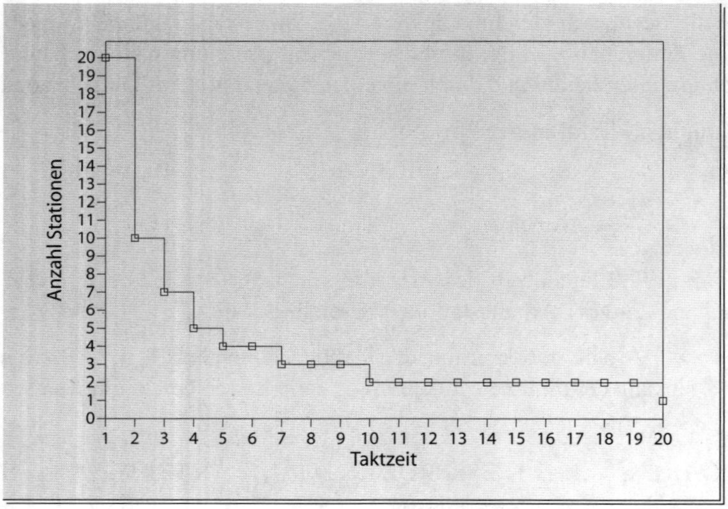

Bild C.5: Anzahl Stationen als Funktion der Taktzeit

c) Die Entwicklung des Bandwirkungsgrades des Fließproduktionssystems hat den in Bild C.6 wiedergegebenen Verlauf.

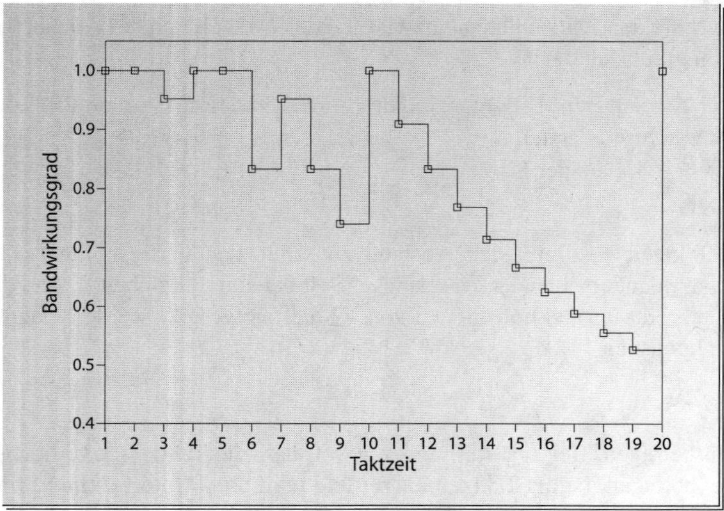

Bild C.6: Bandwirkungsgrad als Funktion der Taktzeit

AUFGABE C5.4: LEISTUNGSABSTIMMUNG BEI FLIESSPRODUKTION

Ein Montageprozeß besteht aus acht Arbeitselementen, die so zu Arbeitsstationen zusammenzufassen sind, daß der durchschnittliche Bedarf von fünf Outputeinheiten pro Stunde gedeckt werden kann. Im folgenden ist angegeben, wie lange die einzelnen Arbeitselemente dauern, und welche anderen Arbeitselemente (unmittelbare Vorgänger) zuvor abgeschlossen sein müssen.

Arbeitselement	Dauer (Minuten)	unmittelbare Vorgänger
1	5	–
2	7	1
3	6	1
4	8	2
5	6	3
6	4	3
7	3	4,5
8	7	6,7

a) Stellen Sie die Vorrangbeziehungen graphisch dar.

b) Welche Taktzeit muß eingehalten werden, damit 5 Mengeneinheiten pro Stunde hergestellt werden können?

c) Wie groß ist die theoretische Minimalzahl an Arbeitsstationen?

d) Führen Sie die Leistungsabstimmung nach einem Prioritätsregelverfahren durch. Verwenden Sie als Kriterium die Anzahl der Nachfolger.

LÖSUNG

a) Die graphische Darstellung der Vorrangbeziehungen ist Bild C.7 zu entnehmen. Die Zahlen oberhalb der Knoten bezeichnen die Elementzeiten.

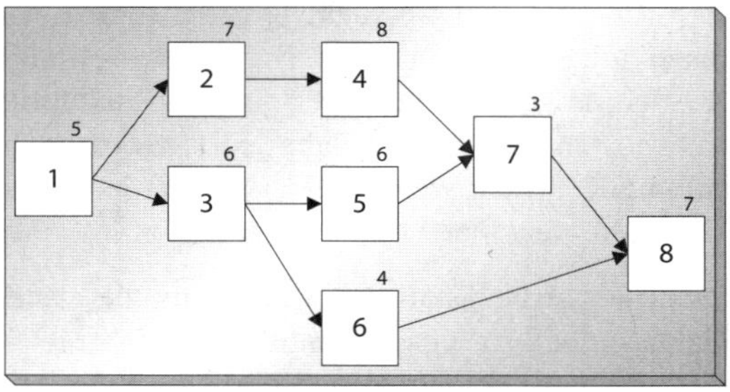

Bild C.7: Vorranggraph

b) Die erforderliche Taktzeit beträgt $C = \frac{60}{5} = 12$ Minuten.

c) Die theoretische Minimalzahl an Arbeitsstationen beträgt

$$M_{\min} = \left\lceil \frac{\sum_{i=1}^{I} t_i}{C} \right\rceil = \left\lceil \frac{46}{12} \right\rceil = 4$$

Dabei bezeichnet der Ausdruck $\lceil x \rceil$ die kleinste ganze Zahl $\geq x$.

d) Die Prioritätsziffer eines Arbeitselementes soll einen Anhaltspunkt dafür geben, wie weit vorne ein Arbeitselement in der Fließproduktionslinie plaziert werden muß. Je mehr Nachfolger ein Arbeitselement hat, umso eher wird es am Anfang des Systems angeordnet werden müssen.

Dem Arbeitselement 1 sind sämtliche anderen Arbeitselemente nachgeordnet. Die zugehörige Prioritätsziffer 7 ist gleich der Anzahl aller nachfolgenden Knoten im Vorranggraphen. In der folgenden Tabelle sind die Prioritätsziffern aller Arbeitselemente zusammengestellt.

Arbeitselement	1	2	3	4	5	6	7	8
Anzahl Nachfolger	7	3	4	2	2	1	1	0

Der Ablauf des Lösungsverfahrens kann wie folgt beschrieben werden (siehe auch die weiter unten folgende Tabelle sowie Bild C.7. Zunächst kann aufgrund der technologischen Vorrangbeziehungen nur das Arbeitselement 1 zugeordnet werden. Anschließend stehen die technologisch nachfolgenden Arbeitselemente 2 und 3 zur Auswahl, von denen wegen des höheren Prioritätswertes (Anzahl Nachfolger) das Arbeitselement 3 gewählt wird. Da die Taktzeit von zwölf Minuten nunmehr bis auf eine unvermeidbare Restzeit von einer Minute ausgeschöpft ist, kann kein weiteres Arbeitselement mehr zugeordnet werden. Die erste Arbeitsstation enthält somit die Arbeitselemente 1 und 3.

Aufgrund der technologischen Vorrangbeziehungen sind nun die Arbeitselemente 2, 5 und 6 ausführbar. Das Arbeitselement 2 wird wegen des höchsten Prioritätswertes als erstes der zweiten Arbeitsstation zugeordnet. Damit könnte im nächsten Schritt auch auf das Arbeitselement 4 zurückgegriffen werden. Allerdings liegt dessen Ausführungsdauer mit acht Minuten oberhalb der noch verfügbaren Restzeit von fünf Minuten. Auch das Arbeitselement 5, dessen Ausführung sechs Minuten erfordert, muß zurückgestellt werden. Es kann lediglich das Arbeitselement 6 der zweiten Arbeitsstation zugeordnet werden. Hiermit ist die Taktzeit von zwölf Minuten bis auf eine Restzeit von einer Minute ausgeschöpft.

Für die Bildung der dritten Arbeitsstation kommen nun die bisher wegen der Taktzeitrestriktion zurückgestellten Arbeitselemente 4 und 5 in Frage, die beide dieselbe Prioritätsziffer haben. Wir entscheiden uns willkürlich für das Arbeitselement 5 mit der geringeren Elementzeit. Das verbleibende Arbeitselement 4 verstößt nunmehr gegen die Taktzeitrestriktion und muß daher zurückgestellt werden. Da die weiteren

Arbeitselemente dem Arbeitselement 4 nachgeordnet sind, wird die dritte Arbeitsstation abgeschlossen.

Man setzt dann den Lösungsgang in gleicher Weise fort, bis sämtliche Arbeitselemente einer Station zugeordnet sind. Die genaue Abfolge der Lösungsschritte ist der nachfolgenden Tabelle zu entnehmen. Man erkennt, daß die theoretische Minimalzahl an Arbeitsstationen hier nicht erreicht werden kann. Beträchtliche Leerzeiten in den Arbeitsstationen 3 und 5 sind die Folge.

Arbeits-station	zulässige Arbeitselemente	gewähltes Arbeitselement	Element-zeit	Restzeit
1	1	1	5	7
	2,3	3	6	1
2	2,5,6	2	7	5
	(4),(5),6	6	4	1
3	4,5	5	6	6
	(4)	–	–	6
4	4	4	8	4
	7	7	3	1
5	8	8	7	5

Literaturhinweise

Domschke et al. (1997), Kapitel 4
Scholl (1999)

5.3.2 Leistungsanalyse bei nicht getaktetem Materialfluß

Verständnis- und Wiederholungsfragen

1. Welche Gründe können einen Systemplaner dazu veranlassen, auf die Synchronisation des Materialflusses zu verzichten?

2. Beschreiben sie das Phänomen der Blockierung (blocking) einer Station in einem Fließproduktionssystem mit elastisch verkettetem (asynchronem) Materialfluß. Wann treten Leerzeiten (starving) auf? Wie kann man das Auftreten dieser beiden Phänomene verringern?

3. Lassen sich Gruppenarbeit und Fließproduktion miteinander vereinbaren?

Übungsaufgaben

AUFGABE C5.5: ENGPASSANALYSE

Eine Montagelinie besteht aus den folgenden drei Abschnitten: (1) Beladen und Vorarbeiten, (2) Hauptmontage sowie (3) Kontrolle und Verpackung. Es sind insgesamt 30 Arbeitskräfte eingesetzt, die sich gleichmäßig auf die drei Abschnitte der Montagelinie verteilen. Beim Beladen und den Vorarbeiten kann eine Arbeitskraft sieben Produkteinheiten pro Stunde bearbeiten. Bei der Hauptmontage beträgt die Kapazität einer Arbeitskraft fünf Produkteinheiten pro Stunde. In der Kontrolle und Verpackung erledigt eine Arbeitskraft acht Produkteinheiten pro Stunde.

a) Wie groß ist die maximale Ausbringung des Montagesystems pro Stunde?

b) Zu wieviel Prozent wird die Kapazität der übrigen Montageabschnitte genutzt, wenn der Engpaßbereich voll ausgelastet wird?

c) Wie sollten die Arbeitskräfte innerhalb der Montagelinie umverteilt werden, damit die Kapazität des Gesamtsystems maximiert wird?

d) Wie viele von den ursprünglich eingesetzten 30 Arbeitskräften könnten bei einer Ausbringung von 60 Einheiten pro Stunde eingespart werden, wenn 75% der Hauptmontage und jeweils 25% der vor- und nachgelagerten Montagevorgänge von automatisierten bedienerlosen Systemen übernommen werden könnten?

LÖSUNG

a) Die maximale Ausbringung eines Montageabschnittes ergibt sich als Produkt aus der Zahl der eingesetzten Arbeitskräfte und der jeweiligen Stundenleistung. Man erhält $10 \cdot 7 = 70$ bzw. $10 \cdot 5 = 50$ bzw. $10 \cdot 8 = 80$ als die größtmöglichen Bereichskapazitäten. Die maximale Ausbringung des gesamten Montagesystems ist durch den Engpaß im zweiten Montageabschnitt mit einer Ausbringung von 50 Produkteinheiten pro Stunde begrenzt.

b) Die Auslastungen der einzelnen Montageabschnitte betragen:

Abschnitt 1: $1 - \frac{20}{70} = 71.4\%$

Abschnitt 2: 100.0%

Abschnitt 3: $1 - \frac{30}{80} = 62.5\%$

c) Die Kapazität des Gesamtsystems wird maximiert, wenn die einzelnen Montageabschnitte möglichst gleichmäßig ausgelastet werden. Bezeichnet man mit x_i die Anzahl der im Montageabschnitt i eingesetzten Arbeitskräfte, so erhält man die gesuchte Umverteilung durch die Lösung des folgenden Gleichungssystems:

$$x_1 + x_2 + x_3 = 30$$

$$\frac{x_1}{x_2} = \frac{5}{7}$$

$$\frac{x_1}{x_3} = \frac{8}{7}$$

$$\frac{x_2}{x_3} = \frac{8}{5}$$

Die Lösung lautet:

$x_1 = 9.2; \quad x_2 = 12.8; \quad x_3 = 8.0$

bzw. nach Rundung auf ganzzahlige Werte:

$x_1 = 9; \quad x_2 = 13; \quad x_3 = 8$

Die maximale Ausbringung pro Stunde steigt von 50 auf 63 Produkteinheiten, und die einzelnen Montageabschnitte können zu 100% bzw. 96.9% bzw. 98.4% ausgelastet werden.

d) Durch die Einführung der automatisierten bedienerlosen Systeme steigt die Ausbringung pro Stunde in den einzelnen Montageabschnitten auf $\frac{7}{0.75} = 9.3$ bzw. $\frac{5}{0.25} = 20$ bzw. $\frac{5}{0.25} = 20$ bzw. $\frac{8}{0.75} = 10.7$ Produkteinheiten. Um 60 Produkteinheiten pro Stunde herzustellen, benötigt man sieben Arbeitskräfte im ersten, drei im zweiten und sechs im dritten Montageabschnitt. Es könnten 14 von ursprünglich 30 Arbeitskräften eingespart werden.

AUFGABE C5.6: FLIESSPRODUKTIONSSYSTEM MIT EXPONENTIALVERTEILTEN BEARBEITUNGSZEITEN (M/M/1-MODELLE)

Eine Unternehmung der Elektronikindustrie produziert in einem nach dem Konzept der Fließproduktion organisierten Produktionssegment eine große Anzahl unterschiedlicher Varianten von Leiterplatten. Insgesamt umfaßt das Produktionssegment acht Stationen, zwischen denen ausreichend Pufferplatz vorhanden ist. Zur Aufgabenverteilung auf die Stationen wurde eine Fließbandabstimmung auf der Basis von durchschnittlichen Arbeitselementzeiten durchgeführt. Dabei ist es gelungen, einen Bandwirkungsgrad von 100% bei einer Taktzeit von drei Minuten zu erreichen.

Aufgrund der großen Anzahl unterschiedlicher Leiterplattenvarianten soll nun als erste Approximation angenommen werden, daß die Bearbeitungszeiten an den Stationen exponentialverteilt sind.

a) Wie groß ist die maximale Produktionsmenge dieses Produktionssegmentes?

b) Wie groß ist die tatsächliche Produktionsmenge?

c) Wie hoch ist der mittlere Bestand an Leiterplatten, die sich in dem Produktionssegment befinden, wenn von einer Ankunftsrate von $\lambda = 0.25$ Stück pro Minute ausgegangen wird?

LÖSUNG

a) Die maximale Produktionsmenge wird durch die Leistungsfähigkeit des Engpasses bestimmt. Im vorliegenden Fall sind alle Stationen identisch (sonst könnte der Bandwirkungsgrad nicht 100% sein). Die maximale Produktionsrate ist damit gleich $\frac{1}{3}$ Stück pro Minute.

b) Solange die Ankunftsrate die maximale Produktionsrate nicht überschreitet, ist die tatsächliche Produktionsrate gleich der Ankunftsrate von Werkstücken an der ersten Station. Ohne Kenntnis der Ankunftsrate kann die Frage nicht beantwortet werden.

c) Aufgrund der getroffenen Annahmen kann das Fließproduktionssystem mit Hilfe des M/M/1-Warteschlangenmodells analysiert werden. Die Auslastung einer Station beträgt $U_m = \frac{0.25}{0.3333} = 75\%$. Die mittlere Anzahl wartender und in Bearbeitung befindlicher Leiterplatten beträgt $Q_m = \frac{0.75^2}{1-0.75} = 2.25$ $(m = 1, 2, ..., 8)$. Der Gesamtbestand an Leiterplatten im System summiert sich somit zu $Q = 8 \cdot 2.25 = 18$.

Literaturhinweise

Conway et al. (1988)
Helber (2004)
Kuhn (2002)
Tempelmeier (2003b)
Tempelmeier und Kuhn (1996)

5.4 Konfigurierung von Produktionszentren

5.4.1 Flexible Fertigungssysteme

Verständnis- und Wiederholungsfragen

1. Nennen sie die wichtigsten Komponenten eines flexiblen Fertigungssystems (FFS).

2. Warum ist es in vielen Fällen unrealistisch, in einem FFS die „Losgröße 1" anzustreben?

3. Welche Entscheidungsvariablen sind bei der Konfiguration eines FFS zu berücksichtigen?

4. Skizzieren Sie eine Situation, in der man mit der statischen Analyse zu sehr schlechten Abschätzungen der Leistung eines geplanten FFS kommt.

5. Welche Daten werden für die Konfigurierung eines FFS benötigt, und wie kann man sie beschaffen?

6. Welchen Einfluß hat die Layoutplanung auf die Leistung eines FFS?

Übungsaufgabe

AUFGABE C5.7: KONFIGURIERUNG EINES FLEXIBLEN FERTIGUNGSSYSTEMS (STATISCHE ANALYSE)

Ein Mitarbeiter der Abteilung Werksplanung hat die Aufgabe übertragen bekommen, für eine bestimmte Konfiguration eines geplanten flexiblen Fertigungssystems (FFS) mit drei Maschinentypen (Spannplatz, Bohrmaschine, Meßmaschine) und einem Fahrzeug die Kenngrößen „mittlere Produktionsmenge pro Minute", „Auslastungen der Maschinen" und „mittlere Durchlaufzeit" zu ermitteln. Das in dem FFS zu bearbeitende Produktspektrum wurde bereits analysiert und die Daten liegen in aggregierter Form als stationsbezogene mittlere Bearbeitungszeiten b_m (pro Arbeitsgang) und Ankunftswahrscheinlichkeiten p_m vor. Jede Station m besteht aus einer Maschine. Die mittlere Anzahl von Arbeitsgängen für ein typisches Werkstück beträgt 8. Die relevanten Daten sind der folgenden Tabelle zu entnehmen:

Station m	1	2	3	4
b_m	18	22	6	0.10
p_m	0.35	0.30	0.35	1.00

a) Helfen Sie dem Werksplaner! Analysieren Sie das FFS mit Hilfe der statischen, engpaßorientierten Betrachtung.

b) Wann besteht bei Anwendung der engpaßorientierten statischen Analyse die Gefahr einer Fehleinschätzung der Leistung des FFS?

LÖSUNG

a) Zunächst werden die mittleren Arbeitsbelastungen der einzelnen Stationen, $w_m = b_m \cdot p_m$ ermittelt.

Station m	1	2	3	4
w_m	6.30	6.60	2.10	0.10

Bei der statischen, engpaßorientierten Betrachtung wird zunächst die Engpaßstation des FFS bestimmt. Dies ist die Station mit der größten Arbeitsbelastung pro Maschine, d.h. Station 2 ($w_2 = 6.60$). Die maximale Produktionsrate der Engpaßstation e ist gleich der Anzahl Maschinen S_e dividiert durch die mittlere Bearbeitungszeit b_e:

$$X_e^{\max} = \frac{S_e}{b_e} = \frac{1}{22} = 0.0454545$$

Die Produktionsraten der anderen Stationen ergeben sich dann wie folgt:

$$X_m = \frac{p_m}{p_e} \cdot X_e^{\max}$$

Die Auslastung einer Station ist gleich dem Produkt aus der Produktionsrate X_m und der mittleren Bearbeitungszeit b_m:

$$U_m = X_m \cdot b_m$$

Die Produktionsraten sind zusammen mit den Auslastungen in der folgenden Tabelle wiedergegeben.

Station m	1	2	3	4
X_m	0.053030	0.045454	0.053030	0.151515
U_m	0.955	1.000	0.318	0.015

Die Produktionsrate des gesamten FFS (gemessen in bearbeiteten Werkstücken) kann man bestimmen, indem man die Produktionsrate des Fahrzeugs (0.151515) durch die mittlere Anzahl von Arbeitsgängen bzw. Transportvorgängen dividiert:

$$X_{\text{FFS}} = \frac{X_4}{8} = 0.01894$$

b) Die engpaßorientierte statische Betrachtungsweise basiert auf der grundlegenden Anahme, daß die Engpaßstation immer zu 100% ausgelastet sein wird. Dies ist aber nur bei einer sehr großen Anzahl zirkulierender Paletten gesichert. Bei nur wenigen Paletten tritt häufig die Situation ein, daß die Engpaßstation auf Werkstücke warten muß, die noch an anderen Stationen aufgehalten werden. Diese Gefahr ist umso größer, je höher die Nicht-Engpaßstationen im Vergleich zum Engpaß ausgelastet sind. Im Beispiel ist auch die Station 1 relativ hoch ausgelastet. Daher besteht die Gefahr, daß sich auch dort Werkstücke stauen und die Station 2 (der Engpaß) demzufolge unter Materialmangel leidet. Aus diesem Grund wird die Produktionsrate des FFS im Falle der statischen Betrachtung erheblich überschätzt.

Literaturhinweise

Kuhn (2004)
Tempelmeier (1992)
Tempelmeier und Kuhn (1993)

5.4.2 Produktionsinseln

Verständnis- und Wiederholungsfragen

1. Nennen Sie die wesentlichen Merkmale einer Produktionsinsel.

2. Warum wird die Produktionsinsel mit dem Begriff „lean production" in Verbindung gebracht?

3. Beschreiben Sie die Beziehungen, die zwischen den Problemen der Maschinengruppierung und der Teilefamilienbildung bestehen.

4. Nennen Sie Gründe, die gegen die Einführung von Produktionsinseln sprechen. Argumentieren Sie aus der Sicht der Warteschlangentheorie.

Übungsaufgabe

AUFGABE C5.8: MASCHINEN-ERZEUGNIS-MATRIX (BINÄRE SORTIERUNG)

Die Untersuchung der Arbeitspläne für sieben Erzeugnisse hat folgende Maschinen-Erzeugnis-Matrix ergeben.

	Erzeugnis						
Maschine	1	2	3	4	5	6	7
Bohren	–	1	–	1	–	–	1
Drehen	–	–	1	–	1	–	–
Fräsen	1	1	–	1	–	–	1
Schleifen	1	–	1	–	–	1	–
Entgraten	–	–	1	1	1	1	–

Sortieren Sie die Zeilen und Spalten dieser Matrix derart, daß Gruppen von Maschinen und Teilefamilien identifiziert werden können. Wie viele Arbeitsgänge liegen außerhalb der Blockdiagonalen? Finden Sie eine Möglichkeit, die Lösung zu vereinfachen.

LÖSUNG

Zunächst werden die Zeilen als Binärzahlen interpretiert und in absteigender Reihenfolge sortiert:

	Erzeugnis							
Maschine	1	2	3	4	5	6	7	Dezimalwert
Fräsen	1	1	–	1	–	–	1	105
Schleifen	1	–	1	–	–	1	–	82
Bohren	–	1	–	1	–	–	1	41
Entgraten	–	–	1	1	1	1	–	30
Drehen	–	–	1	–	1	–	–	20

Im nächsten Schritt sortieren wir die Spalten ebenfalls in absteigender Reihenfolge:

Maschine	Erzeugnis 1	4	2	7	3	6	5
Fräsen	1	1	1	1	–	–	–
Schleifen	1	–	–	–	1	1	–
Bohren	–	1	1	1	–	–	–
Entgraten	–	1	–	–	1	1	1
Drehen	–	–	–	–	1	–	1
Dezimalwert	24	22	20	20	11	10	3

Es können die Maschinengruppen {Fräsen, Schleifen, Bohren} und {Entgraten, Drehen} sowie die Teilefamilien {1, 4, 2, 7} und {3, 6, 5} identifiziert werden. Bei dieser Lösung liegen allerdings drei Arbeitsgänge außerhalb der Blockdiagonalen, so daß ein Materialfluß zwischen den beiden Produktionsinseln entstehen wird.

Die vorliegende Lösung kann weiter vereinfacht werden, wenn man die Schleifmaschine in die andere Maschinengruppe verschiebt. Dadurch verringert sich die Anzahl der außerhalb der Blockdiagonalen liegenden Arbeitsgänge von 3 auf 2. Diese Lösung, die allerdings nicht mit dem binären Sortierverfahren erreicht werden kann, sieht wie folgt aus:

Maschine	Erzeugnis 1	4	2	7	3	6	5
Fräsen	1	1	1	1	–	–	–
Bohren	–	1	1	1	–	–	–
Schleifen	1	–	–	–	1	1	–
Entgraten	–	1	–	–	1	1	1
Drehen	–	–	–	–	1	–	1

Literaturhinweise

Askin und Standridge (1993), Kapitel 6
Günther und Tempelmeier (1995), Abschnitt B.8.2
Kuhn (2004)

6 Personelle Ressourcen

Verständnis- und Wiederholungsfragen

1. In welcher Hinsicht haben sich die in der industriellen Produktion herrschenden Rahmenbedingungen der menschlichen Arbeit in den letzten 10 Jahren verändert?

2. Welche Vorstellungen verbergen sich hinter dem Begriff „Humankapital"?

6.1 Rahmenbedingungen der menschlichen Arbeit

Verständnis- und Wiederholungsfragen

1. Welche besonderen Merkmale unterscheiden den Produktionsfaktor „menschliche Arbeit" von anderen Produktionsfaktoren?

2. Nennen Sie einige wichtige Gesetze, in denen Problemkreise des Arbeitslebens rechtlich geregelt sind.

3. Von welchen gesamt- und einzelwirtschaftlichen Faktoren hängt die Sicherheit der Arbeitsplätze ab?

4. In welcher Weise können sich die Arbeitsbedingungen durch die Einführung neuer, automatisierter Produktionssysteme ändern? Nennen Sie Beispiele.

Literaturhinweise

Frese (1994), Abschnitt A.IV
Kupsch und Marr (1991)

6.2 Innerbetriebliche Arbeitsbedingungen

6.2.1 Determinanten der menschlichen Arbeitsleistung

Verständnis- und Wiederholungsfragen

1. Welche Merkmale kennzeichnen Taylor's System der wissenschaftlichen Betriebsführung (scientific management)?

2. Worin besteht die Weiterentwicklung der Human-Relations-Bewegung gegenüber dem System Taylor's?

3. Nennen Sie Aufgabenstellungen und wichtige Teilgebiete der Arbeitswissenschaften.

4. Was versteht man unter intra- und extrapersonellen Einflußgrößen der menschlichen Arbeit?

5. Welche Hauptfaktoren bestimmen die Leistungsfähigkeit eines Menschen in der industriellen Produktion?

6. Welche Faktoren bestimmen seine Leistungsbereitschaft?

Literaturhinweise

Kern (1992), Kap. D.III.4
Luczak (1998), Kap. 7 und 8

6.2.2 Industrielle Arbeitsgestaltung

Verständnis- und Wiederholungsfragen

1. Nennen Sie die wichtigsten Bereiche der industriellen Arbeitsgestaltung.

2. Entwerfen Sie skizzenhaft das Anforderungsprofil einer Arbeitsaufgabe.

3. Welche Arten von Maßnahmen lassen sich gegen die negativen Auswirkungen der Arbeitsteilung und Automation ergreifen, um die Arbeitszufriedenheit und den Leistungswillen der Mitarbeiter zu steigern?

4. Was versteht man unter teilautonomen Arbeitsgruppen?

5. Welche generellen Empfehlungen würden Sie für die Gestaltung der Arbeitsaufgaben in der industriellen Produktion aussprechen?

6. Zählen Sie eine Reihe von typischen Maßnahmen auf, die zur Verbesserung des Arbeitsplatzes ergriffen werden können.

7. Nennen Sie Zielsetzung und Gestaltungsprinzipien der Arbeitsmethodik.

8. Welche arbeitsphysiologischen Gesichtspunkte sind bei der Gestaltung der Arbeitszeit zu beachten?

9. Nennen Sie Zielsetzungen und Formen der Arbeitszeitflexibilisierung.

10. Grenzen Sie quantitative, qualitative und zeitliche Flexibilisierungsformen der Arbeit ab, und nennen Sie jeweils typische Beispiele.

11. Welches sind die wichtigsten Elemente der sozialen Arbeitsumweltbedingungen?

Literaturhinweise

Frese (1994), Kapitel B

Luczak (1998), Kapitel 18-22
Zink (1993)
Zülch (1996)

6.2.3 Bewertung und Entlohnung der Arbeit

Verständnis- und Wiederholungsfragen

1. Durch welche immateriellen und materiellen Anreize läßt sich die menschliche Arbeitsleistung beeinflussen?

2. Diskutieren Sie den Begriff der Lohngerechtigkeit.

3. Was versteht man unter Lohnsatz- und Lohnformendifferenzierung?

4. Worin besteht der Unterschied zwischen summarischen und analytischen Verfahren der Arbeitsbewertung?

5. Erläutern Sie die jeweils wichtigsten Verfahren der summarischen und analytischen Arbeitsbewertung.

6. Grenzen Sie die Aufgabenstellungen der Leistungs- und der Arbeitsbewertung voneinander ab.

7. Erläutern Sie die wichtigsten Lohnformen.

8. Wie erklären Sie sich die rückgehende Bedeutung des Akkordlohns?

Übungsaufgaben

AUFGABE C6.1: ARBEITSBEWERTUNG, RANGREIHENVERFAHREN

Sämtliche Arbeitsaufgaben (Arbeitsplätze) in einem Industriebetrieb sollen nach dem Rangreihenverfahren analytisch bewertet werden. Dabei werden die folgenden Anforderungsarten berücksichtigt (in Klammern: der zugehörige Gewichtungsfaktor):

Fachkenntnisse (1.0),
Geschicklichkeit (0.7),
Verantwortung (1.0),
Geistige Belastung (0.8),
Körperliche Belastung (0.6),
Umgebungseinflüsse (0.3).

Konkret zu bewerten sind drei Arbeitsaufgaben: Job A, B und C. Innerhalb der insgesamt vorhandenen 100 Arbeitsaufgaben wurden diese Jobs hinsichtlich der obigen sechs Anforderungsarten die folgenden Platzziffern zugewiesen (1 = Arbeitsaufgabe mit geringster, 100 = Arbeitsaufgabe mit höchster Anforderung im Betrieb):

Job A: 92, 40, 77, 65, 15, 10,
Job B: 48, 50, 52, 50, 45, 55,
Job C: 12, 60, 27, 20, 90, 80.

Ermitteln Sie den Arbeitswert der drei Jobs mit Hilfe des Rangreihenverfahrens.

LÖSUNG

Die vergleichende Arbeitsbewertung ist der nachfolgenden Tabelle zu entnehmen. Aufgrund des gewählten Verfahrens wird Job A am höchsten und Job C am niedrigsten bewertet.

		Job A		Job B		Job C	
Anforderungsart	Gewicht	Rang	Wert	Rang	Wert	Rang	Wert
Fachkenntnisse	1.0	92	92	48	48	12	12
Geschicklichkeit	0.7	40	28	50	35	60	42
Verantwortung	1.0	77	77	52	52	27	27
Geistige Belastung	0.8	65	52	50	40	20	16
Körperliche Belastung	0.6	15	9	45	27	90	54
Umgebungseinflüsse	0.3	10	3	55	16.5	80	24
Arbeitswert		261.0		218.5		175.0	

AUFGABE C6.2: ARBEITSBEWERTUNG, STUFENWERTZAHLVERFAHREN

Vereinfachend soll angenommen werden, daß eine bestimmte Arbeitsaufgabe im Produktionsprozeß lediglich aufgrund von drei Anforderungsarten, nämlich Arbeitsschwere, Arbeitskenntnisse und Verantwortung bewertet wird. Bei der Beurteilung der Arbeitsschwere wird nicht nur die Belastungsstärke (Stufe 0 = sehr geringe, Stufe IV = sehr hohe Belastung), sondern zusätzlich auch die durchschnittliche Belastungsdauer während einer Arbeitsschicht berücksichtigt. Die Arbeitsschwere wird auf einer Punkteskala von 0 bis 6.5 bewertet. Hierzu bedient man sich der folgenden Tabelle (nichtzulässige Dauerbelastungen sind durch „-" markiert).

	Dauer der Belastung in Stunden pro Schicht							
Stufe	1	2	3	4	5	6	7	8
0	0	0	0	0	0	0	0	0
I	0.1	0.2	0.3	0.4	0.5	0.6	0.8	1.0
II	0.3	0.6	0.9	1.2	1.5	1.8	2.2	2.7
III	0.6	1.2	1.8	2.4	3.1	3.8	4.6	–
IV	1.0	2.0	3.0	4.1	5.3	6.5	–	–

Die beiden übrigen Anforderungsarten (Arbeitskenntnisse und Verantwortung) werden lediglich durch eine Klasseneinteilung (0 bis IV) bzw. durch eine entsprechende Punktzahl (0 bis 4) erfaßt, wobei die Klasse 0 jeweils einer sehr geringen bzw. die Klasse IV einer sehr hohen Anforderung entspricht.

Die zu bewertende Arbeitsaufgabe ist durch folgende Anforderungen gekennzeichnet:

> geringe Arbeitsschwere (Stufe I) während einer und hohe Arbeitsschwere (Stufe III) während sechs Stunden pro Schicht,
> mittlere Arbeitskenntnisse (Stufe II),
> hohe Verantwortung (Stufe III).

Ermitteln Sie den zugehörigen Arbeitswert mit Hilfe des Stufenwertzahlverfahrens.

LÖSUNG

Der gesuchte Arbeitswert beträgt:

$0.1 + 3.8 + 2.0 + 3.0 = 8.9$

AUFGABE C6.3: AKKORDLOHN

In einem Industriebetrieb erfolgt die Endmontage der hergestellten Erzeugnisse manuell, wobei die Arbeitskräfte im Zeitakkord entlohnt werden. Der tarifliche Akkordgrundlohn beträgt zur Zeit 20 € pro Stunde. Als Akkordzuschlag sind im Tarifvertrag 25% vereinbart. Zur Analyse des Leistungsgrades wurde in der Vergangenheit eine Zeitstudie durchgeführt, die ergeben hat, daß pro Stunde 12 Enderzeugnisse bei einem festgestellten Leistungsgrad von 150% montiert wurden.

a) Ermitteln Sie den Akkordrichtsatz, den Minutenfaktor, die Normalleistung und die Vorgabezeit. Welchen Akkordlohn pro Tag bzw. pro Stunde erzielt eine Arbeitskraft bei einer täglichen Leistung von 85 fertiggestellten Enderzeugnissen und einer Arbeitszeit von 7.5 Stunden pro Tag.

b) Wie hoch sind die Stückzeit [Min./ME], die Stücklohnkosten [€/ME] und der durchschnittliche Stundenlohn [€/Std.] bei einem Leistungsgrad von 100% bzw. 125% bzw. 150%?

LÖSUNG

a) Der Akkordrichtsatz entspricht dem Akkordgrundlohn zuzüglich des Akkordzuschlags. Er beträgt:

20 [€/Std.] · 1.25 = 25 [€/Std.]

Verteilt auf 60 Minuten ergibt sich hieraus ein Minutenfaktor von:

25 [€/Std.] / 60 [Min/Std.] = 0.4167 [€/Min.]

Die Normalleistung ergibt sich als Quotient aus beobachteter Ausbringung und festgestelltem Leistungsgrad:

12 [ME/Std.] / 1.5 = 8 [ME/Std.]

Die Vorgabezeit bei Einhaltung der Normalleistung beträgt:

60 [Min./Std.] / 8 [ME/Std.] = 7.5 [Min./ME]

Der Akkordlohn pro Tag berechnet sich als Produkt aus geleisteter Arbeitsmenge, Vorgabezeit pro ME und Minutenfaktor. Er beträgt:

85 [ME] · 7.5 [Min./ME] · 0.4167 [€/Min.] = 265.65 [€]

Dies entspricht einem durchschnittlichen Stundenlohn von:

265.65 [€] / 7.5 [Std.] = 35.42 [€/Std.]

b) Allgemein ergibt sich die Stückzeit als Quotient aus Vorgabezeit (bei Normalleistung) und Leistungsgrad. Man erhält:

7.5 [Min./ME] / 1.0 = 7.5 [Min./ME] (Leistungsgrad = 100%)

7.5 [Min./ME] / 1.25 = 6.0 [Min./ME] (Leistungsgrad = 125%)

7.5 [Min./ME] / 1.5 = 5.0 [Min./ME] (Leistungsgrad = 150%)

Die Stücklohnkosten sind beim Akkordlohn im Gegensatz zum Zeitlohn unabhängig vom Leistungsgrad. Sie entsprechen dem Produkt aus Minutenfaktor und Vorgabezeit und betragen hier:

0.4167 [€Min.] · 7.5 [Min./ME] = 3.1253 [€/ME]

Der durchschnittliche Stundenlohn ergibt sich allgemein als Produkt von Akkordrichtsatz und Leistungsgrad. Man erhält:

25 [€/Std.] · 1.0 = 25.00 [€/Std.] (Leistungsgrad = 100%)

25 [€/Std.] · 1.25 = 31.25 [€/Std.] (Leistungsgrad = 125%)

25 [€/Std.] · 1.5 = 37,50 [€/Std.] (Leistungsgrad = 150%)

Literaturhinweise

Frese (1994), Kapitel B.III und D.III
Hamel (1996)
Kupsch und Marr (1991), Kapitel V
Luczak (1998), Kap. 24

6.3 Personalkapazitätsplanung

Verständnis- und Wiederholungsfragen

1. Welche beiden grundsätzlichen Möglichkeiten gibt es, um Auslastungsschwankungen der Personalkapazität zu glätten?

2. Erläutern Sie die einzelnen Ebenen der Personalkapazitätsplanung.

3. Die Einheit von Person und Arbeitsstelle hat in der industriellen Produktion (im Gegensatz zur öffentlichen Verwaltung) zunehmend an Bedeutung verloren. Wie erklären Sie sich diese Entwicklung? Welche Konsequenzen ergeben sich daraus für die Arbeitsgestaltung und die praktische Personalpolitik eines Industriebetriebs?

4. Was spricht für und was spricht gegen den stärkeren Einsatz von Teilzeitarbeit in der industriellen Produktion bzw. im industriellen Management?

Literaturhinweise

Günther (1989)
Günther und Strauß (1994)

7 Qualitätssicherung

Verständnis- und Wiederholungsfragen

1. Nennen Sie Beispiele für ausländische Produkte, die vergleichbaren Produkten aus heimischer Produktion qualitativ überlegen sind. Nennen Sie auch Beispiele für überlegene einheimische Produkte.

2. „Die Qualitätssicherung erfordert eine ganzheitliche Betrachtung, die alle Maßnahmen zur Qualitätsverbesserung der Produkte einschließt." Erläutern Sie diese Aussage.

7.1 Qualität als Wertschöpfungsbeitrag

Verständnis- und Wiederholungsfragen

1. Begründen Sie den Bedeutungszuwachs, den die Produktqualität in den letzten Jahren erfahren hat.

2. Worin bestehen die wirtschaftlichen Vorteile und die zusätzlichen Kosten einer gesteigerten Produktqualität?

3. Nennen Sie Beispiele für quantifizierbare Qualitätseigenschaften eines Produktes und solche, die nicht ohne weiteres quantifizierbar sind.

4. Erläutern Sie die Begriffe der funktionalen, fertigungsbezogenen und ästhetischen Qualität eines Produktes.

5. Systematisieren Sie die auftretenden Qualitätskosten.

Literaturhinweise

Fox (1995), Part One
Ross (1994), Kapitel 4

7.2 Qualitätsmanagement

Verständnis- und Wiederholungsfragen

1. Im Mittelpunkt der Überlegungen zum Qualitätsmanagement steht der Anwendungsnutzen, den ein Kunde mit dem Erwerb eines Produktes verbindet. Überlegen Sie, wie man den Anwendungsnutzen operationalisieren kann.

2. Skizzieren Sie den Ring qualitätssichernder Maßnahmen, und nennen Sie Beispiele für qualitätssichernde Maßnahmen, die in den einzelnen Phasen der Wertschöpfungskette eines Produktes ergriffen werden können.

3. Erläutern Sie die Grundgedanken des „Total Quality Management".

4. Was versteht man unter Qualitätszirkeln?

5. Erläutern Sie Zielsetzung und Inhalt der Qualitätsnorm ISO 9000. Warum streben immer mehr industrielle Zulieferer die Zertifizierung nach ISO 9000 an?

6. Nennen Sie praktische Beispiele für den Computereinsatz in der Qualitätssicherung („Computer Aided Quality Assurance", CAQ).

Literaturhinweise

Fox (1995), Kapitel 8
Ross (1994), Kapitel 9 und 12
Zink (1992)

7.3 Statistische Qualitätskontrolle

Verständnis- und Wiederholungsfragen

1. Nennen Sie Beispiele für Produktionsprozesse, in denen eine Totalkontrolle der hergestellten Erzeugnisse zweckmäßig ist bzw. in denen eine Partialkontrolle mit Hilfe von Stichproben ausreicht.

2. Erläutern Sie die Fragen nach dem „Was", „Wo", „Wann", „Wer" und „Wieviel" bei der Planung der statistischen Qualitätskontrolle.

3. Worin besteht der Unterschied zwischen Produkt- und Prozeßkontrolle?

4. Nennen Sie Beispiele für Variablen und Attribute, die bei der statistischen Qualitätskontrolle erfaßt werden.

5. Worauf gründet sich die Annahme, daß die im Produktionsprozeß festgestellten Qualitätsabweichungen normalverteilt sind?

6. Skizzieren Sie den Aufbau einer Kontrollkarte. In welchen Fällen wird man annehmen, daß die festgestellten Qualitätsabweichungen nicht mehr zufällig sind?

Übungsaufgabe

AUFGABE C7.1: PROZESSKONTROLLE

Eine Unternehmung produziert auf einer automatischen Anlage elektronische Bauelemente (Widerstände) mit dem Sollwert 1000 Ohm. Aufgrund vor Schwankungen der Produktionsqualität liegen die tatsächlichen Werte der Widerstände in einem Bereich zwischen 985 und 1015 Ohm. Im Rahmen einer statistischen Prozeßkontrolle wurden fünf Stichproben zu je vier Teilen aus dem laufenden Produktionsprozeß entnommen und untersucht. Die folgende Tabelle zeigt die Ergebnisse.

Stichprobe	Teil 1	Teil 2	Teil 3	Teil 4
1	1002	1005	1013	1004
2	1004	989	995	998
3	1004	1008	989	1002
4	1010	1005	990	1005
5	1011	995	1009	992

Entwickeln Sie Kontrollkarten für den Mittelwert ($\bar{x}$-Karte) und für die Spannweite (R-Karte).

LÖSUNG

Die Auswertung der Stichproben führt zu folgenden Ergebnissen:

Stichprobe	1	2	3	4	5
Mittelwert	1006	996.5	1000.75	1002.5	1001.75
Spannweite	11	15	19	20	19

Gesamt-Mittelwert = 1001.5

Mittlere Spannweite = 16.8

$\bar{\mathbf{x}}$-Karte:

$A(n = 4) = 0.729$

$UCL = 1001.5 + 0.729 \cdot 16.8 = 1013.75$

$LCL = 1001.5 - 0.729 \cdot 16.8 = 989.25$

R-Karte:

$B(n = 4) = 2.282$; $C(n = 4) = 0$

$UCL = 2.282 \cdot 16.8 = 38.34$

$LCL = 0 \cdot 16.8 = 0.00$

Die Kontrollkarten sind in den Bildern C.8 und C.9 wiedergegeben. Nach Ziehung und Auswertung der nächsten Stichprobe (Nr. 6) trägt man deren Ergebnisse in diese Karten ein. Man kann dann erkennen, ob sich der Produktionsprozeß noch im Rahmen der zugelassenen Toleranzen bewegt.

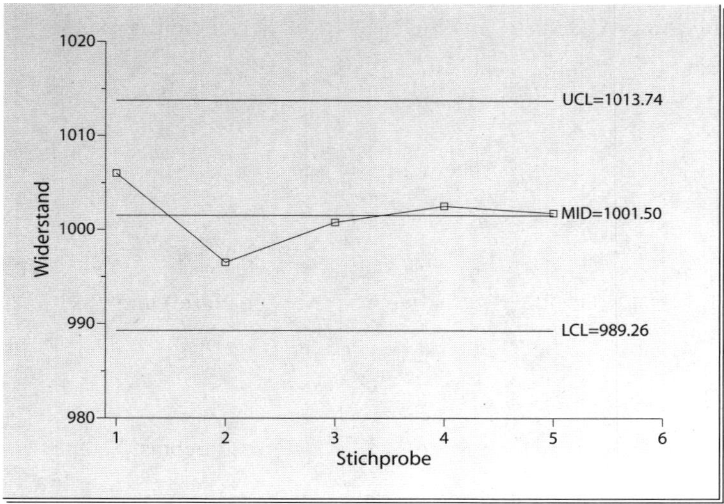

Bild C.8: $\bar{x}$-Karte

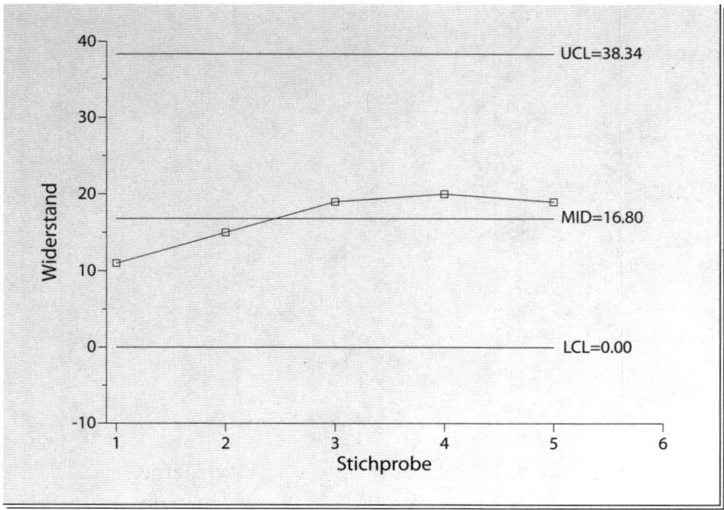

Bild C.9: R-Karte

Literaturhinweise

Heizer und Render (2004), Kapitel 17
Neumann (1996), Kapitel 8

Teil D

Elemente der operativen Produktionsplanung und -steuerung

Verständnis- und Wiederholungsfragen

1. Wie ist die operative Produktionsplanung und -steuerung in das hierarchische Gesamtsystem der Produktionsplanung eingebettet?

2. Worin bestehen die konkreten Entscheidungstatbestände der operativen Produktionsplanung und -steuerung? Von welchen vorgegebenen Rahmendaten kann dabei ausgegangen werden?

3. Welche Beziehungen bestehen zwischen der operativen Produktionsplanung und -steuerung und der Planung logistischer Prozesse?

8 Planung des Produktionsprogramms

Verständnis- und Wiederholungsfragen

1. Aus welchen Planungsphasen besteht die operative Produktionsprogrammplanung?

2. Grenzen Sie die Begriffe Produkttypen und Hauptprodukte voneinander ab.

3. Worin liegen die Besonderheiten der Produktionsprogrammplanung bei Einzel-, Serien- und Massenproduktion?

4. Erläutern Sie die Problemstellungen der Beschäftigungsglättung und der Hauptproduktionsprogrammplanung.

8.1 Nachfrageprognose

Verständnis- und Wiederholungsfragen

1. In welchen Phasen der operativen Produktionsplanung und -steuerung kommen Prognoseverfahren zum Einsatz?

2. Erläutern Sie die Grundidee der Zeitreihendekomposition.

3. Was spricht für, was spricht gegen die Aggregation von Bedarfsdaten über mehrere Perioden?

4. Aus welchen Komponenten besteht eine Zeitreihe?

5. Warum darf man eine Zeitreihe mit trendförmig ansteigendem Verlauf nicht mit dem Verfahren der exponentiellen Glättung prognostizieren?

6. Wodurch unterscheidet sich ein Durchschnitt erster Ordnung von einem Durchschnitt zweiter Ordnung?

Übungsaufgaben

AUFGABE D8.1: NACHFRAGEPROGNOSE MIT EXPONENTIELLER GLÄTTUNG ERSTER ORDNUNG

Für einen Produkttyp wurden folgende monatliche Nachfragemengen beobachtet:

Periode	1	2	3	4	5	6	7	8	9	10
Nachfrage	60	45	62	59	50	53	63	67	48	53

a) Führen Sie eine Ex-Post-Prognose mit dem Verfahren der exponentiellen Glättung erster Ordnung durch. Verwenden Sie für den Glättungsparameter den Wert $\alpha = 0.1$. Ermitteln Sie die Prognosefehler.

b) Verändern Sie den Glättungsparameter auf $\alpha = 0.3$ und vergleichen Sie die Prognosefehler mit denen aus Aufgabe a).

LÖSUNG

a) Die Entwicklung der Prognosen und der Prognosefehler für $\alpha = 0.1$ ist in der folgenden Tabelle dargestellt.

Periode	Beobachtung	Prognose	Prognosefehler	(Prognosefehler)^2
0		60		
1	60	60.00	0.00	0.00
2	45	60.00	-15.00	225.00
3	62	58.50	3.50	12.25
4	59	58.85	0.15	0.02
5	50	58.87	-8.87	78.59
6	53	57.98	-4.98	24.79
7	63	57.48	5.52	30.46
8	67	58.03	8.97	80.41
9	48	58.93	-10.93	119.45
10	53	57.84	-4.84	23.39

Der mittlere quadrierte Prognosefehler beträgt: $\frac{594.36}{10} = 59.44$.

b) Bei Verwendung von $\alpha = 0.3$ erhält man folgende Ergebnisse:

Periode	Beobachtung	Prognose	Prognosefehler	(Prognosefehler)^2
0		60		
1	60	60.00	0.00	0.00
2	45	60.00	-15.00	225.00
3	62	55.50	6.50	42.25
4	59	57.45	1.55	2.40
5	50	57.92	-7.91	62.65
6	53	55.54	-2.54	6.45
7	63	54.78	8.22	67.60
8	67	57.24	9.76	95.16
9	48	60.17	-12.17	148.14
10	53	56.52	-3.52	12.39

Der mittlere quadrierte Prognosefehler beträgt: $\frac{662.05}{10} = 66.2$. Fazit: für die vorliegende Zeitreihe führt ein relativ hoher Glättungsparameter – gemessen am mittleren quadrierten Prognosefehler – zu schlechteren Prognosen als ein niedriger Glättungsparameter.

AUFGABE D8.2: NACHFRAGEPROGNOSE MIT EXPONENTIELLER GLÄTTUNG ERSTER ORDNUNG, GLÄTTUNGSFAKTOREN

Gegeben ist folgende Zeitreihe von beobachteten Nachfragemengen eines Erzeugnisses: $\{300, 240, 270, 350, 320\}$.

a) Glätten Sie die Zeitreihe mit dem Verfahren der exponentiellen Glättung erster Ordnung. Verwenden Sie für den Glättungsfaktor alternativ die Werte $\alpha = 0.1$,

$\alpha = 0.3$ und $\alpha = 0.7$. Setzen Sie als Startwert den Durchschnitt der Beobachtungswerte ein. Wie beeinflußt der Wert des Glättungsfaktors den Verlauf der geglätteten Zeitreihe?

b) Wie kann man einen „guten" Wert des Glättungsfaktors α bestimmen?

c) Weisen Sie nach, daß folgende Behauptung stimmt: Der Prognosewert für die Periode $t+1$ bei Anwendung der exponentiellen Glättung 1. Ordnung ist gleich der Summe aus dem Prognosewert für die Periode t und dem mit dem Glättungsfaktor α gewichteten Prognosefehler.

LÖSUNG

a) Die Prognosewerte sind in der folgenden Tabelle zusammengestellt.

		Prognose für $t+1$		
t	Nachfrage	$\alpha = 0.1$	$\alpha = 0.3$	$\alpha = 0.7$
0		296.00	296.00	296.00
1	300	296.40	297.20	298.80
2	240	290.76	280.04	257.64
3	270	288.68	277.03	266.29
4	350	294.82	298.92	324.89
5	320	297.33	305.24	321.47

Je größer der Glättungsfaktor ist, umso stärker wird der Einfluß des aktuellen Beobachtungswertes auf den Verlauf der geglätteten Zeitreihe und umso stärker gibt diese die Schwankungen der Beobachtungswerte wieder. Dies zeigt auch die folgende Tabelle, in der die Gewichtungsfaktoren in Abhängigkeit vom Alter eines Beobachtungswertes und dem Glättungsfaktor α angegeben sind.

Beobachtungswert	Gewicht	$\alpha = 0.1$	$\alpha = 0.3$	$\alpha = 0.7$
y_t	α	0.1	0.3	0.7
y_{t-1}	$\alpha \cdot (1-\alpha)^1$	0.09	0.21	0.21
y_{t-2}	$\alpha \cdot (1-\alpha)^2$	0.081	0.147	0.063
y_{t-3}	$\alpha \cdot (1-\alpha)^3$	0.0729	0.1029	0.0189
y_{t-4}	$\alpha \cdot (1-\alpha)^4$	0.06561	0.07203	0.00567
y_{t-5}	$\alpha \cdot (1-\alpha)^5$	0.059049	0.050421	0.001701

b) Man kann das Verfahren der exponentiellen Glättung 1. Ordnung auf eine gegebene Zeitreihe von Beobachtungswerten mit unterschiedlichen α-Werten anwenden und den Glättungsfaktor einsetzen, bei dessen Verwendung der mittlere Prognosefehler minimal ist. Dieser Vorgang ist in regelmäßigen zeitlichen Abständen zu wiederholen.

c) Der Nachweis kann wie folgt geführt werden:

$$p_{t+1} = \alpha \cdot y_t + (1-\alpha) \cdot p_t$$

$$e_t = y_t - p_t$$

$$p_{t+1} = \alpha \cdot (p_t + e_t) + (1 - \alpha) \cdot p_t$$
$$= \alpha \cdot p_t + \alpha \cdot e_t + p_t - \alpha \cdot p_t$$
$$= p_t + \alpha \cdot e_t$$

AUFGABE D8.3: NACHFRAGEPROGNOSE MIT EXPONENTIELLER GLÄTTUNG ZWEITER ORDNUNG

In den Monaten Januar bis Mai wurden folgende Nachfragemengen für ein Erzeugnis beobachtet.

Monat	Januar	Februar	März	April	Mai
Nachfrage	100	115	116	125	135

Prognostizieren Sie die Bedarfsmenge für den Monat Juni mit dem Verfahren der exponentiellen Glättung 2. Ordnung. Verwenden Sie für den Glättungsparameter den Wert $\alpha = 0.3$.

LÖSUNG

Um das Prognoseverfahren zu initialisieren, benötigen wir Schätzwerte für den Achsenabschnitt und die Steigung der Zeitreihe. Als Achsenabschnitt nehmen wir $a_0 = 100$ an. Als Schätzwert für die Steigung verwenden wir den durchschnittlichen Anstieg der Zeitreihe in den Perioden Januar bis Mai:

$$b_0 = \frac{135 - 100}{4} = 8.75.$$

Damit betragen die Startwerte für die beiden Durchschnittsreihen erster und zweiter Ordnung:

$$y_0^{(1)} = 100 - 8.75 \cdot \frac{1 - 0.3}{0.3} = 79.58$$

$$y_0^{(2)} = 100 - 2 \cdot 8.75 \cdot \frac{1 - 0.3}{0.3} = 59.17$$

Der (ex-post-)Prognosewert für den Monat Januar lautet:

$$p_1 = 100 + 8.75 = 108.75$$

Für Periode 1 sind dann folgende Berechnungen anzustellen:

$$y_1^{(1)} = 0.3 \cdot 100 + (1 - 0.3) \cdot 79.58 = 85.71$$

$$y_1^{(2)} = 0.3 \cdot 85.71 + (1 - 0.3) \cdot 59.17 = 67.13$$

$$a_1 = 2 \cdot 85.71 - 67.13 = 104.29$$

$$b_1 = \frac{0.3}{1-0.3} \cdot 85.71 - 67.13 = 7.96$$

$$p_2 = 104.29 + 7.96 = 112.25$$

In der folgenden Tabelle sind die Ergebnisse zusammengefaßt:

Monat	Beobachtung	Prognose	Prognosefehler
Januar	100	108.75	-8.75
Februar	115	112.25	2.75
März	116	121.86	-5.86
April	125	126.56	-1.56
Mai	135	133.30	1.7
Juni		141.86	

AUFGABE D8.4: NACHFRAGEPROGNOSE UNTER VERWENDUNG DER EXPONENTIELLEN GLÄTTUNG MIT TRENDKORREKTUR

Berechnen Sie für die in Aufgabe D8.3 angegebene Zeitreihe Prognosewerte nach dem Verfahren der exponentiellen Glättung mit Trendkorrektur.

LÖSUNG

Gehen wir wieder von $a_0 = 100$ und $b_0 = 8.75$ aus, dann können wir den Startwert des Durchschnitts erster Ordnung wie folgt berechnen:

$$\begin{aligned} y_0^{(1)} &= a_0^{(1)} - b_0^{(1)} \cdot \frac{1-\alpha}{\alpha} \\ &= 100 - 8.75 \cdot \frac{1-0.3}{0.3} = 79.58 \end{aligned}$$

Die folgende Tabelle zeigt die weiteren Berechnungen:

t	y_t	$y_t^{(1)}$	$a_t^{(1)}$	b_t	$b_t^{(1)}$	p_t
0		79.58	100.00		8.75	
Januar	100	85.71	104.29	6.13	7.96	108.75
Februar	115	94.50	113.65	8.79	8.21	112.25
März	116	100.95	118.87	6.45	7.68	121.86
April	125	108.16	125.76	7.22	7.54	126.56
Mai	135	116.21	134.17	8.05	7.70	133.30
Juni						141.86

Man erkennt, daß die beiden Berechnungsvarianten der exponentiellen Glättung zweiter Ordnung zu denselben Ergebnissen führen.

AUFGABE D8.5: KURZFRISTIGE MATERIALBEDARFSPROGNOSE BEI TRENDFÖRMIGEM BEDARFSVERLAUF

In einem Lager wurden in den Monaten Januar bis August folgende Bedarfsmengen für eine Baugruppe festgestellt:

Monat	Jan	Feb	März	April	Mai	Juni	Juli	Aug
Bedarfsmenge	200	225	270	255	240	310	335	370

a) Führen Sie eine Ex-Post-Prognose nach dem Verfahren der exponentiellen Glättung 1. Ordnung durch. Verwenden Sie für den Glättungsparameter α den Wert 0.2. Berechnen Sie die Höhe der Prognosefehler und analysieren Sie deren Entwicklung. Welche Schlußfolgerung kann gezogen werden?

b) Führen Sie eine Ex-Post-Prognose nach dem Verfahren der exponentiellen Glättung 2. Ordnung mit α=0.2 durch. Verwenden Sie als Startwerte für den Durchschnitt erster Ordnung den Wert 100 und für den Durchschnitt zweiter Ordnung den Wert 0.

LÖSUNG

a) Die Anwendung der exponentiellen Glättung 1. Ordnung führt zu folgenden Ergebnissen (siehe auch Bild D.1):

Periode	Beobachtungswert	Prognose	Prognosefehler
0		200	
1	200	200.00	0.00
2	225	200.00	25.00
3	270	205.00	65.00
4	255	218.00	37.00
5	240	225.40	14.60
6	310	228.32	81.68
7	335	244.66	90.34
8	370	262.72	107.28

Man erkennt, daß die Prognosewerte hinter dem Verlauf der Zeitreihe hinterherhinken. Daraus kann man den Schluß ziehen, daß das Verfahren der exponentiellen Glättung erster Ordnung zur Prognose dieser Zeitreihe nicht geeignet ist. Die folgende graphische Darstellung der Zeitreihe legt die Vermutung nahe, daß ein ausgeprägter Trend vorliegt.

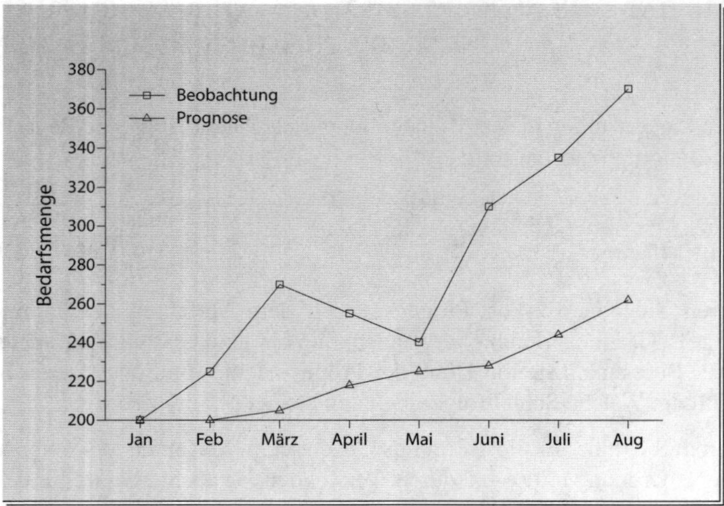

Bild D.1: Vergleich von Beobachtungs- und Prognosewerten

b) Bei Einsatz der exponentiellen Glättung 2. Ordnung sind – wie die folgende Tabelle und Bild D.2 zeigen – die Prognosefehler erheblich geringer.

Periode	Beobachtungswert	$y_t^{(1)}$	$y_t^{(2)}$	Prognose	Prognosefehler
0		100.00	0		
1	200	120.00	24.00	225.00	-25.00
2	225	141.00	47.40	240.00	-15.00
3	270	166.80	71.28	258.00	12.00
4	255	184.44	93.91	286.20	-31.20
5	240	195.55	114.24	297.60	-57.60
6	310	218.44	135.08	297.19	12.81
7	335	241.75	156.41	322.64	12.36
8	370	267.40	178.61	348.43	21.57

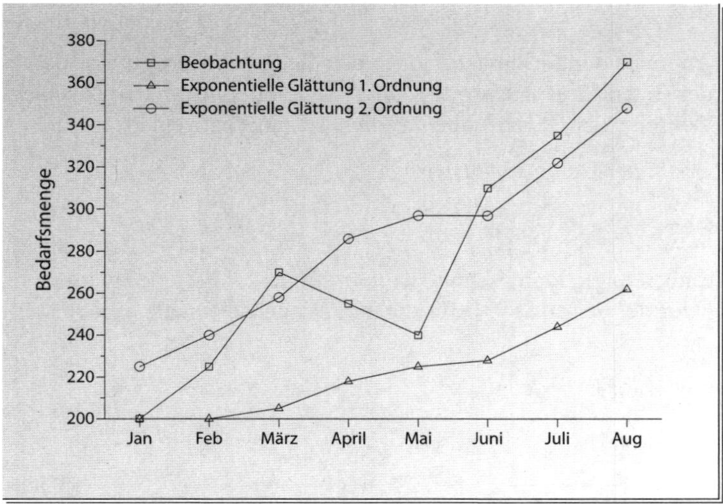

Bild D.2: Vergleich von Beobachtungs- und Prognosewerten

AUFGABE D8.6: NACHFRAGEPROGNOSE MIT EXPONENTIELLER GLÄTTUNG ERSTER ORDNUNG UND SAISONANPASSUNG

Betrachten Sie folgende Zeitreihe von Nachfragemengen:

Jahr 1:						
t	Jan	Feb	März	April	Mai	Juni
y_t	21.1	27	20.32	19.4	20.77	25.42
t	Juli	Aug	Sep	Okt	Nov	Dez
y_t	23.79	27	26.8	25.32	25.22	27.14
Jahr 2:						
t	Jan	Feb	März	April	Mai	Juni
y_t	29.6	31.33	25.32	27.53	26.38	24.6
t	Juli					
y_t	26.2					

Wenden Sie auf diese Nachfragezeitreihe das Verfahren der exponentiellen Glättung erster Ordnung mit Saisonanpassung an. Berechnen Sie aus den ersten 12 Beobachtungswerten „plausible" Saisonfaktoren. Beginnen Sie die Ex-post-Prognose mit dem Monat Januar des zweiten Jahres. Verwenden Sie als Glättungsfaktor $\alpha = 0.1$ und als ersten Prognosewert für den Januar des zweiten Jahres den Wert 30.

LÖSUNG

Zur Bestimmung der Saisonfaktoren werden die Beobachtungswerte durch den Mittelwert der ersten 12 Monatswerte (=24.1) dividiert. Die um den Saisoneinfluß korrigierte Zeitreihe der Beobachtungswerte wird zunächst geglättet.

Saisonbereinigter Durchschnittswert:

$$y_t^{(1)s} = \alpha \cdot \frac{y_t}{s_t} + (1-\alpha) \cdot y_{t-1}^{(1)s}$$

Der saisonbereinigte Durchschnittswert am Ende der Periode t wird dann mit dem Saisonfaktor der Periode $t+1$, für die eine Prognose erstellt werden soll, multipliziert.

Prognosewert für Periode t+1:

$$p_{t+1} = y_t^{(1)s} \cdot s_{t+1}$$

	y_t	$y_t^{(1)s}$	s_t	p_t	e_t
Jan	21.10		0.8753		
Feb	27.00		1.1200		
März	20.32		0.8429		
Apr	19.40		0.8048		
Mai	20.77		0.8616		
Juni	25.42		1.0545		
Juli	23.79		0.9869		
Aug	27.00		1.1200		
Sept	26.80		1.1117		
Okt	25.32		1.0503		
Nov	25.22		1.0462		
Dez	27.14	30.0000	1.1258		
Jan	29.60	30.3818	0.8753	26.26	-3.34
Feb	31.33	30.1409	1.1200	34.03	2.70
März	25.32	30.1306	0.8429	25.41	0.09
Apr	27.53	30.5385	0.8048	24.25	-3.28
Mai	26.38	30.5464	0.8616	26.31	-0.07
Juni	24.60	29.8247	1.0545	32.21	7.61
Juli	26.20		0.9869	29.43	3.23

Literaturhinweise

Günther und Tempelmeier (1995), Abschnitt C.11

Tempelmeier (2003a), Abschnitte C.2.1.2 und C.2.2.2

8.2 Beschäftigungsglättung

Verständnis- und Wiederholungsfragen

1. Nennen Sie Gründe dafür, daß in manchen Produktionsbetrieben auf die Glättung von Auslastungsschwankungen durch Lagerproduktion verzichtet wird.

2. In welcher Weise könnte man versuchen, die Nachfrage der hergestellten Endprodukte zu beeinflussen, um einen besseren Ausgleich von Beschäftigungsschwankungen in der Produktion zu erzielen?

Übungsaufgaben

AUFGABE D8.7: PRODUKTIONS- UND BESCHÄFTIGUNGSPLANUNG

Eine Unternehmung stellt in einstufiger Fertigung ein Produkt her, dessen Nachfrage saisonalen Einflüssen unterliegt. Für das nächste Jahr (= 6 Perioden zu je 2 Monaten) hat man die folgenden Nachfrageprognosen erstellt:

	Nachfrageprognose	
Periode	je Periode	kumuliert
1	30	30
2	120	150
3	90	240
4	60	300
5	30	330
6	30	360

Die Maschinenkapazitäten seien ausreichend, so daß der Produktionsausstoß nur durch die Zahl der vorhandenen Arbeitskräfte begrenzt wird. Gegenwärtig sind 60 Arbeitskräfte vorhanden. Die Belegschaftsstärke kann zwischen 56 und 64 Arbeitskräften variiert werden, ohne daß hierfür besondere Einstellungs- oder Entlassungskosten anfallen.

Die Arbeitsproduktivität beträgt eine Mengeneinheit je Arbeitskraft und Periode. Innerhalb der Normalarbeitszeit betragen die Lohnkosten 200 Geldeinheiten je Arbeitskraft und Periode. Durch Überstunden und andere Maßnahmen kann eine Zusatzkapazität von 25% der Normalarbeitszeit bereitgestellt werden. Für die Produktion innerhalb der Zusatzkapazität fällt ein Zuschlag von 50% an.

Es soll angenommen werden, daß die Nachfrage, die innerhalb der Periode nicht befriedigt wird, verlorengeht. Lagerproduktion ist uneingeschränkt möglich, jedoch werden Lagerkosten (bezogen auf den Endlagerbestand einer Periode) von 10 Geldeinheiten pro Mengeneinheit und Periode verrechnet. Der zu Beginn des Jahres vorhandene Lagerbestand wurde bereits mit dem Nachfragewert der ersten Periode aufgerechnet. Je Ausbringungseinheit wird ein Bruttodeckungsbeitrag (ohne Lohn- und Lagerkosten) von 400 Geldeinheiten erzielt. Am Jahresende vorhandene Lagerbestände werden mit Null bewertet.

a) Zeichnen Sie den erwarteten Verlauf der Nachfrage je Periode und der kumulierten Nachfrage.

b) Berechnen Sie unter der Annahme, daß die Nachfrage in der prognostizierten Höhe tatsächlich eintritt, den Gewinn für folgende Pläne zur Beschäftigungsglättung:

(1) Die Personalkapazität beträgt konstant 60 Arbeitskräfte und wird zu 100% ausgelastet. Zusatzkapazität wird nicht eingesetzt.

(2) Die Personalkapazität beträgt konstant 60 Arbeitskräfte. Der Produktionsplan lautet: 75, 75, 75, 60, 45, 30 Mengeneinheiten.

(3) Die Personalkapazität beträgt im Verlauf der sechs Perioden 64, 64, 64, 56, 56 und 56 Arbeitskräfte. Der Produktionsplan lautet: 80, 80, 80, 60, 30, 30 Mengeneinheiten.

c) Aufgrund welcher Plausibilitätsüberlegungen kommt man zu dem Produktions- und Beschäftigungsplan (3)?

d) Wie hoch müßte der Anfangslagerbestand mindestens sein, damit bei konstanter Produktionsrate und Personalkapazität von je 60 Einheiten Fehlmengen vermieden werden können?

e) Halten Sie es in dem vorliegenden Beispiel für sinnvoll, den Planungshorizont von einem auf zwei Jahre zu erhöhen?

f) Formulieren Sie für das vorliegende Beispiel ein lineares Optimierungsmodell.

LÖSUNG

a) Der zeitliche Verlauf der Nachfrage ist in Bild D.3 einzeln bzw. kumuliert dargestellt.

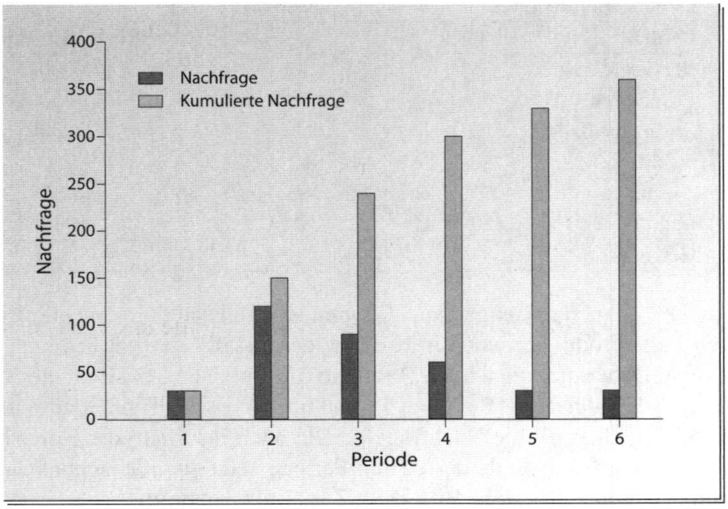

Bild D.3: Nachfrageverlauf

b) Die folgenden Tabellen enthalten die Gewinnkalkulation für die drei betrachteten Pläne zur Beschäftigungsglättung. Plan (3) weist den höchsten Gewinn auf.

Gewinnkalkulation für den Beschäftigungsplan (1)							
Periode	1	2	3	4	5	6	Kosten/Erlöse
Personalkapazität	60	60	60	60	60	60	-72.000
Produktion	60	60	60	60	60	60	
Zusatzkapazität	–	–	–	–	–	–	
Nachfrage	30	120	90	60	30	30	
Absatz	30	90	60	60	30	30	+120.000
Lagerbestand	30	0	0	0	30	60	-1.200
Gewinn							+46.800

Gewinnkalkulation für den Beschäftigungsplan (2)							
Periode	1	2	3	4	5	6	Kosten/Erlöse
Personalkapazität	60	60	60	60	60	60	-72.000
Produktion	75	75	75	60	45	30	
Zusatzkapazität	15	15	15	–	–	–	-13.500
Nachfrage	30	120	90	60	30	30	
Absatz	30	120	75	60	30	30	+138.000
Lagerbestand	45	0	0	0	15	15	-750
Gewinn							+51.750

Gewinnkalkulation für den Beschäftigungsplan (3)							
Periode	1	2	3	4	5	6	Kosten/Erlöse
Personalkapazität	64	64	64	56	56	56	-72.000
Produktion	80	80	80	60	30	30	
Zusatzkapazität	16	16	16	4	–	–	-15.600
Nachfrage	30	120	90	60	30	30	
Absatz	30	120	90	60	30	30	+144.000
Lagerbestand	50	10	0	0	0	0	-600
Gewinn							+55.800

c) Der durch Fehlmengen entgangene Gewinn ist offensichtlich wesentlich höher als die durch Lagerproduktion und die Nutzung der Zusatzkapazität bedingten Anpassungskosten. Daher drängt sich ein Beschäftigungsplan auf, bei dem die Nachfrage vollständig befriedigt wird. Bei einer Produktion von je 80 Einheiten in den ersten drei Perioden gelingt es, die Nachfrage gerade noch innerhalb der Kapazitätsgrenzen zu befriedigen. Mit Ende der dritten Periode setzt ein Wendepunkt in der kumulierten Nachfrage ein (siehe Bild D.3). Zur Nachfragebefriedigung in den letzten drei Perioden reicht eine Personalkapazität von 56 Arbeitskräften vollkommen aus.

d) Der maximale Abstand zwischen kumulierter Nachfrage und kumulierter Produktion beträgt bei dem genannten Beschäftigungsplan 60 Einheiten. Daher müßte der Anfangsbestand mindestens 60 Einheiten betragen, damit Fehlmengen vermieden werden können.

e) Bei saisonaler Nachfrage ist es durchaus sinnvoll, den Planungshorizont auf zwei Jahre zu erhöhen. Man erreicht dadurch einen besseren Übergang in den nächsten Saisonzyklus. Angebracht wäre in jedem Fall eine rollende Planung.

f) Das lineare Optimierungsmodell enthält die folgenden Entscheidungsvariablen:

- X_t Produktionsmenge in Periode t
- N_t Personalkapazität in Periode t
- U_t eingesetzte Zusatzkapazität in Periode t
- D_t Absatzmenge in Periode t
- L_t Lagerbestand am Ende der Periode t

Die Modellformulierung lautet:

Maximiere

$$\sum_{t=1}^{6} (400 \cdot D_t - 200 \cdot N_t - 300 \cdot U_t - 10 \cdot L_t)$$

u. B. d. R.

Kapazitätsrestriktionen

$X_t \leq N_t + U_t \qquad t \in \mathcal{T}$

Zusatzkapazität

$U_t \leq 0.25 \cdot N_t \qquad t \in \mathcal{T}$

Personalkapazität

$56 \leq N_t \leq 64 \qquad t \in \mathcal{T}$

Lagerbilanzen

$L_t = L_{t-1} + X_t - D_t \qquad t \in \mathcal{T}$, mit $L_0 = 0$

Absatzhöchstmengen

$D_1 \leq 30$

$D_2 \leq 120$

$D_3 \leq 90$

$D_4 \leq 60$

$D_5 \leq 30$

$D_6 \leq 30$

Nichtnegativität

$X_t, N_t, U_t, D_t, L_t \geq 0 \qquad t \in \mathcal{T}$

AUFGABE D8.8: KOSTENMINIMALER PRODUKTIONSPLAN

Die in einem Fertigungsbereich hergestellten Produkte lassen sich zu einer einheitlichen Produktgruppe zusammenfassen. Während der nächsten vier Quartale wird mit folgender Nachfrage (gemessen in Kapazitätseinheiten) gerechnet:

Quartal	1	2	3	4
Nachfrage	60	120	90	130

In jedem Quartal beträgt die effektiv nutzbare Produktionskapazität 100 Einheiten. Reicht die Produktionskapazität eines Quartals nicht aus, um die jeweilige Nachfrage vollständig zu befriedigen, so ist in den Vorperioden auf Lager zu fertigen. Dafür wird ein konstanter Lagerkostensatz je Mengeneinheit und Quartal verrechnet. Fehlmengen sind nicht zugelassen.

a) Bestimmen Sie den kostenminimalen Produktionsplan.

b) Die reguläre Produktionskapazität eines Quartals kann um höchstens 10 Einheiten erweitert werden, wobei Mehrkosten von 1.5 Geldeinheiten für jede innerhalb der Zusatzkapazität hergestellte Produkteinheit anfallen. Der Lagerkostensatz beträgt 0.6 Geldeinheiten je Mengeneinheit und Quartal. Wie lautet nun der kostenminimale Produktionsplan?

LÖSUNG

a) Die Lösung kann mit Hilfe der „column minima procedure" erfolgen (siehe das nachfolgende Lösungstableaus). Man beginnt mit der Nachfrageperiode (Spalte) 1 und trägt die Nachfrage von 60 in der Produktionsperiode (Zeile) 1 ein. Dann geht man zur zweiten Nachfrageperiode (Spalte) 2 über. Da in der Produktionsperiode (Zeile) 2 die Kapazitätsgrenze von 100 wirksam wird, sind 20 Einheiten in der Periode 1 vorauszuproduzieren. Die Nachfrage von 90 in der dritten Periode läßt sich wiederum in derselben Periode vollständig produzieren, während die Nachfrage von 130 der vierten Periode die Produktionskapazität dieser Periode übersteigt. Man sucht daher nach freien Kapazitäten in den Vorperioden (bzw. den jeweiligen Zeilen des Lösungstableaus), und zwar so, daß möglichst zeitnah mit der Nachfrage produziert wird und auf diese Weise die Lagerkosten minimiert werden.

Periode	1	2	3	4	Kapazität	Produktion
1	60	20		20	100	100
2		100			100	100
3			90	10	100	100
4				100	100	100
Nachfrage	60	120	90	130		
Lagerbestand	40	20	30	0		

b) Für die erweiterte Problemstellung läßt sich der kostenminimale Produktionsplan ebenfalls mit Hilfe der „column minima procedure" bestimmen. In dem nachfolgenden Lösungstableau sind in jedem Feld, das eine zulässige Produktionsmöglichkeit kennzeichnet, die jeweiligen Einheitskosten rechts oben eingetragen. Darin sind die Kosten für die Inanspruchnahme der Zusatzkapazität sowie die Lagerkosten gemäß der jeweiligen Lagerdauer berücksichtigt. Man ermittelt den kostenminimalen Produktionsplan, indem man Periode für Periode (bzw. Spalte für Spalte) die Nachfrage aus der jeweils kostengünstigsten Alternative befriedigt, bis die Kapazitätsgrenze wirksam wird, und dann jeweils zur nächstgünstigeren Alternative übergeht. Die Reihenfolge der Kapazitätszuteilung ist in den einzelnen Spalten der folgenden Tabelle jeweils in Klammern vermerkt.

Periode	1	2	3	4	Kapazität	Produktion
1	60(1) 0.0 1.5	20(2) 0.6 2.1	1.2 2.7	10(4) 1.8 3.3	100 10	90
2		100(1) 0.0 1.5	0.6 2.1	1.2 2.7	100 10	100
3			90(1) 0.0 1.5	10(2) 0.6 2.1	100 10	100
4				100(1) 0.0 10(3) 1.5	100 10	100 10
Nachfrage	60	120	90	130		
Lagerbestand	30	10	20	0		

Literaturhinweise

Günther (1989, 1990)
Günther und Tempelmeier (1995), Abschnitt C.12
Heizer und Render (2004), Kapitel 13
Nahmias (2001), Kapitel 3

8.3 Kapazitierte Hauptproduktionsprogrammplanung

Verständnis- und Wiederholungsfragen

1. Erläutern Sie die Aufgaben der Hauptproduktionsprogrammplanung.

2. Beschreiben Sie den Zusammenhang zwischen der Beschäftigungsglättung und der Hauptproduktionsprogrammplanung.

3. Wie wirkt sich die Vernachlässigung der Kapazitäten in der Hauptproduktionsprogrammplanung in den nachfolgenden Phasen der Produktionsplanung aus?

4. Diskutieren Sie die Unterschiede zwischen globalen Belastungsfaktoren und einem Kapazitätsbedarfsprofil.

5. Warum kann die nachträgliche Überprüfung der Kapazitätsbelastungen („rough cut capacity check", RCCC) nur eine unvollkommene Unterstützung bei der Aufstellung des Hauptproduktionsprogramms bieten.

Übungsaufgaben

AUFGABE D8.9: EINPERIODIGE PRODUKTIONSPROGRAMM-PLANUNG, EIN ENGPASS

Fünf Produkte konkurrieren um die knappe Kapazität von 500 Zeiteinheiten eines Engpaßbereiches in der Fertigung. Es ist das optimale Produktionsprogramm zu bestimmen, wobei von den folgenden Daten auszugehen ist:

Produkt	Deckungsbeitrag pro Stück	Bearbeitungszeit pro Stück	Absatzhöchst-menge
1	4	1	200
2	12	4	75
3	10	2	50
4	6	3	40
5	7	1	100

LÖSUNG

Die Produkte werden in absteigender Reihenfolge ihrer relativen Deckungsbeiträge geordnet und in dieser Reihenfolge in das Produktionsprogramm aufgenommen, bis die Produktionskapazität erschöpft ist. (Der relative Deckungsbeitrag ist definiert als Deckungsbeitrag pro Einheit der Engpaßbelastung.) Die Lösung ist aus der folgenden Tabelle ersichtlich:

Produkt	relativer Deckungsbeitrag	Rest-kapazität	Produktions-menge	Kapazitäts-verbrauch
5	$\frac{7}{1} = 7$	500	100	100
3	$\frac{10}{2} = 5$	400	50	100
1	$\frac{4}{1} = 4$	300	200	200
2	$\frac{12}{4} = 3$	100	25	100
4	$\frac{6}{3} = 2$	0	0	0

Von Produkt 2 können lediglich 25 Einheiten produziert werden, da die Restkapazität von 100 keine höhere Produktionsmenge zuläßt. Produkt 4 wird nicht mehr in das Produktionsprogramm aufgenommen. Insgesamt wird ein Deckungsbeitrag von 2300 Geldeinheiten erzielt.

AUFGABE D8.10: EINPERIODIGE PRODUKTIONSPROGRAMM-PLANUNG, EIN ENGPASS

In einem Produktionssystem, das aus fünf Segmenten besteht, werden zwei Produkte hergestellt. Produkt 1 durchläuft nacheinander die Segmente A, B, C und E, während Produkt 2 nacheinander in den Segmenten A, D und E bearbeitet wird. Die Produktionssegmente weisen die folgenden Kapazitäten auf: A acht, B fünf, C sechs, D sieben und E zehn Zeiteinheiten. Der Kapazitätsbedarf pro Stück beträgt einheitlich in allen Produktionssegmenten 0.5 Zeiteinheiten für Produkt 1 und 1.0 Zeiteinheiten für Produkt 2. An Deckungsbeiträgen sind acht bzw. zwölf Geldeinheiten pro Einheit von Produkt 1 bzw. 2 zu erzielen. Von beiden Produkten können höchstens jeweils acht Mengeneinheiten abgesetzt werden.

a) Stellen Sie den Materialfluß und den Kapazitätsaufbau graphisch dar.

b) Formulieren Sie das Entscheidungsproblem als lineares Optimierungsmodell. Sind einzelne Nebenbedingungen redundant?

c) Bestimmen Sie die optimale Lösung.

LÖSUNG

a) Das Produktionssystem ist in Bild D.4 dargestellt. Die Pfeile verdeutlichen den Materialfluß. In den Knoten der graphischen Darstellung sind unter der Bezeichnung des Produktionssegments die Kapazitäten eingetragen.

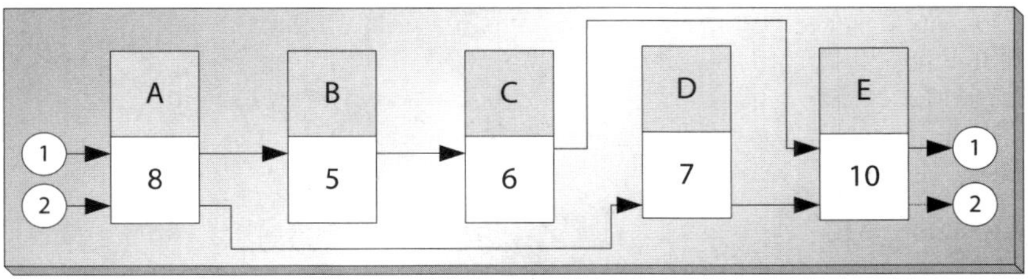

Bild D.4: Materialfluß und Kapazitätsaufbau

b) Die Entscheidungsvariablen x_1 und x_2 entsprechen den Produktionsmengen von Produkt 1 bzw. 2. Das lineare Optimierungsmodell lautet:

Maximiere

$8 \cdot x_1 + 12 \cdot x_2$

u. B. d. R.

Kapazitätsrestriktionen

$0.5 \cdot x_1 + x_2 \leq 8$ (1)
$0.5 \cdot x_1 \leq 5$ (2)
$0.5 \cdot x_1 \leq 6$ (3)

$x_2 \leq 7$ (4)
$0.5 \cdot x_1 + x_2 \leq 10$ (5)

Absatzhöchstmengen

$x_1 \leq 8$ (6)

$x_2 \leq 8$ (7)

Nichtnegativität

$x_1, x_2 \geq 0$

Man erkennt die folgenden redundanten Nebenbedingungen:

- Die Kapazitätsrestriktion (5) ist weniger streng als (1) und kann daher niemals als „echte” Beschränkung wirksam werden.
- Die Kapazitätsrestriktionen (2) und (3) sind schwächer als die Absatzhöchstmengenrestriktion (6).
- Die Absatzhöchstmengenrestriktion (7) ist weniger streng als die Kapazitätsrestriktion (4).

Somit ergibt sich das folgende reduzierte lineare Optimierungsmodell:

Maximiere

$8 \cdot x_1 + 12 \cdot x_2$

u. B. d. R.

$0.5 \cdot x_1 + x_2 \leq 8$

$x_1 \leq 8$

$x_2 \leq 7$

$x_1, x_2 \geq 0$

c) Da das Optimierungsproblem nach Entfernung der redundanten Nebenbedingungen lediglich eine einzige Engpaßressource, nämlich die Kapazität des Produktionssegmentes A und im übrigen nur Ober- und Untergrenzen für die beiden Entscheidungsvariablen aufweist, kann die optimale Lösung nach dem Kriterium der maximalen relativen Deckungsbeiträge bestimmt werden. Unter dem relativen Deckungsbeitrag versteht man den Deckungsbeitrag pro Einheit der Engpaßbelastung. Das gewinnmaximale Produktionsprogramm wird erzielt, wenn die Produkte in absteigender Reihenfolge ihrer relativen Deckungsbeiträge in das Produktionsprogramm aufgenommen werden, wobei die Obergrenzen für die Produktions- bzw. Absatzmengen der einzelnen Produkte einzuhalten sind.

Wir erhalten die relativen Deckungsbeiträge d_1 und d_2 der beiden Produkte als Quotient aus ihrem Deckungsbeitrag und dem Kapazitätsbedarf pro Einheit im Engpaßbereich (Produktionssegment A):

$$d_1 = \frac{8}{0.5} = 16$$

$$d_2 = \frac{12}{1.0} = 12$$

Aus dem Vergleich der beiden relativen Deckungsbeiträge ist unmittelbar ersichtlich, daß Produkt 1, obwohl es einen geringeren absoluten Stückdeckungsbeitrag aufweist, pro Einheit der Engpaßbelastung einen größeren (relativen) Deckungsbeitrag erbringt. Daher ist Produkt 1 bis zu seiner Absatzhöchstmenge von acht Einheiten in das Produktionsprogramm aufzunehmen. Die verbleibende Engpaßkapazität reicht aus, um vier Einheiten von Produkt 2 zu produzieren. Der erzielte Gesamtdeckungsbeitrag beträgt $8 \cdot 8 + 4 \cdot 12 = 112$ Geldeinheiten.

AUFGABE D8.11: EINPERIODIGE PRODUKTIONSPROGRAMMPLANUNG, LINEARES OPTIMIERUNGSMODELL, GRAPHISCHE LÖSUNG

Ein Betrieb stellt zwei verschiedene Reinigungsmittel A und B her, von denen im Betrachtungszeitraum maximal 100 bzw. 150 Mengeneinheiten zu einem Preis von 60 bzw. 50 Geldeinheiten abgesetzt werden können. Die Produktionskapazität für die Herstellung der beiden Produkte beträgt insgesamt 1000 Kapazitätseinheiten. Zur Herstellung einer Einheit der Endprodukte A bzw. B werden jeweils 5 bzw. 4 Kapazitätseinheiten benötigt. Beide Endprodukte setzen sich aus den Rohstoffen 1 und 2 zusammen. Endprodukt A enthält zu 40% den Rohstoff 1 und zu 60% den Rohstoff 2. Endprodukt B besteht zu 70% aus Rohstoff 1 und zu 30% aus Rohstoff 2. Von den beiden Rohstoffen sind 130 bzw. 90 Einheiten verfügbar. Die Herstellung der Endprodukte A und B verursacht Material- und Fertigungskosten von insgesamt 48 bzw. 35 Geldeinheiten je Ausbringungseinheit.

a) Formulieren Sie ein lineares Entscheidungsmodell zur Bestimmung des optimalen Produktionsprogramms.

b) Stellen Sie den Lösungsraum graphisch dar und ermitteln Sie die optimale Lösung.

c) Formulieren Sie für das obige Entscheidungsproblem ein lineares Optimierungsmodell in *allgemeiner* Form. Gehen Sie davon aus, daß N Endprodukte unter Einsatz von M Rohstoffen in einstufiger Fertigung hergestellt werden. (Definieren Sie zuvor geeignete Symbole für Ihre Modellformulierung.)

LÖSUNG

a) Es werden die folgenden Entscheidungsvariablen verwendet:

x_A Produktionsmenge von Produkt A

x_B Produktionsmenge von Produkt B

Die Modellformulierung lautet:

Maximiere

$$(60-48) \cdot x_A + (50-35) \cdot x_B$$

u. B. d. R.

Produktionskapazität

$$5 \cdot x_A + 4 \cdot x_B \leq 1000$$

Rohstoffeinsatz

$$0.4 \cdot x_A + 0.7 \cdot x_B \leq 130$$

$$0.6 \cdot x_A + 0.3 \cdot x_B \leq 90$$

Absatzhöchstmengen

$$x_A \leq 100$$

$$x_B \leq 150$$

Nichtnegativität

$$x_A, x_B \geq 0$$

b) Die Form des Lösungsraums und die Lage des Optimums sind aus Bild D.5 ersichtlich. Man erkennt, daß die Kapazitätsrestriktion redundant ist. Die optimale Lösung lautet: $x_A = 80$ und $x_B = 140$. Die verfügbaren Mengen beider Rohstoffe werden vollständig aufgebraucht. Die Produktionskapazität wird jedoch nur zu 960 Einheiten genutzt. Der erzielbare Gewinn beträgt 3060 Geldeinheiten.

c) Zunächst werden einige Bezeichnungen definiert.

Indizes:

- i Rohstoffe $(i = 1, 2, ..., M)$
- j Produkte $(j = 1, 2, ..., N)$

Entscheidungsvariablen:

- x_j Produktionsmenge von Produkt j

Daten:

- d_j Deckungsbeitrag pro Einheit von Produkt j
- A_j Absatzhöchstmenge von Produkt j
- b_j Kapazitätsbedarf pro Einheit von Produkt j
- B verfügbare Produktionskapazität
- r_{ij} Bedarf an Rohstoff i pro Einheit von Produkt j
- R_i verfügbare Menge von Rohstoff i

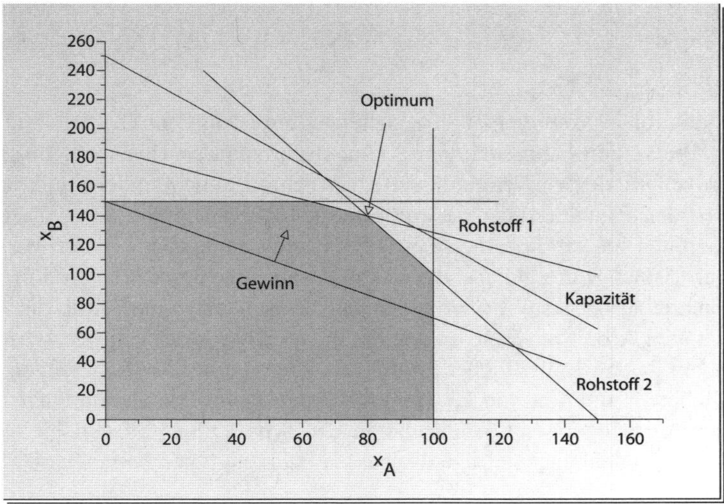

Bild D.5: Graphische Lösung des linearen Optimierungsproblems

Die allgemeine Modellformulierung lautet:

Maximiere $\sum_{j=1}^{N} d_j \cdot x_j$

u. B. d. R.

Produktionskapazität

$$\sum_{j=1}^{N} b_j \cdot x_j \leq B$$

Rohstoffeinsatz

$$\sum_{j=1}^{N} r_{ij} \cdot x_j \leq R_i \qquad i = 1, 2, ..., M$$

Absatzhöchstmengen

$$x_j \leq A_j \qquad j = 1, 2, ..., N$$

Nichtnegativität

$$x_j \geq 0 \qquad j = 1, 2, ..., N$$

AUFGABE D8.12: EINPERIODIGE PRODUKTIONSPROGRAMM-PLANUNG, LINEARES OPTIMIERUNGSMODELL

Der Produktionsprozeß eines Fahrzeugherstellers ist in Bild D.6 schematisch dargestellt. Die beiden Fahrzeugtypen A und B durchlaufen einen dreistufigen Fertigungsprozeß mit der Vorfertigung, der Zwischenfertigung und der Endmontage, die für die beiden Fahrzeugtypen separat erfolgt. In Bild D.6 sind auch die Produktionskapazitäten in den einzelnen Fertigungsstufen angegeben. In der Vorfertigung benötigen A und B die gleiche Bearbeitungszeit. Insgesamt können dort maximal 1000 Fahrzeuge hergestellt werden. In der Zwischenfertigung fällt für A jedoch doppelt soviel Arbeitsaufwand an wie für B, so daß die Ausbringung zwischen 600 Fahrzeugen (bei ausschließlicher Produktion von A) und 1200 Fahrzeugen (bei ausschließlicher Produktion von B) variiert werden kann. Die Endmontage läßt eine maximale Ausbringung von 700 Einheiten des Typs A und 1000 Einheiten des Typs B zu. Die Stückdeckungsbeiträge der beiden Fahrzeugtypen betragen 600 bzw. 400 Geldeinheiten.

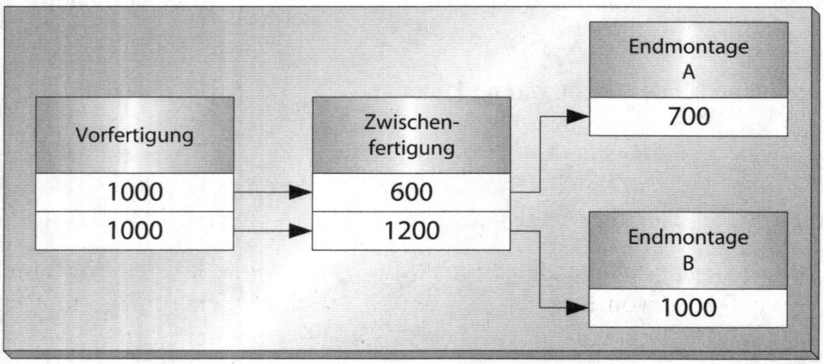

Bild D.6: Produktionsprozeß

a) Formulieren Sie ein lineares Optimierungsmodell zur Bestimmung des gewinnmaximalen Produktionsprogramms.

b) Wie lautet das optimale Produktionsprogramm? Welcher Gewinn ist dabei zu erzielen?

c) Welcher Gewinn ist zu erzielen, wenn die Unternehmung versucht, eine möglichst hohe Ausbringung eines einzelnen Fahrzeugtyps A oder B zu erreichen?

LÖSUNG

a) Es werden die folgenden Entscheidungsvariablen verwendet:

x_A Produktionsmenge von Produkt A
x_B Produktionsmenge von Produkt B

Die Modellformulierung lautet:

Maximiere

$600 \cdot x_A + 400 \cdot x_B$

u. B. d. R.

Vorfertigung

$x_A + x_B \leq 1000$

Zwischenfertigung

$2 \cdot x_A + x_B \leq 1200$

Endmontage

$x_A \leq 700$

$x_B \leq 1000$

Nichtnegativität

$x_A, x_B \geq 0$

b) Da das Entscheidungsmodell nur zwei Variablen enthält, kann man das optimale Produktionsprogramm graphisch bestimmen (siehe Aufgabe D8.11). Die optimale Lösung lautet $x_A = 200$ und $x_B = 800$. Dabei ist ein Gewinn von 440000 zu erzielen.

c) Aufgrund der einzuhaltenden Produktionsrestriktionen können von Produkt A höchstens 600 bzw. von Produkt B höchstens 1000 Einheiten hergestellt werden. Dabei wäre ein Gewinn von 360000 bzw. 400000 Geldeinheiten zu erzielen.

AUFGABE D8.13: EINPERIODIGE PRODUKTIONSPROGRAMMPLANUNG, LINEARES OPTIMIERUNGSMODELL, AMPL-MODELL

Eine Unternehmung hat auf der Grundlage der neuesten Mikroprozessor-Generation zwei neue Personalcomputer entwickelt. Die eine Rechnerversion (SEXTIUM) enthält einen 800686-Prozessor sowie einen Graphik-Prozessor (TIGER), der speziell auf das Betriebssystem „Neue Fenster-Technologie" ausgelegt ist. Die zweite Rechnerversion (HEPTIUM) verfügt über dieselben Ausstattungsmerkmale wie die Version SEXTIUM, allerdings ist dieser PC-Typ durch den Einbau eines zweiten 800686-Prozessors als Parallelrechner ausgelegt.

Nach Auskunft der Marktforschungsabteilung kann davon ausgegangen werden, daß sich die Version SEXTIUM höchstens 125-mal zu einem Preis von 1300 € und die Version HEPTIUM höchstens 180-mal zum Preis von 2500 € verkaufen läßt. Die Angaben gelten unter der Voraussetzung, daß es gelingt, die Geräte vor der Konkurrenz auf den Markt zu bringen.

Aufgrund seiner guten Beziehungen zum Hersteller der Prozessoren, für die auf längere Sicht ein Lieferengpaß bestehen wird, ist es dem Einkaufsleiter gelungen, einen Liefervertrag über 170 Stück 800686-Prozessoren sowie 150 Stück TIGER-Prozessoren abzuschließen. Die variablen Produktionskosten betragen 1000 € für den SEXTIUM-Rechner sowie 2000 € für den HEPTIUM-Rechner.

a) Formulieren Sie ein lineares Optimierungsmodell zur Bestimmung des gewinnmaximalen Produktionsprogramms.

b) Ermitteln Sie die optimale Lösung auf der Grundlage einer graphischen Darstellung des Lösungsraums.

c) Verwenden Sie das Modellierungssystem AMPL zur Modellierung und Lösung des Problems.

LÖSUNG

a) Die Entscheidungsvariablen lauten:

x_1	Herzustellende Menge der Version SEXTIUM (in Stück)
x_2	Herzustellende Menge der Version HEPTIUM (in Stück)

Das lineare Optimierungsmodell lautet:

Maximiere

$300 \cdot x_1 + 500 \cdot x_2$

u. B. d. R.

Verfügbare 800686-Prozessoren

$1 \cdot x_1 + 2 \cdot x_2 \leq 170$ (1)

Verfügbare TIGER-Prozessoren

$1 \cdot x_1 + 1 \cdot x_2 \leq 150$ (2)

Absatzbeschränkungen

$1 \cdot x_1 \leq 125$ (3)

$1 \cdot x_2 \leq 180$ (4)

Nichtnegativität

$x_1, x_2 \geq 0$

b) Bild D.7 stellt den Lösungsraum und die Lage der Zielfunktion graphisch dar.

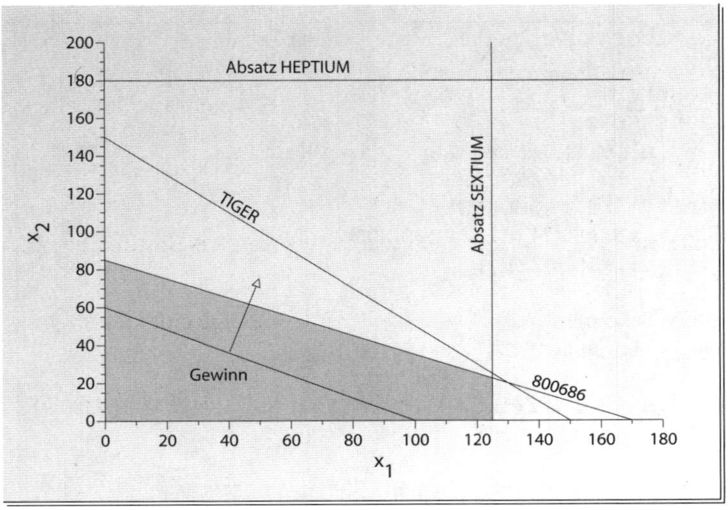

Bild D.7: Lösungsraum

Analytische Lösung (nach Betrachtung der graphischen Darstellung):

Die optimale Lösung liegt im Schnittpunkt der Nebenbedingungen (1) und (3). Wir errechnen zunächst die Koordinaten des Schnittpunkts und setzen diese in die Zielfunktion ein. Umformung der Nebenbedingung (1):

$$x_2 = 85 - \frac{x_1}{2}$$

Nebenbedingung (3):

$$x_1 = 125$$

Daraus ergibt sich:

$$x_2 = 85 - \frac{125}{2} = 22.5$$

Einsetzen in die Zielfunktion:

$$Z(x_1 = 125; x_2 = 22.5) = 300 \cdot 125 + 500 \cdot 22.5 = 48750$$

c) Die Formulierung des linearen Optimierungsmodells mit AMPL besteht aus einer Modelldefinition und den Problemdaten.

Modelldefinition:

```
# Einperiodige Produktionsprogrammplanung

set PRODUKTE;
set PROZESSOREN;
param a {i in PROZESSOREN, j in PRODUKTE};
param B {i in PROZESSOREN};
param DB {j in PRODUKTE};
param MAX_ABSATZ {j in PRODUKTE};
var X {j in PRODUKTE};

maximize Gewinn:
   sum {j in PRODUKTE} DB[j] * X[j];

subject to Beschaffungsrestriktion {i in PROZESSOREN}:
   sum {j in PRODUKTE} a[i,j] * X[j] <= B[i];

subject to Absatzrestriktion {j in PRODUKTE}:
   0 <= X[j] <= MAX_ABSATZ[j];
```

Problemdaten:

```
set PRODUKTE    := SEXTIUM HEPTIUM;
set PROZESSOREN := 800686  TIGER;

param a:      SEXTIUM   HEPTIUM :=
  800686        1         2
  TIGER         1         1;

param B          := 800686  170  TIGER    150;
param DB         := SEXTIUM 300  HEPTIUM 500;
param MAX_ABSATZ := SEXTIUM 125  HEPTIUM 180;
```

Die optimale Lösung kann der folgenden Übersicht entnommen werden. Wie bereits in Aufgabe b) festgestellt wurde, wird die Beschaffungsrestriktion (1) in der optimalen Lösung voll ausgeschöpft. Der optimale Wert der zugehörigen Dualvariablen (250) gibt nun an, um wie viele Geldeinheiten der Gewinn steigen würde, wenn man einen 800686-Prozessor mehr beschaffen könnte. Die Gewinnsteigerung resultiert aus der zusätzlichen Produktion eines halben(!) HEPTIUM-Rechners, da für dieses Rechnermodell zwei 800686-Prozessoren benötigt werden.

Lösung:

```
Primalvariablen:
X [*] :=
HEPTIUM   22.5
SEXTIUM  125
Dualvariablen:
Beschaffungsrestriktion [*] :=
800686  250
 TIGER    0
Zielfunktionswert:
sum{i in PRODUKTE} DB[i]*X[i]  = 48750
```

AUFGABE D8.14: KAPAZITÄTSBEDARFSRECHNUNG

Ein Produktionsplaner hat folgendes Hauptproduktionsprogramm für vier Hauptprodukte und acht Perioden aufgestellt.

	Periode							
Produkt	1	2	3	4	5	6	7	8
1	10	30	10	20	0	30	0	10
2	40	0	60	0	40	0	10	20
3	100	100	100	100	50	50	50	50
4	20	30	10	10	20	40	30	30

Die Struktur der Produktion ist in Bild D.8 wiedergegeben. Vorlaufzeiten werden vernachlässigt. Die Hauptprodukte 1, 2, 3 und 4 werden im Produktionssegment A produziert. Sie beanspruchen dort jeweils eine Kapazitätseinheit je Mengeneinheit. Die Kapazitätsbeanspruchungen der anderen Produktionssegmente infolge der dort notwendigen Produktion der Vorprodukte 5 und 6 sind in Bild D.8 jeweils an den Verbindungslinien angegeben.

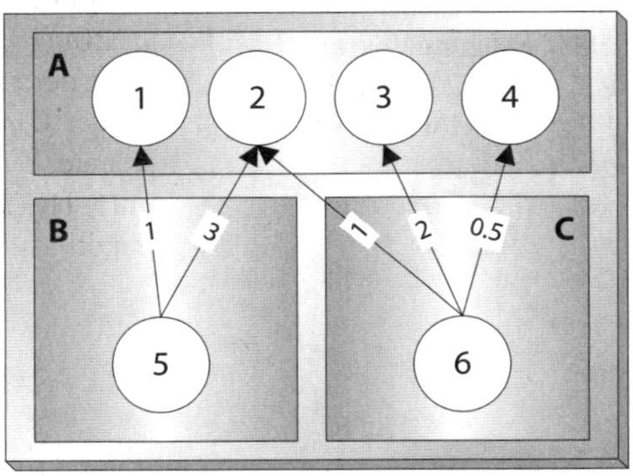

Bild D.8: Struktur der Produktion

Wie hoch ist die Kapazitätsbelastung der Produktionssegmente?

LÖSUNG

Aufgrund der angenommenen Zuordnung von Produkten zu Produktionssegmenten ergibt sich folgende Matrix der Kapazitätsbelastungsfaktoren.

	Produkt			
Produktionssegment	1	2	3	4
A	1	1	1	1
B	1	3	0	0
C	0	1	2	0.5

Damit erhalten wir folgende periodenbezogene Belastungen der Produktionssegmente:

	Periode							
Produktionssegment	1	2	3	4	5	6	7	8
A	170	160	180	130	110	120	90	110
B	130	30	190	20	120	30	30	70
C	250	215	265	205	150	120	125	135

AUFGABE D8.15: HAUPTPRODUKTIONSPROGRAMMPLANUNG BEI MEHRSTUFIGER PRODUKTION, BELASTUNGSFAKTOREN

In einer Fahrradfabrik werden in einem mehrstufigen Produktionsprozeß Klappräder hergestellt. In dem Produktionssegment C werden die Räder gefertigt. In dem Produktionssegment B werden die Rahmen – bestehend aus zwei Teilen – produziert. Die vollständige Montage der Fahrräder erfolgt im Produktionssegment A. Für die Vorlaufzeiten wird pauschal mit jeweils einer Woche gerechnet. Bild D.9 vermittelt einen Überblick über den Materialfluß und die zeitliche Struktur der Produktion. Ermitteln Sie Kapazitätsbelastungsfaktoren der Produktionssegmente $j \in \{A, B, C\}$ in den Vorlaufperioden $z = \{1, 2\}$ infolge der Produktion der Klappräder, wenn die Kapazitätsinanspruchnahmefaktoren der Produkte in ihren jeweiligen Produktionssegmenten 1, 1, 2 und 3 betragen.

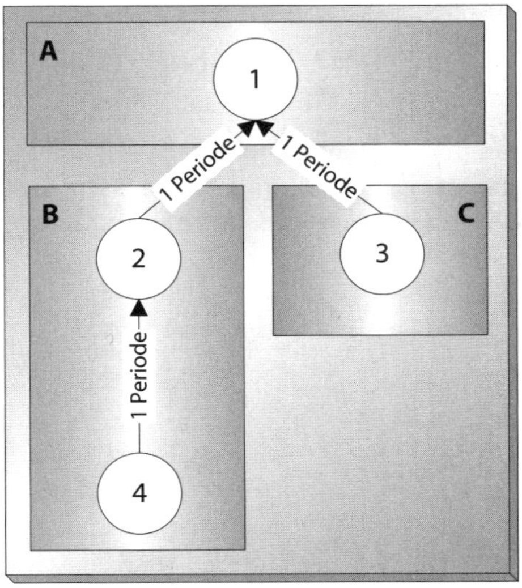

Bild D.9: Struktur der Produktion

LÖSUNG

Wir fragen uns zunächst, welche Kapazitätsbelastung in den einzelnen Produktionssegmenten durch die Herstellung *eines* Klappfahrrades entsteht. Die Belastungsfaktoren f(Segment j, Produkt k, Vorlaufperiode z) lauten:

$f(A,1,0) = 1$

$f(B,1,1) = 1$

$f(B,1,2) = 3$

$f(C,1,1) = 2$

Bei der Formulierung der Kapazitätsrestriktionen betrachten wir den Produktionsprozeß aus der Sicht eines Produktionssegmentes j in einer Periode t. Es werden alle möglichen Produktionsmengen bzw. -perioden $(t+z)$ für das Endprodukt erfaßt, die zu einer Kapazitätsbelastung des betrachteten Produktionssegmentes führen können. Die Kapazitätsrestriktionen für die einzelnen Produktionssegmente in der Periode t lauten damit:

$1 \cdot x_{1t} \leq$ Kapazität des Produktionssegmentes A in Periode t

$1 \cdot x_{1,t+1} + 3 \cdot x_{1,t+2} \leq$ Kapazität des Produktionssegmentes B in Periode t

$2 \cdot x_{1,t+1} \leq$ Kapazität des Produktionssegmentes C in Periode t

AUFGABE D8.16: HAUPTPRODUKTIONSPROGRAMMPLANUNG BEI MEHRSTUFIGER PRODUKTION, BELASTUNGSFAKTOREN

Ermitteln Sie für die in Bild D.10 beschriebene Produktionsstruktur mit sechs Produkten und den Produktionssegmenten A, B, C und D die Kapazitätsbelastungsfaktoren. Die Kapazitätsbedarfe pro Mengeneinheit der einzelnen Produkte seien 2, 4, 2, 3, 4 und 1.

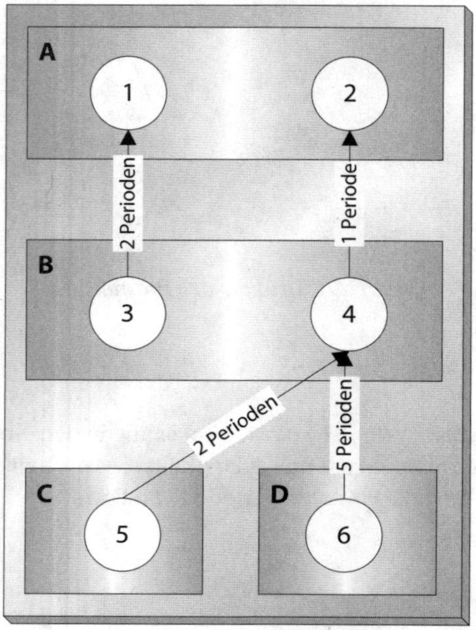

Bild D.10: Struktur der Produktion

LÖSUNG

Zunächst werden die kumulierten Vorlaufzeiten der Produkte bestimmt.

Produkt	1	2	3	4	5	6
Vorlaufzeit	0	0	2	1	3	6

Die segment-, produkt- und periodenspezifischen Belastungsfaktoren f(Segment j, Produkt k, Vorlaufperiode z) betragen dann

Vorlaufperiode 0:

$f(A,1,0) = 2$

$f(A,2,0) = 4$

Vorlaufperiode 1:

$f(B,2,1) = 3$

Vorlaufperiode 2:

$f(B,1,2) = 2$

Vorlaufperiode 3:

$f(C,2,3) = 4$

Vorlaufperiode 6:

$f(D,2,6) = 1$

AUFGABE D8.17: HAUPTPRODUKTIONSPROGRAMMPLANUNG BEI MEHRSTUFIGER PRODUKTION, AMPL-MODELL

Betrachten Sie die in Bild D.11 abgebildete Produktionsstruktur mit sieben Produkten und den Produktionssegmenten A, B und C .

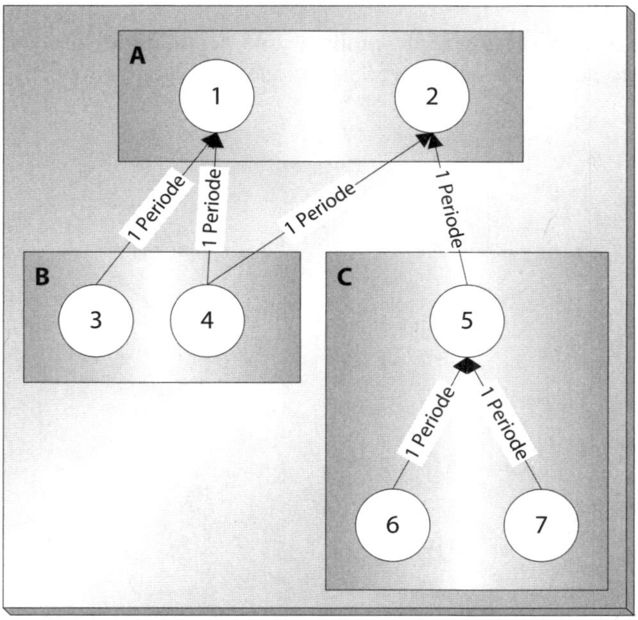

Bild D.11: Struktur der Produktion

Die Kapazitätsbedarfe pro Mengeneinheit der einzelnen Produkte seien 1, 2, 1, 3, 4, 2 und 1 Zeiteinheiten. Für Hauptprodukt 1 (2) ist ein Anfangslagerbestand von 40 (20) Mengeneinheiten vorhanden. Die prognostizierten Nachfragemengen der Hauptprodukte in den nächsten 4 Perioden betragen:

	Periode			
Produkt	1	2	3	4
1	10	40	30	10
2	10	10	20	30

Die Periodenkapazität aller Produktionssegmente ist auf 100 Zeiteinheiten beschränkt. In jedem Produktionssegment kann bei einem Kostensatz von 5 Geldeinheiten/Zeiteinheit eine Zusatzkapazität von maximal 100 Zeiteinheiten genutzt werden. Die Lagerkostensätze betragen für beide Hauptprodukte 50 Geldeinheiten/(Mengeneinheit und Periode).

a) Formulieren und lösen Sie das lineare Optimierungsmodell zur kapazitierten Hauptproduktionsprogrammplanung mit Hilfe des Modellierungssystems AMPL.

b) Welche Probleme ergeben sich, wenn bei sonst gleichen Daten für beide Produkte keine Anfangslagerbestände vorhanden sind?

LÖSUNG

a) Zunächst werden die segment-, produkt- und periodenspezifischen Belastungsfaktoren f(Segment *j*, Produkt *k*, Vorlaufperiode *z*) errechnet. Sie betragen:

Vorlaufperiode 0:

$f(A,1,0) = 1$

$f(A,2,0) = 2$

Vorlaufperiode 1:

$f(B,1,1) = 4$

$f(B,2,1) = 3$

$f(C,2,1) = 4$

Vorlaufperiode 2:

$f(C,2,2) = 3$

Das AMPL-Modell sieht wie folgt aus:

Modelldefinition:

```
# Kapazitierte Hauptproduktionsprogrammplanung

set PROD;                             # Menge der Hauptprodukte
set SEGM                              # Produktsegmente
param T                      >0;      # Planungshorizont
param Zmax                   >=0;     # max. Anzahl Vorlaufperioden

var U {SEGM, 1..T}           >=0;     # genutzte Zusatzkapazitäten
var x {PROD, 1..T+Zmax}      >=0;     # Produktionsmengen
var y {PROD, 0..T}           >=0;     # Lagerbestände
param b {SEGM, 1..T}         >=0;     # Produktionskapazitäten
param d {PROD, 1..T}         >=0;     # Nachfragemengen
param f {SEGM, PROD, 0..Zmax} >=0;    # Kapazitätsbelastungsfaktoren
param h {PROD}               >=0;     # Lagerkostensätze
param Umax {SEGM, 1..T}      >=0;     # maximale Zusatzkapazitäten
param u {1..T}               >=0;     # Kosten der Zusatzkapazität
param Z {PROD}               >=0;     # Anzahl der Vorlaufperioden
param y0 {PROD}              >=0;     # Anfangslagerbestände

minimize Kosten:
   sum {t in 1..T, k in PROD } h[k] * y[k,t] +
   sum {t in 1..T, j in SEGM } u[t] * U[j,t];

subject to Lagerbilanz {k in PROD, t in 1..T }:
   x[k,t] + y[k,t-1] - y[k,t] = d[k,t];

subject to Anfangsbestand {k in PROD}:
   y[k,0] = y0[k];

subject to Technische_Kapazitaet { t in 1..T, j in SEGM }:
   sum { k in PROD, z in 0..Z[k] } f[j,k,z] * x[k,t+z]
                                   - U[j,t] <= b[j,t];

subject to Max_Zusatzkapazitaet { t in 1..T,  j in SEGM }:
   U[j,t] <= Umax[j,t];
```

Problemdaten:

```
set PROD   := 1 2;    # Hauptprodukte
set SEGM   := A B C;  # Produktionssegmente
param T    := 4;      # Planungshorizont
param Zmax := 2;      # Maximale Vorlaufperiode

param b :    # Produktionskapazität Segment j in Periode t
          1   2   3   4   :=
      A   100 100 100 100
      B   100 100 100 100
      C   100 100 100 100 ;
param d :    # Nachfragemenge für Hauptprodukt k in Periode t
          1   2   3   4   :=
      1   10  40  30  10
      2   10  10  20  30 ;
param f :=    # Kapazitätsbelastungsfaktoren f(jkz)
  [*,1,*]: 0   1   2 :=
      A   1   0   0
      B   0   4   0
      C   0   0   0
  [*,2,*]: 0   1   2 :=
      A   2   0   0
      B   0   3   0
      C   0   4   3   ;
param Umax:   # Zusatzkapazität Produktionssegment j in Periode t
          1    2    3    4 :=
      A   100  100  100  100
      B   100  100  100  100
      C   100  100  100  100 ;
param h:=  1 50 2 50;           # Lagerkostensätze
param u:=  1 5  2 5  3 5  4 5;  # Kosten für Zusatzkapazität
param Z:=  1 1  2 2;            # Anzahl Vorlaufperioden
param y0:= 1 40 2 20;           # Anfangslagerbestände
```

Die optimale Lösung des Problems ist in folgender Tabelle zusammengefaßt.

		Periode				
Produkt		0	1	2	3	4
1	Nachfragemenge		10	40	30	10
	Produktionsmenge		0	10	30	10
	Lagerbestand	40	30	0	0	0
2	Nachfragemenge		10	10	20	30
	Produktionsmenge		0	0	20	30
	Lagerbestand	20	10	0	0	0
			Periode			
Produktionssegment			1	2	3	4
1	Kapazitätsbedarf		0	10	70	70
	Zusatzkapazität		0	0	0	0
2	Kapazitätsbedarf		40	180	130	0
	Zusatzkapazität		0	80	30	0
3	Kapazitätsbedarf		60	170	120	0
	Zusatzkapazität		0	70	20	0

b) Sind keine Anfangslagerbestände vorhanden, dann muß zur Erfüllung der Hauptproduktnachfragemengen bereits in Periode 1 produziert werden. Aufgrund der Vorlaufverschiebungen ergibt sich dann in den Produktionssegmenten B und C, die die untergeordneten Produkte herstellen, ein Kapazitätsbedarf, der in der vorliegenden Modellformulierung nicht erfaßt worden ist.

AUFGABE D8.18: MEHRPERIODIGES PRODUKTIONSPROGRAMM

In einem Produktionsprozeß werden zwei Endprodukte 1 und 2 aus einem eigengefertigten Zwischenprodukt 3 sowie aus mehreren fremdbezogenen Bauteilen montiert. Für die Herstellung einer Endprodukteinheit wird jeweils eine Einheit des Zwischenproduktes benötigt. Bauteile werden in ausreichender Anzahl von Fremdfirmen zugeliefert. Die Herstellung einer Endprodukteinheit einschließlich der Bearbeitung der jeweiligen Vorprodukte und Bauteile kann innerhalb eines Monats abgeschlossen werden. Die in der folgenden Tabelle angegebenen Primärbedarfsmengen sind vollständig und termingerecht zu befriedigen.

	Monat					
Produkt	1	2	3	4	5	6
1	120	120	220	280	160	300
2	150	80	120	50	40	100

In der Endmontage können pro Schicht maximal 15 Endprodukteinheiten und in der Vorfertigung pro Schicht maximal 7 Einheiten des Zwischenproduktes hergestellt werden. Für die Zwecke der Produktionsplanung wird von 20 Arbeitstagen je Monat ausgegangen. Die Endmontage arbeitet im Ein- und die Vorfertigung im

Zweischichtbetrieb. An Lageranfangsbeständen sind 20 Einheiten von Produkt 1, 10 Einheiten von Produkt 2 und 40 Einheiten von Zwischenprodukt 3 vorhanden. Alle Produkte können auf Lager gefertigt werden, jedoch ist die Lagerkapazität bei Zwischenprodukt 3 auf 80 Einheiten begrenzt. Die Lagerung der Produkte 1, 2 und 3 verursacht Kosten von 1.2 bzw. 1.5 bzw. 0.8 Geldeinheiten pro Monat. Von Zwischenprodukt 3 soll ein Sicherheitsbestand von 10 Einheiten eingehalten werden.

Formulieren Sie ein lineares Optimierungsmodell zur Bestimmung des kostenminimalen Produktionsprogramms.

LÖSUNG

Die Entscheidungsvariablen lauten:

x_{kt} Produktionsmenge von Produkt k in Periode t

y_{kt} Lagerbestand von Produkt k am Ende der Periode t

wobei der Produktindex k und der Periodenindex t die Mengen $\mathcal{K} = \{1,2,3\}$ bzw. $\mathcal{T} = \{1,2,...,6\}$ umfassen. Das lineare Optimierungsmodell lautet:

Minimiere

$$\sum_{t \in \mathcal{T}} (1.2 \cdot y_{1t} + 1.5 \cdot y_{2t} + 0.8 \cdot y_{3t})$$

u. B. d. R.

<u>Produktionskapazität – Endproduktion</u>

$$x_{1t} + x_{2t} \leq 15 \cdot 20 \cdot 1 = 300 \qquad t \in \mathcal{T}$$

<u>Produktionskapazität – Vorfertigung</u>

$$x_{3t} \leq 7 \cdot 20 \cdot 2 = 280 \qquad t \in \mathcal{T}$$

<u>Lagerbilanzen – Endprodukt 1</u>

$$y_{11} = 20 + x_{11} - 120$$

$$y_{12} = y_{11} + x_{12} - 120$$

$$y_{13} = y_{12} + x_{13} - 220$$

$$y_{14} = y_{13} + x_{14} - 280$$

$$y_{15} = y_{14} + x_{15} - 160$$

$$y_{16} = y_{15} + x_{16} - 300$$

<u>Lagerbilanzen – Endprodukt 2</u>

$$y_{21} = 10 + x_{21} - 150$$

$$y_{22} = y_{21} + x_{22} - 80$$

$y_{23} = y_{22} + x_{23} - 120$

$y_{24} = y_{23} + x_{24} - 50$

$y_{25} = y_{24} + x_{25} - 40$

$y_{26} = y_{25} + x_{26} - 100$

Lagerbilanzen – Zwischenprodukt

$y_{31} = 30 + x_{31} - x_{11} - x_{21}$

(In die Lagerbilanz der ersten Periode geht ein verfügbarer Netto-Anfangsbestand von 30 ein, der sich aus der Verminderung des Lageranfangsbestandes von 40 um den Sicherheitsbestand von 10 Einheiten ergibt. Hierdurch wird erreicht, daß der Sicherheitsbestand während des gesamten Planungszeitraumes nicht angegriffen wird, falls keine zufälligen Bedarfserhöhungen auftreten.)

$y_{3t} = y_{3,t-1} + x_{3t} - x_{1t} - x_{2t} \qquad t = 2, 3, ..., 6$

Lagerkapazität – Zwischenprodukt

$y_{3t} \leq 80 - 10 = 70 \qquad t \in \mathcal{T}$

(10 Einheiten der Lagerkapazität müssen für die Unterbringung des Sicherheitsbestandes reserviert werden.)

Nichtnegativität

$x_{kt}, y_{kt} \geq 0 \qquad k \in \mathcal{K}, t \in \mathcal{T}$

Literaturhinweise

Günther und Tempelmeier (1995), Abschnitt C.13.3
Nahmias (2001), Kapitel 3
Schonberger und Knod Jr. (1997), Kapitel 6
Vollmann et al. (2004), Kapitel 6

9 Losgrößen- und Ressourceneinsatzplanung

Verständnis- und Wiederholungsfragen

1. Welche Beschränkungen sind bei der Losgrößen- und Ressourceneinsatzplanung zu berücksichtigen?

2. Nennen Sie Gründe dafür, daß die Losgrößen- und Ressourceneinsatzplanung produktionssegmentspezifisch ausgestaltet werden muß.

9.1 Losgrößen- und Ressourceneinsatzplanung bei Werkstattproduktion

9.1.1 Bestimmung des Materialbedarfs

Verständnis- und Wiederholungsfragen

1. Beschreiben Sie die beiden Grundformen der Materialbedarfsrechnung.

2. Erläutern Sie die Begriffe „Primärbedarf", „Sekundärbedarf" und „Tertiärbedarf".

3. Welchem Zweck dient die ABC-Analyse?

4. Die ABC-Analyse wird in der Literatur im allgemeinen im Zusammenhang mit der Materialbedarfsplanung dargestellt. Nennen Sie andere Anwendungsmöglichkeiten der ABC-Analyse.

5. Ist die Dreiteilung in die Klassen A, B und C zwingend? Gibt es eine „optimale" Klasseneinteilung? Wenn ja, durch welche Größen wird diese beeinflußt?

Übungsaufgabe

Aufgabe D9.1: ABC-Analyse

Im Zusammenhang mit der Reorganisation des Instandhaltungsbereichs eines Unternehmens der chemischen Industrie soll die Ersatzteilbewirtschaftung einer genaueren Analyse unterzogen werden. Zunächst interessiert man sich dafür, in welchem Umfang die einzelnen Materialarten verbraucht wurden. Um die Aufgabenstellung nicht zu umfangreich werden zu lassen, haben wir das Problem auf 20 Materialarten reduziert. Führen Sie an Hand der folgenden Daten eine ABC-Analyse durch:

Materialart	Verbrauchswert pro Jahr	Materialart	Verbrauchswert pro Jahr
1	426	11	176
2	72	12	4
3	1985	13	130
4	2	14	65
5	1406	15	80
6	300	16	50
7	631	17	4836
8	1	18	186
9	385	19	840
10	300	20	3245
		Gesamt	15120

LÖSUNG

Materialart	kumulierter Anteil an Materialarten	Jahres-verbrauchswert	kumulierter Jahresver-brauchswert	kumulierter Anteil am Jahresver-brauchswert
17	5.00%	4836	4836	31.98%
20	10.00%	3245	8081	53.45%
3	15.00%	1985	10066	66.57%
5	20.00%	1406	11472	75.87%
19	25.00%	840	12312	81.43%
7	30.00%	631	12943	85.60%
1	35.00%	426	13369	88.42%
9	40.00%	385	13754	90.97%
10	45.00%	300	14054	92.95%
6	50.00%	300	14354	94.93%
18	55.00%	186	14540	96.16%
11	60.00%	176	14716	97.33%
13	65.00%	130	14846	98.19%
15	70.00%	80	14926	98.72%
2	75.00%	72	14998	99.19%
14	80.00%	65	15063	99.62%
16	85.00%	50	15113	99.95%
12	90.00%	4	15117	99.98%
4	95.00%	2	15119	99.99%
8	100.00%	1	15120	100.00%

Bei der ABC-Analyse werden die Materialarten entsprechend ihrem Anteil am Jahresverbrauchswert in absteigender Reihenfolge sortiert und in sog. A-Güter, die hauptverantwortlich für die Kapitalbindung sind, in C-Güter mit geringfügigem Anteil an der Kapitalbindung und in B-Güter, die eine mittlere Stellung einnehmen, eingeteilt. Die Ergebnisse sind in der obigen Tabelle wiedergegeben. Man erkennt, daß die ersten 20% der Materialarten für ca. 75% des Jahresverbrauchswertes verantwortlich sind, während auf die letzten 50% der Materialarten nur ca. 5% des Jahresverbrauchswertes entfallen. Entsprechend werden die Materialarten der A- bzw. B- bzw. C-Klasse zugeordnet. Bild D.12 veranschaulicht die Klasseneinteilung und das Ungleichgewicht der Verbrauchswerte der Materialarten.

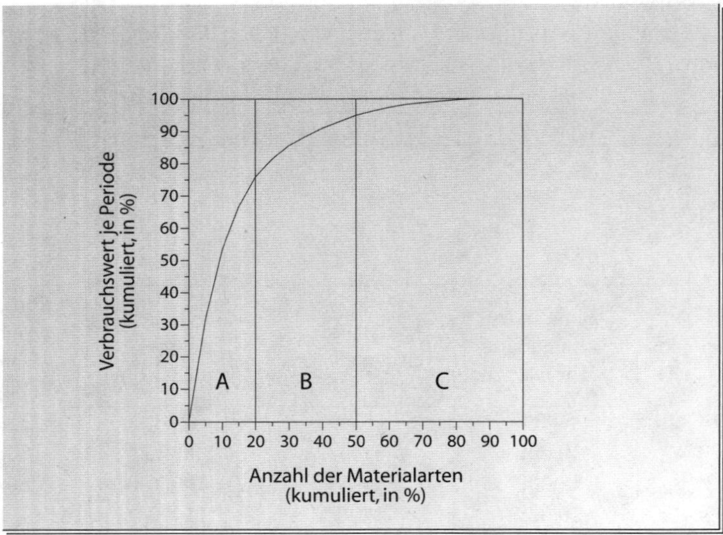

Bild D.12: Werthäufigkeitsverteilung

9.1.2 Programmorientierte Bedarfsermittlung als Teilproblem der Losgrößenplanung

Verständnis- und Wiederholungsfragen

1. Warum wird für manche Vorprodukte ein Teil des Bedarfs programmorientiert und ein anderer Teil verbrauchsorientiert disponiert?

2. Welchen Beitrag leistete der italienische Mathematiker Zepartzat Gozinto für die moderne Materialwirtschaft? Wann hat er gelebt?

3. Nennen Sie die Informationsquellen, auf die die programmorientierte Bedarfsrechnung zurückgreift.

4. Welchen Einfluß hat die Form einer Erzeugnisstruktur auf den Schwierigkeitsgrad der Produktionsplanung und -steuerung?

Übungsaufgaben

Aufgabe D9.2: Erzeugnisstrukturen

Der konstruktive Aufbau zweier Endprodukte läßt sich wie folgt verbal umschreiben:

Das Endprodukt 1 setzt sich aus zwei Einheiten des Vorproduktes 2 und einer Einheit des Vorproduktes 3 zusammen. Zur Herstellung des Vorproduktes 2 wird ein Bauteil 4 benötigt, in das je zwei Einheiten von Rohmaterial 6 sowie drei Einheiten von Rohmaterial 7 eingehen. Das Vorprodukt 3 besteht aus einem weiteren Vorprodukt 2 sowie einer Einheit des Rohmaterials 5.

Das Endprodukt 8 hat den folgenden Aufbau: Es wird aus je einer Einheit der Vorprodukte 3 und 9 sowie aus sechs Einheiten des Rohmaterials 6 montiert. In das Vorprodukt 9 gehen fünf Einheiten des Rohmaterials 7 sowie eine Einheit des Vorproduktes 3 ein. (Die Zusammensetzung des Vorproduktes 3 ist die gleiche wie bei Endprodukt 1.)

a) Zeichnen Sie für beide Endprodukte die vollständigen Erzeugnisstrukturen (geordnet nach Fertigungsstufen).

b) Stellen Sie einen Teileverwendungsnachweis zusammen, aus dem hervorgeht, in welchen übergeordneten Produkten ein bestimmtes Vorprodukt weiterverarbeitet wird.

c) Bringen Sie in der graphischen Darstellung der Erzeugnisstrukturen die Anordnung nach Dispositionsstufen zum Ausdruck.

d) Ermitteln Sie für die beschriebenen Erzeugnisstrukturen alle zweistufigen Teilstrukturen (diese können tabellarisch als Baukastenstücklisten wiedergegeben werden) und stellen Sie sie graphisch dar.

e) Geben Sie für beide Endprodukte die Mengenübersichtsstücklisten an.

f) Stellen Sie die gesamte Materialverflechtung als Gozintograph im Überblick dar.

Lösung

a) Bild D.13 zeigt die Struktur der beiden Enderzeugnisse, geordnet nach Fertigungsstufen.

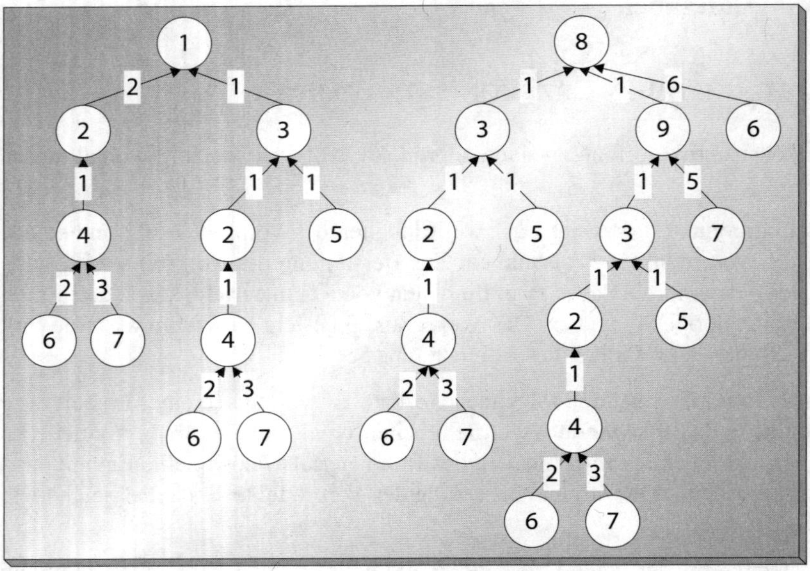

Bild D.13: Erzeugnisstrukturen (geordnet nach Fertigungsstufen)

b) Der Teileverwendungsnachweis sieht wie folgt aus:

Produkt	verwendet in	Anzahl
1	–	–
2	1	2
	3	1
3	1	1
	8	1
	9	1
4	2	1
5	3	1
6	4	2
	8	6
7	4	3
	9	5
8	–	–
9	8	1

c) Die Anordnung der Erzeugnisstrukturen nach Dispositionsstufen ist in Bild D.14 dargestellt.

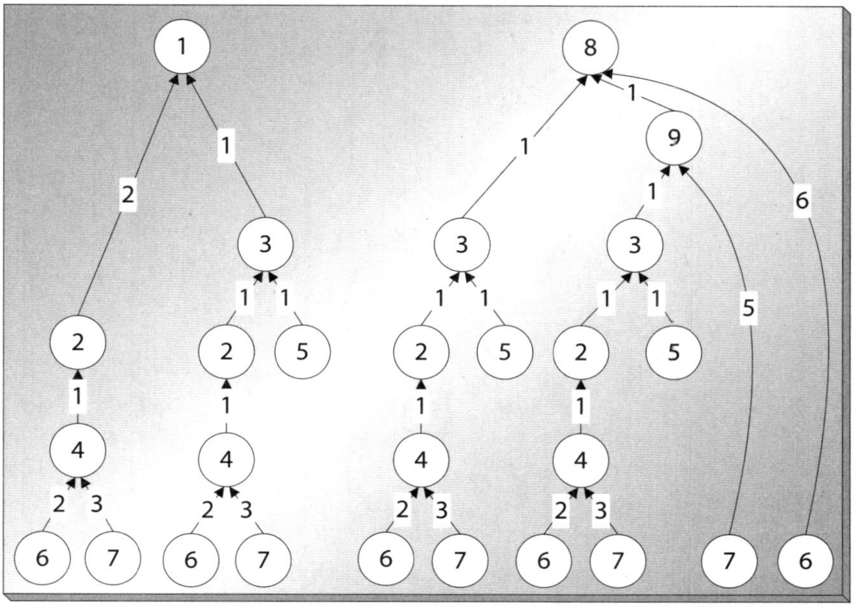

Bild D.14: Erzeugnisstrukturen (geordnet nach Dispositionsstufen)

d) Die zweistufigen Teilstrukturen der beschriebenen Erzeugnisstrukturen lassen sich wie in Bild D.15 gezeigt graphisch darstellen. Jeder dieser Teilstrukturen entspricht eine Baukastenstückliste.

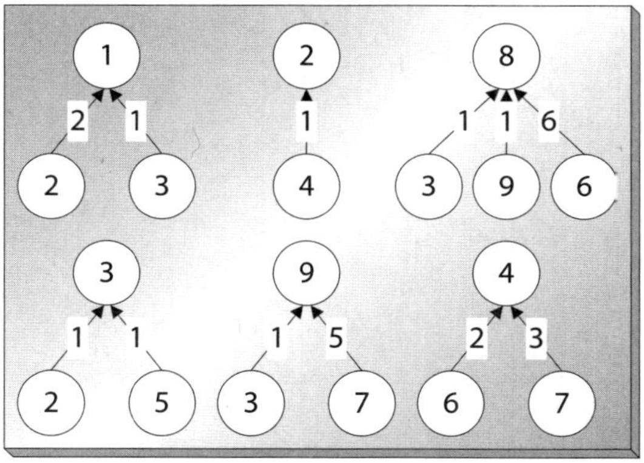

Bild D.15: Graphische Darstellung der zweistufigen Teilstrukturen

e) Die Mengenübersichtsstücklisten der beiden Endprodukte sehen wie folgt aus:

Endprodukt 1	
Vorprodukt	Menge
2	3
3	1
4	3
5	1
6	6
7	9
Endprodukt 8	
Vorprodukt	Menge
2	2
3	2
4	2
5	2
6	10
7	11
9	1

f) Die gesamte Materialverflechtung läßt sich durch den in Bild D.16 wiedergegebenen Gozintographen darstellen.

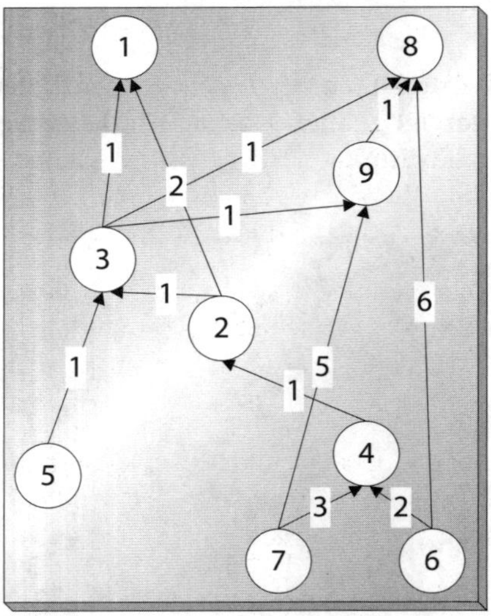

Bild D.16: Gozintograph

AUFGABE D9.3: AUFBAU DER BEDARFSRECHNUNG

a) Grenzen Sie die Begriffe „Primärbedarf" und „Sekundärbedarf" sowie „Bruttobedarf" und „Nettobedarf" voneinander ab.

b) Welchen Sinn hat die Verwendung von Dispositionsstufen bei der Materialbedarfsrechnung? (Wählen Sie eine einfache Erzeugnisstruktur als Beispiel, um Ihre Antwort zu begründen.)

c) Ist es bei der Materialbedarfsplanung sinnvoll, die Nettobedarfsrechnung zunächst für alle Produkte über alle Dispositionsstufen einer Erzeugnisstruktur durchzuführen, bevor man dann Produkt für Produkt die Auftragsgrößen ermittelt?

d) Bringen Sie die Begriffe „Losgrößenbestimmung", „Nettobedarfsrechnung", „Primärbedarfsrechnung", „Vorlaufverschiebung", „Bruttobedarfsrechnung", „Sekundärbedarfsrechnung" in eine logisch richtige Reihenfolge und stellen Sie die Abarbeitung dieser Schritte über die einzelnen Dispositionsstufen in Form eines Ablaufdiagramms dar.

AUFGABE D9.4: NETTOBEDARFSRECHNUNG

Der prognostizierte Bruttobedarf eines Produktes während der nächsten sieben Wochen lautet:

100, 150, 200, 50, 100, 200, 150

Zu Beginn der ersten Woche befinden sich 350 Produkteinheiten im Lager. Aufgrund eines offenen Produktionsauftrages wird zu Beginn der dritten Woche ein Lagerzugang von 200 Einheiten erwartet. Es liegen keine Lagerbestandsreservierungen vor. Als Sicherheitsbestand sind jeweils 30 Einheiten vorgesehen.

Stellen Sie in einer Tabelle zusammen, wie sich der disponible Lagerbestand sowie der Nettobedarf über die sieben betrachteten Wochen entwickeln.

LÖSUNG

Wir beziehen die Lagerbestände sowie die Lagerzugänge aufgrund offener Produktionsaufträge jeweils auf den Periodenbeginn. Der disponible Lagerbestand der Periode t wird wie folgt fortgeschrieben:

$$\begin{aligned}\text{disponibler Bestand } (t) = {} & \text{physischer Lagerbestand } (t)\\ & + \text{Lagerzugang } (t)\\ & - \text{reservierter Lagerbestand } (t)\\ & - \text{Sicherheitsbestand}(t)\end{aligned}$$

Für den physischen Lagerbestand der Perioden $t = 2, 3, \ldots$ verwenden wir folgende Fortschreibungsformel:

physischer Lagerbestand (t) = physischer Lagerbestand $(t-1)$
+ Lagerzugang $(t-1)$
− Lagerabgang $(t-1)$

Der physische Lagerbestand der Periode $t = 1$ entspricht dem vorhandenen Lageranfangsbestand. Der Lagerabgang in Periode t ist entweder gleich dem Bruttobedarf (wenn der disponible Lagerbestand ausreicht) oder gleich dem disponiblen Lagerbestand (wenn der Bruttobedarf letzteren übersteigt) oder gleich Null (wenn kein disponibler Lagerbestand mehr vorhanden ist). Es gilt damit folgende Beziehung:

Lagerabgang (t) = min { Bruttobedarf (t);
max {disponibler Lagerbestand (t); 0} }

Schließlich ergibt sich der Nettobedarf einer Periode als:

Nettobedarf (t) = max { Bruttobedarf (t) – disponibler Lagerbestand (t); 0 }

Die Ergebnisse der Nettobedarfsrechnung sind der folgenden Tabelle zu entnehmen.

	Woche						
	1	2	3	4	5	6	7
Bruttobedarf	100	150	200	50	100	200	150
physischer Lagerbestand	350	250	100	100	50	30	30
+ Lagerzugang	–	–	200	–	–	–	–
– Lagerabgang	100	150	200	50	20	–	–
reservierter Lagerbestand	–	–	–	–	–	–	–
Sicherheitsbestand	30	30	30	30	30	30	30
disponibler Lagerbestand	320	220	270	70	20	–	–
Nettobedarf	–	–	–	–	80	200	150

AUFGABE D9.5: NETTOBEDARFSRECHNUNG, MEHRSTUFIG

Betrachten Sie die in Bild D.17 dargestellte Erzeugnisstruktur. Die Primärbedarfsmengen der Produkte sind 40, 50, 10, 0, 15, 20, 0 und 0.

Welcher Nettobedarf entsteht, wenn bei den Produkten 5 und 6 noch Lagerbestände von 50 bzw. 60 Einheiten vorhanden sind?

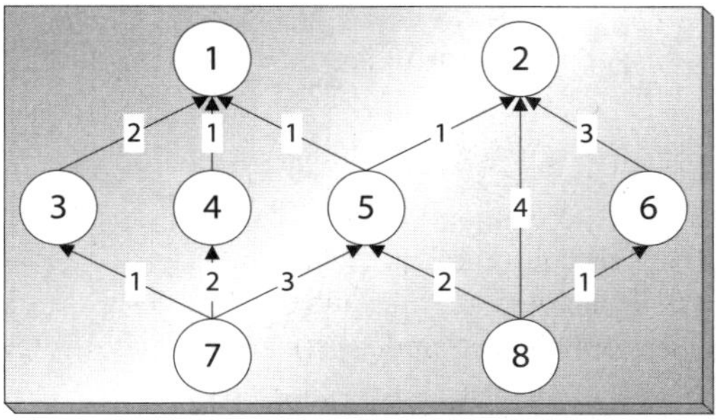

Bild D.17: Gozintograph

LÖSUNG

Die Nettobedarfsrechnung ist der folgenden Tabelle zu entnehmen, wobei sich der Bruttobedarf jeweils aus der Summe von Primär- und Sekundärbedarf ergibt. Es sei darauf hingewiesen, daß nicht der Bruttobedarf, sondern der Nettobedarf auf die untergeordneten Erzeugnisstufen weitergewälzt wird.

Produkt	Primärbedarf	Sekundärbedarf	Bruttobedarf	Lagerbestand	Nettobedarf
1	40	–	40	–	40
2	50	–	50	–	50
3	10	80	90	–	90
4	–	40	40	–	40
5	15	40+50 = 90	105	50	55
6	20	150	170	60	110
7	–	90+80+165 = 335	335	–	335
8	–	110+200+110 = 420	420	–	420

AUFGABE D9.6: ERZEUGNISSTRUKTUREN, BEDARFSRECHNUNG

Die folgende Tabelle gibt an, wie viele Einheiten eines Vorproduktes i benötigt werden, um eine Einheit des übergeordneten Produktes j herzustellen.

Vorprodukt *i*	übergeordnetes Produkt *j*							
	1	2	3	4	5	6	7	8
3	1			3				
4		1						
5	2		3					
6			2				4	
7			2					
8		3		5				

a) Bestimmen Sie die Dispositionsstufen der Produkte.

b) Stellen Sie die zugehörigen Baukastenstücklisten auf (nach Dispositionsstufen angeordnet).

c) Zeichnen Sie den zugehörigen Gozintographen.

d) Ermitteln Sie die Nettobedarfsmengen für alle Produkte, wenn folgende Primärbedarfe und Lagerbestände gegeben sind.

Produkt	1	2	3	4	5	6	7	8
Primärbedarf	20	10	40	30	0	0	0	0
Lagerbestand	10	5	20	15	0	0	100	65

LÖSUNG

a) Man erhält folgende Dispositionsstufenzuordnung der Produkte:

Dispositionsstufe 0: Endprodukte 1 und 2
Dispositionsstufe 1: Produkt 4
Dispositionsstufe 2: Produkte 3 und 8
Dispositionsstufe 3: Produkte 5 und 7
Dispositionsstufe 4: Produkt 6

b) c) Die Lösung erfolgt analog zu Aufgabe D9.2.

d) Die Nettobedarfsrechnung wurde bereits in den Aufgaben D9.4 und D9.5 erläutert. Man kommt zu dem folgenden Endergebnis:

Produkt	1	2	3	4	5	6	7	8
Nettobedarf	10	5	90	20	290	500	80	50

AUFGABE D9.7: ERMITTLUNG VON PRODUKTIONSAUFTRÄGEN

Zur Herstellung der beiden Endprodukte 1 und 2 werden die Baugruppe 3 sowie die Rohmaterialien 4 und 5 benötigt. Die Bedarfsverflechtung kann aus den in Bild D.18 wiedergegebenen Erzeugnisstrukturen abgelesen werden.

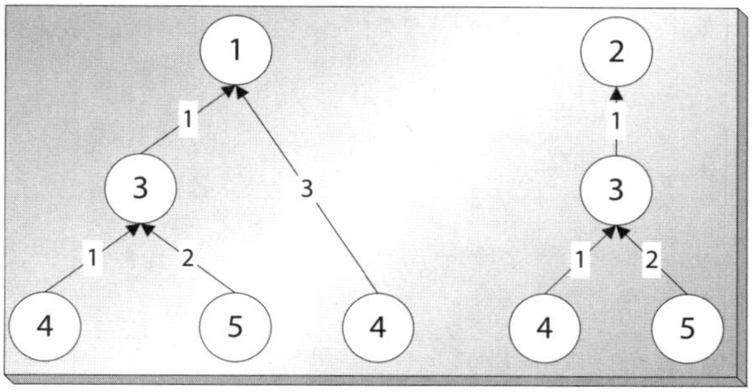

Bild D.18: Erzeugnisstrukturen

Für die Produkte 1, 2 und 3 sind die folgenden Primärbedarfsmengen zu befriedigen:

Produkt	Woche					
	1	2	3	4	5	6
1	50	80	30	20	–	40
2	80	100	120	70	150	–
3	–	–	30	–	20	–

Bei der Berechnung des Materialbedarfs soll vereinfachend davon ausgegangen werden, daß Mehrverbrauchszuschläge, Einrichtebedarf usw. nicht anfallen und daß die Losgröße jeweils dem Wochenbedarf entspricht. Außerdem ist zu berücksichtigen, daß aus offenen Produktionsaufträgen zu Beginn der zweiten Woche 100 Einheiten von Endprodukt 1 und zu Beginn der dritten Woche 200 Einheiten von Endprodukt 2 verfügbar sind. Weiterhin sind die folgenden Daten gegeben:

Produkt	1	2	3	4	5
Lageranfangsbestand	90	150	200	100	180
Sicherheitsbestand	20	10	30	0	0
Vorlaufzeit	1	1	2	2	3

Welche Produktionsaufträge sind innerhalb der nächsten sechs Wochen freizugeben?

LÖSUNG

Die Ermittlung der Produktionsaufträge ist in den folgenden Tabellen zusammengestellt (Bedeutung der Symbole: u=Dispositionsstufe; k=Produkt; z=Vorlaufzeit; SB=Sicherheitsbestand)

Periode	1	2	3	4	5	6
u=0; *k*=1; *z*=1; *SB*=20						
Bruttobedarf	50	80	30	20	–	40
physischer Lagerbestand	90	40	60	30	20	20
Lagerzugang	–	100	–	–	–	–
disponibler Lagerbestand	70	120	40	10	–	–
Nettobedarf	–	–	–	10	–	40
Bedarf für Auflösung	–	–	10	–	40	–

Periode	1	2	3	4	5	6
u=0; *k*=2; *z*=1; *SB*=10						
Bruttobedarf	80	100	120	70	150	–
physischer Lagerbestand	150	70	10	90	20	10
Lagerzugang	–	–	200	–	–	–
disponibler Lagerbestand	140	60	200	80	10	–
Nettobedarf	–	40	–	–	140	–
Bedarf für Auflösung	40	–	–	140	–	–

Periode	1	2	3	4	5	6
u=1; *k*=3; *z*=2; *SB*=30						
Primärbedarf	–	–	30	–	20	–
+ Sekundärbedarf	40	–	10	140	40	–
Bruttobedarf	40	–	40	140	60	–
physischer Lagerbestand	200	160	160	120	30	30
Lagerzugang	–	–	–	–	–	–
disponibler Lagerbestand	170	130	130	90	–	–
Nettobedarf	–	–	–	50	60	–
Bedarf für Auflösung	–	50	60	–	–	–

Periode	1	2	3	4	5	6
u=2; *k*=4; *z*=2; *SB*=0						
Bruttobedarf	–	50	90	–	120	–
physischer Lagerbestand	100	100	50	–	–	–
Lagerzugang	–	–	–	–	–	–
disponibler Lagerbestand	100	100	50	–	–	–
Nettobedarf	–	–	40	–	120	–
Produktionsaufträge	40	–	120	–	–	–

Periode	1	2	3	4	5	6
u=2; k=5; z=3; SB=0						
Bruttobedarf	–	100	120	–	–	–
physischer Lagerbestand	180	180	80	–	–	–
Lagerzugang	–	–	–	–	–	–
disponibler Lagerbestand	180	180	80	–	–	–
Nettobedarf	–	–	40	–	–	–
Produktionsaufträge	(40)	–	–	–	–	–

Aufgrund der Vorlaufzeit von drei Perioden bei Produkt 5 kann der in der dritten Periode auftretende Nettobedarf von 40 Einheiten nicht mehr rechtzeitig bereitgestellt werden. In einem solchen Fall müßten Maßnahmen, wie z. B. Fremdbezug, ergriffen werden, oder der Produktionsauftrag müßte als Eilauftrag beschleunigt mit einer Vorlaufzeit von höchstens $z = 2$ Perioden bearbeitet werden.

AUFGABE D9.8: MATERIALBEDARFSRECHNUNG

Für das Endprodukt 1 ist für Periode 8 ein Primärbedarf von 35 Einheiten prognostiziert worden. Das Produkt setzt sich, wie in Bild D.19 dargestellt, aus mehreren Komponenten zusammen.

Für alle Produkte wird ein einheitlicher Sicherheitsbestand von 5 Einheiten bevorratet. Die produktbezogenen Vorlaufzeiten sind 1, 2, 1, 1, 2, 3 und 2 Wochen. Zum Planungszeitpunkt sind noch folgende Lagerbestände vorhanden: 10, 15, 20, 10, 10, 10 und 30.

a) Bestimmen Sie die Dispositionsstufen der Produkte.

b) Berechnen Sie die Bedarfsmengen aller Erzeugnisse.

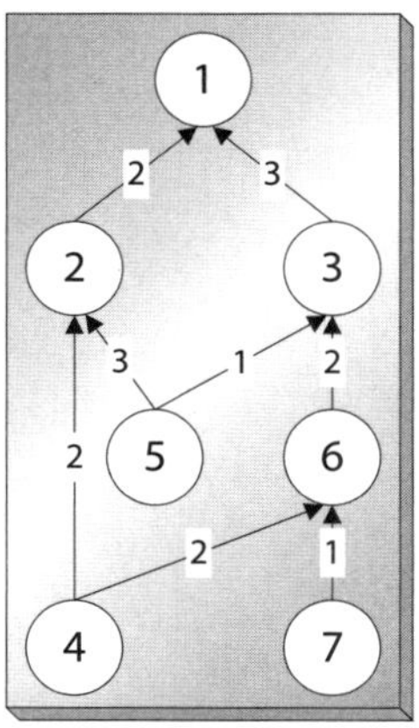

Bild D.19: Gozintograph

LÖSUNG

a) Die Dispositionsstufen sind:

Produkt k	1	2	3	4	5	6	7
Dipositionsstufe u_k	0	1	1	3	2	2	3

b) Die folgenden Tabellen der Materialbedarfsrechnung zeigen die Ergebnisse in der Reihenfolge der Dispositionsstufen (Bedeutung der Symbole: u=Dispositionsstufe; k=Produkt; z=Vorlaufzeit; SB=Sicherheitsbestand).

Periode	1	2	3	4	5	6	7	8
u=0; k=1; z=1; SB=5								
Bruttobedarf	0	0	0	0	0	0	0	35
physischer Lagerbestand	10	10	10	10	10	10	10	10
Lagerzugang	0	0	0	0	0	0	0	0
disponibler Lagerbestand	5	5	5	5	5	5	5	5
Nettobedarf	0	0	0	0	0	0	0	30
Bedarf für Auflösung	0	0	0	0	0	0	30	0

Periode	1	2	3	4	5	6	7	8
u=1; k=2; z=2; SB=5								
Bruttobedarf	0	0	0	0	0	0	60	0
physischer Lagerbestand	15	15	15	15	15	15	15	5
Lagerzugang	0	0	0	0	0	0	0	0
disponibler Lagerbestand	10	10	10	10	10	10	10	0
Nettobedarf	0	0	0	0	0	0	50	0
Bedarf für Auflösung	0	0	0	0	50	0	0	0

Periode	1	2	3	4	5	6	7	8
u=1; k=3; z=1; SB=5								
Bruttobedarf	0	0	0	0	0	0	90	0
physischer Lagerbestand	20	20	20	20	20	20	20	5
Lagerzugang	0	0	0	0	0	0	0	0
disponibler Lagerbestand	15	15	15	15	15	15	15	0
Nettobedarf	0	0	0	0	0	0	75	0
Bedarf für Auflösung	0	0	0	0	0	75	0	0

Periode	1	2	3	4	5	6	7	8
u=2; *k*=5; *z*=2; *SB*=5								
Bruttobedarf	0	0	0	0	150	75	0	0
physischer Lagerbestand	10	10	10	10	10	5	5	5
Lagerzugang	0	0	0	0	0	0	0	0
disponibler Lagerbestand	5	5	5	5	5	0	0	0
Nettobedarf	0	0	0	0	145	75	0	0
Bedarf für Auflösung	0	0	145	75	0	0	0	0

Periode	1	2	3	4	5	6	7	8
u=2; *k*=6; *z*=3; *SB*=5								
Bruttobedarf	0	0	0	0	0	150	0	0
physischer Lagerbestand	10	10	10	10	10	10	5	5
Lagerzugang	0	0	0	0	0	0	0	0
disponibler Lagerbestand	5	5	5	5	5	5	0	0
Nettobedarf	0	0	0	0	0	145	0	0
Bedarf für Auflösung	0	0	145	0	0	0	0	0

Periode	1	2	3	4	5	6	7	8
u=3; *k*=4; *z*=1; *SB*=5								
Bruttobedarf	0	0	290	0	100	0	0	0
physischer Lagerbestand	10	10	10	5	5	5	5	5
Lagerzugang	0	0	0	0	0	0	0	0
Disponibler Lagerbestand	5	5	5	0	0	0	0	0
Nettobedarf	0	0	285	0	100	0	0	0
Bedarf für Auflösung	0	285	0	100	0	0	0	0

Periode	1	2	3	4	5	6	7	8
u=3; *k*=7; *z*=2; *SB*=5								
Bruttobedarf	0	0	145	0	0	0	0	0
physischer Lagerbestand	30	30	30	5	5	5	5	5
Lagerzugang	0	0	0	0	0	0	0	0
Disponibler Lagerbestand	25	25	25	0	0	0	0	0
Nettobedarf	0	0	120	0	0	0	0	0
Bedarf für Auflösung	120	0	0	0	0	0	0	0

AUFGABE D9.9: LAGERBILANZGLEICHUNGEN

Gegeben sei folgender Gozintograph:

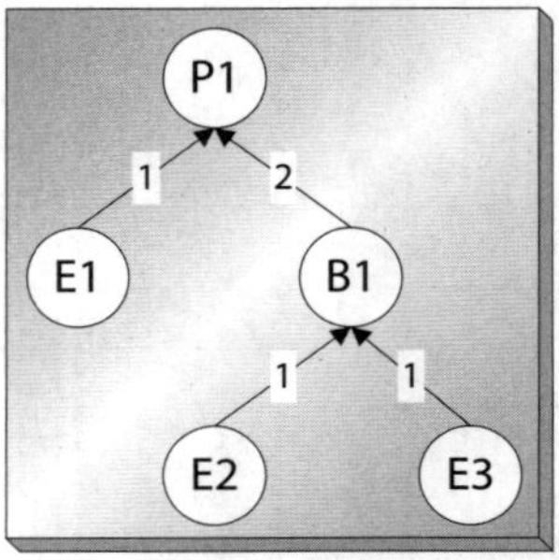

Bild D.20: Gozintograph

Für das Endprodukt P1 ist noch ein Lagerbestand von 40 Einheiten vorhanden. Die Bedarfsmengen des Endprodukts in den Perioden 1 bis 4 betragen 50, 10, 30 und 20.

a) Zeigen Sie mit Hilfe des Modellierungssystems AMPL, daß in den Lagerbilanzgleichungen des dynamischen mehrstufigen Mehrprodukt-Losgrößenmodells die programmorientierte Materialbedarfsrechnung als Teilproblem „versteckt" ist. Bestimmen Sie die Gesamtbedarfsmengen aller Produkte unter der Annahme, daß für das Endprodukt P1 auf die Zusammenfassung von Bedarfsmengen zu Aufträgen verzichtet wird (bedarfssynchrone Produktion).

b) Nehmen Sie nun an, daß für das Endprodukt P1 jeweils die Bedarfsmengen zweier aufeinanderfolgender Perioden zu einem Produktionsauftrag zusammengefaßt werden. Wie verändern sich die Gesamtbedarfsmengen?

LÖSUNG

a) Da der Lageranfangsbestand des Endprodukts größer als Null ist, reduzieren wir den (Brutto-)Bedarf dieser Periode um den vorhandenen Lagerbestand und erhalten einen Nettobedarf von 10 Einheiten. Zur Bestimmung der Gesamtbedarfsmengen aller Produkte können die Lagerbilanzgleichungen aus dem mehrstufigen Mehrprodukt-Losgrößenmodell wie folgt verwendet werden. Die Angabe einer Zielfunktion ist in AMPL nicht erforderlich, da wir lediglich eine zulässige Lösung benötigen.

Modelldefinition:

```
# Lagerbilanzgleichungen

set PROD;                                 # Menge der Produkte
param T > 0;                              # Länge des Planungshorizonts
var X {PROD, 1..T} >= 0;                  # Gesamtbedarfsmengen
var Y {PROD, 0..T} >= 0;                  # Lagerbestände
param a {i in PROD, j in PROD} >=0;       # Direktbedarfskoeffizienten
param d {PROD, 1..T} >= 0;                # Primärbedarfsmengen
param Vorgabe {1..T} >=0;                 # vorgebene Endprodukt-
                                          # Produktionsmengen

subject to Lagerbilanz {j in PROD, t in 1..T}:
   Y[j,t-1] + X[j,t] - Y[j,t]
   - sum {i in PROD} a[j,i] * X[i,t] = d[j,t];
subject to Anfangsbestand {j in PROD}:
   Y[j,0] = 0;
subject to Prodplan {t in 1..T}:
   X['P1',t]=Vorgabe[t];
```

Problemdaten:

```
set PROD   := P1 E1 B1 E2 E3;
param T    := 4;

param Vorgabe := 1 10 2 10 3 30 4 20;
param   a : P1 E1 B1 E2 E3:=    # Direktbedarfsmatrix
         P1  0  0  0  0  0
         E1  1  0  0  0  0
         B1  2  0  0  0  0
         E2  0  0  1  0  0
         E3  0  0  1  0  0;
param d :    1    2    3    4  :=    # Primärbedarfsmengen
         P1  10   10   30   20
         E1   0    0    0    0
         B1   0    0    0    0
         E2   0    0    0    0
         E3   0    0    0    0;
```

Lösung:

```
X [*,*]
:    1    2    3    4      :=
B1   20   20   60   40
E1   10   10   30   20
E2   20   20   60   40
E3   20   20   60   40
P1   10   10   30   20
```

b) Im Parameterteil des obigen AMPL-Modells ändern wir den Parametervektor „Vorgabe" wie folgt:

```
param Vorgabe := 1 20 2  0 3 50 4  0;
```

Dies führt zu folgenden Gesamtbedarfsmengen (X) und Lagerbeständen (Y):

```
X [*,*]
:     1    2    3    4     :=
B1   40    0  100    0
E1   20    0   50    0
E2   40    0  100    0
E3   40    0  100    0
P1   20    0   50    0
```

```
Y [*,*]
:     0    1    2    3    4     :=
B1    0    0    0    0    0
E1    0    0    0    0    0
E2    0    0    0    0    0
E3    0    0    0    0    0
P1    0   10    0   20    0
```

Literaturhinweise

Günther und Tempelmeier (1995), Abschnitt D.14
Neumann (1996), Kapitel 4
Schneeweiß (2002), Kapitel 6
Tempelmeier (2003a), Abschnitt D.2
Zäpfel (1996), Abschnitt B.4

9.1.3 Losgrößenplanung

Verständnis- und Wiederholungsfragen

1. Diskutieren Sie die wichtigsten Annahmen, die dem klassischen Losgrößenmodell zugrunde liegen.

2. Erklären Sie, warum die Anwendung dynamischer Losgrößenverfahren häufig zu starken Schwankungen des Kapazitätsbedarfs in einzelnen Arbeitsssystemen führt. Wie beurteilen Sie diese Auswirkungen im Hinblick auf den Kapazitätsabgleich innerhalb von PPS-Systemen?

3. Eigentlich müßte die Losgrößenplanung die Mehrstufigkeit des Produktionsprozesses, die Mehrteiligkeit der Erzeugnisse, die Vernetzung des Materialflusses, Kapazitätsbeschränkungen und das Auftreten von Rüstzeiten berücksichtigen. Wie er-

klären Sie sich die weite Verbreitung von Losgrößenverfahren, die sämtliche dieser Gesichtspunkte vernachlässigen?

4. Diskutieren Sie den Opportunitätskostencharakter von Rüstkosten. Welchen Einfluß hat die direkte Berücksichtigung von Rüstzeiten in einem kapazitätsorientierten Losgrößenmodell auf die Höhe der Rüstkosten?

Übungsaufgaben

AUFGABE D9.10: KLASSISCHE LOSGRÖSSE

Die klassische Losgröße wird nach der folgenden Formel berechnet:

$$q_{\text{opt}} = \sqrt{\frac{2 \cdot s \cdot D}{h}}$$

wobei die einzelnen Symbole die folgende Bedeutung haben:

- s Rüstkostensatz
- D durchschnittlicher Bedarf je Periode
- h Lagerkosten pro Produkteinheit und Periode

Der Nettobedarf eines Produktes mit den Rüstkosten von 200 und den Lagerkosten von 1 pro Produkteinheit und Periode sei durch die folgende Zeitreihe gegeben:

Periode	1	2	3	4	5	6	7
Nettobedarf	120	160	60	80	120	60	100

a) Wie lautet die optimale klassische Losgröße q_{opt}, wenn von dem durchschnittlichen Nettobedarf von 100 ausgegangen wird?

b) Um wieviel % vergrößert bzw. verringert sich die optimale klassische Losgröße, wenn sich der durchschnittliche Bedarf um den Faktor $1.1 \cdot 1.1 = 1.21$ bzw. $0.9 \cdot 0.9 = 0.81$ ändert?

c) Um wieviel % müßten sich die Rüstkosten erhöhen bzw. verringern, damit man eine Halbierung der optimalen klassischen Losgröße erzielt?

LÖSUNG

a) Die optimale klassische Losgröße lautet:

$$q_{\text{opt}} = \sqrt{\frac{2 \cdot 200 \cdot 100}{1}} = 200$$

b) Durch Einsetzen von $1.21 \cdot D$ bzw. $0.81 \cdot D$ in die obige Wurzelformel erhält man:

$$q^*_{\text{opt}} = \sqrt{\frac{2 \cdot s \cdot 1.21 \cdot D}{h}} = 1.1 \cdot q_{\text{opt}}$$

$$q_{\text{opt}}^{*} = \sqrt{\frac{2 \cdot s \cdot 0.81 \cdot D}{h}} = 0.9 \cdot q_{\text{opt}}$$

Die optimale klassische Losgröße würde sich um 10% erhöhen bzw. verringern.

c) Die Rüstkosten müßten sich auf $\frac{1}{4}$ ihres ursprünglichen Wertes, d.h. um 75% verringern, wie die folgende Herleitung zeigt:

$$q_{\text{opt}}^{*} = \frac{1}{2} \cdot q_{\text{opt}} = \sqrt{\frac{2 \cdot \frac{s}{4} \cdot D}{h}}$$

AUFGABE D9.11: BESTELLMENGENPLANUNG

In der Beschaffungsabteilung eines Möbelherstellers geht man davon aus, daß der Bedarf D an Türgriffen, die von einem Fremdlieferanten bezogen werden, im nächsten Jahr 18000 Stück betragen wird. Der Einkaufspreis pro Stück beträgt 0.50 €. Die Beschaffung erfolgt durch Direktabholung beim Lieferanten. Hierbei treten fixe Beschaffungskosten von 50 € auf. Die Zinsen auf das investierte Kapital betragen 10%. Der Lagerkostensatz beträgt damit 0.05 € pro Stück und Jahr.

a) Ist es günstiger, die Türgriffe in Bestellmengen von $18 \cdot 1000$, $9 \cdot 2000$, $6 \cdot 3000$, $3 \cdot 6000$, $2 \cdot 9000$ oder $1 \cdot 18000$ Stück zu beschaffen? Bei welcher Bestellmenge sind die Gesamtkosten am geringsten?

b) Stellen Sie den Verlauf der Zielfunktion graphisch dar. Wie hoch sind die optimalen Lagerkosten und die optimalen bestellfixen Kosten?

c) Wie verändert sich die optimale Bestellmenge bei Veränderung des Lagerkostensatzes und des fixen Bestellkostensatzes?

LÖSUNG

Zur Bestimmung der optimalen Bestellmengen greifen wir auf das klassische Losgrößenmodell zurück. Im Beispiel gilt: $s = 50$ €/Bestellvorgang; $h = 0.05$ €/(Mengeneinheit und Zeiteinheit); $D = 18000$ Mengeneinheit/Zeiteinheit. Die optimale Bestellmenge beträgt dann:

$$q_{\text{opt}} = \sqrt{\frac{2 \cdot s \cdot D}{h}} = \sqrt{\frac{2 \cdot 50 \cdot 18000}{0.05}} = \sqrt{36000000} = 6000 \text{ ME}$$

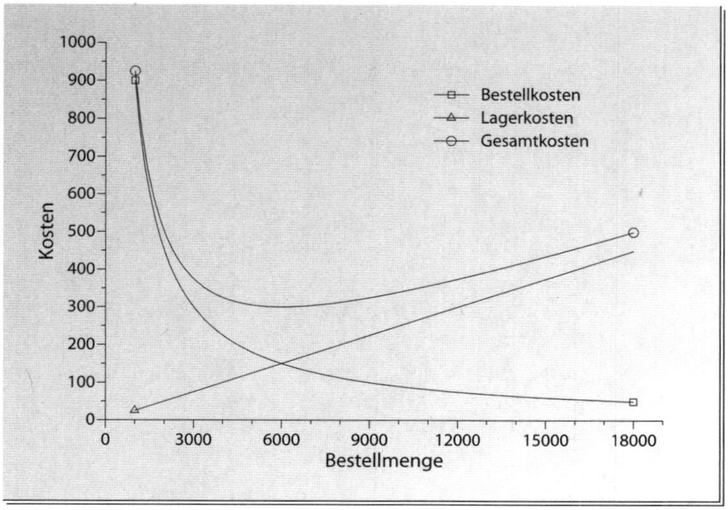

Bild D.21: Verlauf der Kostenfunktionen

Aus Bild D.21 wird deutlich, daß die Lagerkosten und die fixen Bestellkosten im Optimum gleich sind. Die minimalen Beschaffungskosten (Zielfunktion) betragen 300 €, wobei jeweils 150 € auf die Lagerkosten und die Bestellkosten entfallen.

c) Wir bilden zunächst die 1. Ableitung der Formel für die optimale Bestellmenge nach dem Lagerkostensatz h:

$$\frac{\partial q_{\text{opt}}}{\partial h} = -\sqrt{\frac{s \cdot D}{2 \cdot h^3}} < 0$$

Bilden wir nun die 1. Ableitung der Formel für die optimale Bestellmenge nach dem Bestellkostensatz s:

$$\frac{\partial q_{\text{opt}}}{\partial s} = \sqrt{\frac{D}{2 \cdot h \cdot s}} > 0$$

Die Sensitivität der Zielfunktion infolge einer Reduktion des fixen Bestellkostensatzes zeigt den Zusammenhang zwischen der Höhe der Beschaffungskosten und der Vorteilhaftigkeit des Just-in-time-Prinzips (JIT). Bei geringeren bestellfixen Kosten sind kleinere Beschaffungsmengen und damit häufigere „produktionssynchrone" Beschaffungsvorgänge kostengünstig.

Bild D.22 zeigt die Beziehung zwischen den beiden Kostenparametern des Bestellmengenmodells und der optimalen Bestellmenge. Mit zunehmendem Bestellkostensatz steigt die optimale Bestellmenge degressiv an. Mit zunehmendem Lagerkostensatz verringert sich die optimale Bestellmenge degressiv.

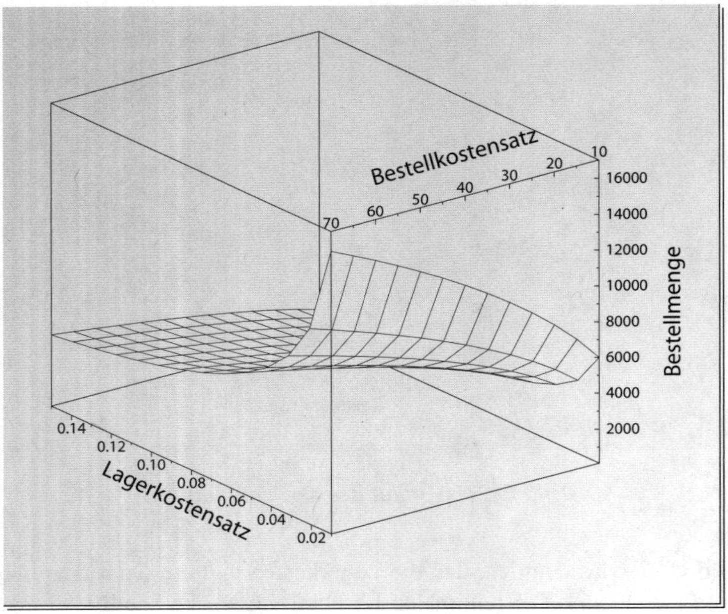

Bild D.22: Optimale Bestellmenge als Funktion des Bestellkostensatzes und des Lagerkostensatzes

AUFGABE D9.12: DYNAMISCHE LOSGRÖSSENHEURISTIKEN

Nennen Sie die in der Materialbedarfsplanung gebräuchlichen dynamischen Losgrößenheuristiken. Erklären Sie deren Verwandtschaft mit dem klassischen Losgrößenmodell. Welches Entscheidungskriterium liegt den einzelnen Heuristiken zugrunde?

AUFGABE D9.13: DYNAMISCHE LOSGRÖSSENPLANUNG (HEURISTISCH)

Der Bedarf eines Produktes beträgt in den nächsten vier Wochen 20, 40, 20 und 30 Einheiten. Die Rüstkosten werden mit 70 Geldeinheiten und die Lagerkosten mit 1 Geldeinheit pro Stück und Woche angesetzt.

a) Bestimmen Sie die Losgrößen mit Hilfe des Verfahrens von Silver und Meal.

b) Wie lauten die Losgrößen nach dem Verfahren von Groff?

LÖSUNG

a) Nach dem Verfahren von Silver und Meal wird die Losgröße in Periode t solange erhöht, bis die durchschnittlichen Kosten pro Zeiteinheit erstmals ansteigen, d.h. bis erstmals $c_{\tau t} < c_{\tau,t+1}$ gilt. Die Berechnung der durchschnittlichen Kosten pro Zeiteinheit ist der folgenden Tabelle zu entnehmen:

τ	t	$c_{\tau t}$
1	1	$\frac{70}{1} = 70$
	2	$\frac{70+1\cdot 1\cdot 40}{2} = 55$
	3	$\frac{70+1\cdot 1\cdot 40+1\cdot 2\cdot 20}{3} = 50$
	4	$\frac{70+1\cdot 1\cdot 40+1\cdot 2\cdot 20+1\cdot 3\cdot 30}{4} = 60$

Ergebnis: $q_{1\text{opt}} = 80$ $K_{1\text{opt}} = 150$
$q_{4\text{opt}} = 30$ $K_{4\text{opt}} = 70$

Die Gesamtkosten der Lösung nach dem Verfahren von Silver und Meal betragen 220 Geldeinheiten.

b) Das Verfahren von Groff beruht auf der Idee, daß eine Vergrößerung der Losreichweite j angebracht erscheint, falls die zu erwartende marginale Ersparnis an Rüstkosten größer ist als die zu erwartende marginale Erhöhung der Lagerkosten. Statt der wirklichen Marginalkosten werden entsprechende Approximationen verwendet. Nach dem Verfahren von Groff wird die Losreichweite j solange vergrößert, bis erstmals das folgende Abbruchkriterium erfüllt ist:

$$2\cdot\frac{s}{h} < d_{\tau+j}\cdot j\cdot(j+1)$$

wobei mit s die Rüstkosten, mit h der Lagerkostensatz und mit $d_{\tau+j}$ der nächste eventuell in das Los aufzunehmende Periodenbedarf bezeichnet wird. Die Vergleichsgröße beträgt $2\cdot\frac{s}{h} = 140$. Die Verfahrensschritte sind der folgenden Tabelle zu entnehmen:

τ	j	v
1	0	$20\cdot 0\cdot 1 = 0$
	1	$40\cdot 1\cdot 2 = 80$
	2	$20\cdot 2\cdot 3 = 120$
	3	$30\cdot 3\cdot 4 = 360$

Ergebnis: $q_{1\text{opt}} = 80$ $K_{1\text{opt}} = 150$
$q_{4\text{opt}} = 30$ $K_{4\text{opt}} = 70$

Trotz völlig unterschiedlicher Berechnungsweisen führen beide Heuristiken in diesem Beispiel zu demselben Ergebnis. Wie man mit Hilfe eines exakten Lösungsverfahrens zeigen kann, lautet die optimale Lösung $q_1 = 60$ und $q_3 = 50$ bei Gesamtkosten von 210 Geldeinheiten. (Zur exakten Lösung siehe die Aufgabe D9.14).

AUFGABE D9.14: DYNAMISCHE LOSGRÖSSENPLANUNG (EXAKT)

Der Nettobedarf eines Produktes beträgt in den nächsten sechs Perioden 40, 20, 10, 30, 50 und 20 Mengeneinheiten. Die Rüstkosten werden mit 50 Geldeinheiten und die Lagerkosten mit 1 Geldeinheit pro Stück und Periode angesetzt.

a) Modellieren Sie das dynamische Losgrößenproblem als Kürzeste-Wege-Problem und berechnen Sie die optimalen Losgrößen.

b) Berechnen Sie zu Vergleichszwecken die Losgrößen nach den heuristischen Verfahren von Silver und Meal sowie von Groff.

LÖSUNG

a) Das Entscheidungsproblem läßt sich, wie in Bild D.23 gezeigt, mit Hilfe eines Netzwerks darstellen.

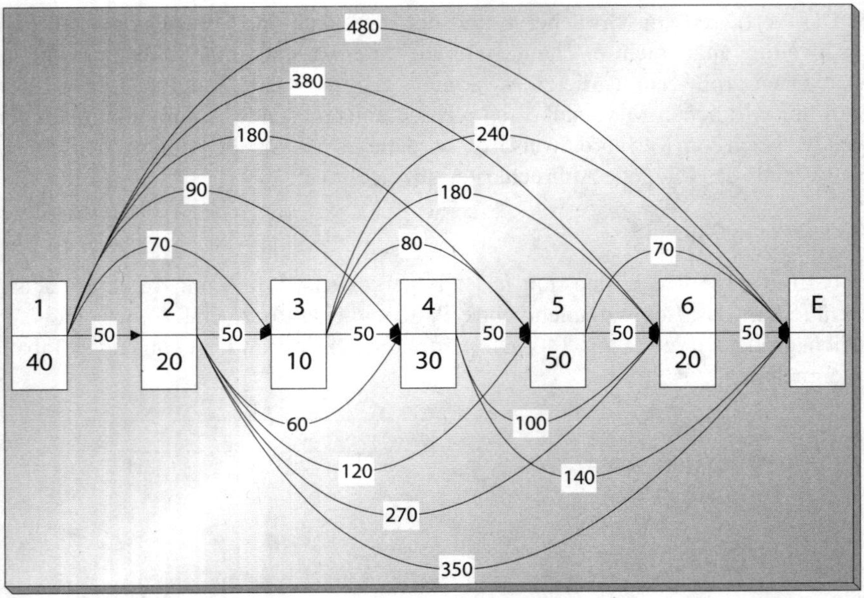

Bild D.23: Darstellung des dynamischen Losgrößenproblems als Kürzeste-Wege-Problem

Jeder Knoten des Netzwerkes kennzeichnet eine Periode, wobei das Ende des Planungshorizontes durch den künstlichen Endknoten E angedeutet ist. Zusätzlich ist in jedem Knoten der zugehörige Bedarfswert angegeben. Eine Pfeilverbindung von einem Knoten i in einen nachfolgenden Knoten j bedeutet, daß in der Periode i soviel produziert wird, daß der Bedarf bis einschließlich der Periode $j-1$ gedeckt ist. Das nächste Los ist dann in der Periode j aufzulegen. Wie man leicht nachweisen kann, umfaßt eine Losgröße in der optimalen Lösung des Entscheidungsproblems immer eine ganze Anzahl von Periodenbedarfen.

Bei einem dynamischen Losgrößenproblem mit T Perioden sind insgesamt $T \cdot \frac{T+1}{2}$ Losgrößenalternativen zu betrachten. Diese Lösungsmenge kann bei der Zeichnung des Netzwerkes dadurch angedeutet werden, daß von jedem Knoten Pfeile zu allen nachfolgenden Knoten (einschließlich des Endknotens E) gezeichnet werden[1]. Für jeden Pfeil des Netzwerkes lassen sich die zugehörigen Kosten leicht ermitteln. Beispielsweise wird der Pfeil von Knoten 1 nach Knoten 4, der einer Losgröße von 70 Einheiten in der ersten Periode entspricht, mit Kosten von 90 bewertet. Diese Kosten setzen sich aus den Lagerkosten zusammen, die sich jeweils als Produkt aus Lagerkostensatz, Lagermenge und Lagerdauer ergeben, nämlich als $1 \cdot 20 \cdot 1 + 1 \cdot 10 \cdot 2 = 40$, sowie den Rüstkosten von 50.

Die Optimierung der Losgrößen entspricht der Ermittlung eines kostenminimalen Pfades vom Anfangsknoten 1 zum Endknoten E. Dabei geht man wie folgt vor: Man beginnt mit dem Knoten $i = 1$ und notiert die Kosten zu allen Folgeknoten $j > i$, zu denen Pfeile führen. Dann geht man zum nächsten Knoten $i = i + 1$ über und betrachtet wiederum die Kosten zu den jeweiligen Folgeknoten $j > i$, wobei sich diese Kosten aus den bisher ermittelten minimalen Kosten von Knoten 1 nach i sowie aus den Kostenbewertungen von Knoten i nach j zusammensetzen. Zweckmäßigerweise notiert man die Gesamtkosten von Knoten 1 nach j nur dann, wenn sie auf eine bessere als die beste bisher erhaltene Teillösung führen.

Auf diese Weise erhält man schließlich die gesuchten kostenminimalen Losgrößen, ohne daß man die gesamte Menge aller möglichen Losgrößenkombinationen betrachten muß. Insbesondere macht man immer wieder von den kostenminimalen Teillösungen Gebrauch, die man in den vorangegangenen Rechenschritten für die Vorgängerknoten ermittelt hat. Der Rechengang ist in der folgenden Tabelle zusammengefaßt:

1 Die Zahl der Pfeile könnte dadurch reduziert werden, daß man solche Pfeile ausläßt, die nicht in der optimalen Lösung enthalten sein können, weil die zugehörigen Lagerkosten größer sind als die Rüstkosten. Dies würde im Beispiel alle Pfeile mit Kosten größer als 100 betreffen.

	von i					
nach j	1	2	3	4	5	6
2	50	–	–	–	–	–
3	70	100	–	–	–	–
4	[90]	110	120	–	–	–
5	180	170	150	[140]	–	–
6	380	320	250	190	190	–
E	480	400	310	230	[210]	240

Wie man sieht, wurde die in Zeile *E* der obigen Tabelle eingetragene kostenminimale Lösung von 210 Geldeinheiten auf dem Pfad (Spalte) über den Knoten 5 ermittelt. Dessen minimale Kosten von 140 (Zeile 5) ergaben sich auf dem Pfad (Spalte) über den Knoten 4. Die minimalen Kosten für den Knoten (Zeile) 4 wiederum resultieren aus dem Pfad von Knoten 1 nach 4.

Die Knoten, über die der kostenminimale Pfad verläuft, entsprechen den jeweiligen Auflegungszeitpunkten. Die zugehörigen Losgrößen lauten:

$q_1 = 70; q_4 = 30; q_5 = 70$

(Die formale Beschreibung eines Verfahrens zur Lösung des Kürzeste-Wege-Problems findet sich bei *Domschke und Drexl* (2002)).

b) Nach dem Verfahren von Silver und Meal ergeben sich die Losgrößen

$q_1 = 70; q_4 = 100$

die auf Kosten von 230 Geldeinheiten führen. Nach dem Verfahren von Groff entstehen Kosten von 240 Geldeinheiten. Die Losgrößen lauten:

$q_1 = 70; q_4 = 80; q_6 = 20$

AUFGABE D9.15: DYNAMISCHE LOSGRÖSSENPLANUNG (HEURISTISCH)

Für ein bestimmtes Produkt betragen die Rüstkosten 400 Geldeinheiten und die Lagerkosten pro Produkteinheit und Periode 1 Geldeinheit. Zu Beginn der ersten Periode befinden sich 180 Mengeneinheiten auf Lager. Während der nächsten sechs Perioden werden die folgenden Bruttobedarfsmengen erwartet:

150, 120, 350, 0, 50, 50

a) Welche Nettobedarfe ergeben sich für die nächsten sechs Perioden?

b) Wie lauten die Losgrößen nach dem Verfahren von Silver und Meal? Welche Kosten fallen dabei an?

c) Wie lauten die Losgrößen nach dem Verfahren von Groff? Welche Kosten fallen dabei an?

d) Ermitteln Sie zu Vergleichszwecken die optimalen Losgrößen und die minimalen Kosten.

e) Interpretieren Sie die zu b), c) und d) gefundenen Ergebnisse.

LÖSUNG

a) Die Nettobedarfe lauten:

0, 90, 350, 0, 50, 50

b) Nach der Losgrößenheuristik von Silver und Meal sind in der zweiten Periode 540 Einheiten zu produzieren. Die Gesamtkosten betragen 1100 Geldeinheiten. Der Lösungsweg ist in der folgenden Tabelle dargestellt. Da in der ersten Periode kein Bedarf auftritt, liegt der erste sinnvolle Produktionstermin in der Periode 2.

τ	t	$c_{\tau t}$
2	2	$\frac{400}{1} = 400$
	3	$\frac{400+1\cdot1\cdot350}{2} = 375$
	4	$\frac{400+1\cdot1\cdot350+1\cdot2\cdot0}{3} = 250$
	5	$\frac{400+1\cdot1\cdot350+1\cdot2\cdot0+1\cdot3\cdot50}{4} = 225$
	6	$\frac{400+1\cdot1\cdot350+1\cdot2\cdot0+1\cdot3\cdot50+1\cdot4\cdot50}{5} = 220$

Ergebnis: $q_{2\text{opt}} = 540$ $K_{2\text{opt}} = 1100$

c) Wie die folgende Tabelle zeigt, führt die Heuristik von Groff auf die Losgrößen $q_2 = 490$ und $q_6 = 50$. Hierbei fallen Gesamtkosten von 1300 Geldeinheiten an. Die Vergleichsgröße ist $2 \cdot \frac{s}{h} = 800$.

τ	j	v
2	0	$90\cdot0\cdot1 = 0$
	1	$350\cdot1\cdot2 = 700$
	2	$0\cdot2\cdot3 = 0$
	3	$50\cdot3\cdot4 = 600$
	4	$50\cdot4\cdot5 = 1000$

Ergebnis: $q_{2\text{opt}} = 490$ $K_{2\text{opt}} = 900$
$q_{6\text{opt}} = 50$ $K_{6\text{opt}} = 400$

d) Zur Bestimmung der optimalen Losgrößen kann man wieder auf das Kürzeste-Wege-Modell zurückgreifen. Das exakte Kostenminimum $K_{\text{opt}} = 1050$ wird erreicht, wenn die Losgrößen $q_2 = 90$ und $q_3 = 450$ aufgelegt werden.

e) Das Groff-Verfahren schneidet scheinbar am schlechtesten ab. Die verhältnismäßig hohen Kosten von 1300 für das Groff-Verfahren sind dadurch zu erklären, daß am Ende des Planungszeitraums ein Restlos $q_6 = 50$ erscheint. Bei einer Ausweitung des Planungszeitraums würde dieses Restlos vermutlich aufgefüllt werden, so daß die Rüstkosten von 400 auf mehrere Perioden umgelegt werden könnten. Die Referenzlösung des exakten Lösungsansatzes kann ebenfalls nur unter Zugrundelegung des gegebenen Betrachtungszeitraums als optimal angesehen werden. Anwendungsempfehlungen für den Einsatz von dynamischen Losgrößenverfahren können daher nur unter Berücksichtigung der Planungsumgebung (rollende Planung!) abgeleitet werden. Keinesfalls kann aus diesen Ergebnissen auf die Unterlegenheit des Groff-Verfahrens geschlossen werden.

AUFGABE D9.16: DYNAMISCHE LOSGRÖSSENPLANUNG (HEURISTISCH)

Nach Durchführung der Materialbedarfsrechung liegt für eine Baugruppe folgende Zeitreihe von Nettobedarfsmengen vor:

20, 5, 10, 40, 10, 30

Es wird mit einem Lagerkostensatz von 0.50 Geldeinheiten und einem Rüstkostensatz von 15.00 Geldeinheiten gerechnet. Bestimmen Sie für dieses Produkt die optimalen Losgrößen nach dem Silver-Meal-Verfahren.

LÖSUNG

Die folgende Tabelle faßt die Lösung zusammen.

τ	t	$c_{\tau t}$
1	1	$\frac{15.00}{1} = 15.00$
	2	$\frac{15.00 + 0.50 \cdot 1 \cdot 5}{2} = 8.75$
	3	$\frac{15.00 + 0.50 \cdot 1 \cdot 5 + 0.50 \cdot 2 \cdot 10}{3} = 9.17$
3	3	$\frac{15.00}{1} = 15.00$
	4	$\frac{15.00 + 0.50 \cdot 1 \cdot 40}{2} = 17.50$

τ	t	$c_{\tau t}$
4	4	$\frac{15.00}{1} = 15.00$
	5	$\frac{15.00+0.50\cdot 1\cdot 10}{2} = 10.00$
	6	$\frac{15.00+0.50\cdot 1\cdot 10+0.50\cdot 2\cdot 30}{3} = 16.67$
6	6	$\frac{15.00}{1} = 15.00$

Ergebnis: $q_{1\text{opt}} = 25$ $K_{1\text{opt}} = 17.50$
$q_{3\text{opt}} = 10$ $K_{3\text{opt}} = 15$
$q_{4\text{opt}} = 50$ $K_{4\text{opt}} = 20$
$q_{6\text{opt}} = 30$ $K_{6\text{opt}} = 15$

Die Kosten dieser Lösung betragen 67.50 Geldeinheiten.

AUFGABE D9.17: DYNAMISCHE MEHRPRODUKT-LOSGRÖSSENPLANUNG

Auf einer Maschine sollen zwei Produkte bearbeitet werden, für die folgende Nettobedarfsmengen bekannt sind:

Periode	1	2	3	4	5	6
Produkt 1	10	20	30	20	40	10
Produkt 2	20	30	30	10	20	10

Die Maschine hat eine Periodenkapazität von 50 Stunden. Die Stückbearbeitungszeiten beider Produkte betragen jeweils 1 Stunde.

a) Reicht die Kapazität der Maschine aus, um die geforderten Nettobedarfsmengen zu produzieren?

b) Bestimmen Sie einen zulässigen Produktionsplan.

LÖSUNG

a) Die Kapazität der Maschine ist ausreichend, wenn für jeden Zeitraum von $\tau = 1$ bis t ($t = 1, 2, \ldots, 6$) das kumulierte Kapazitätsangebot größer als der sich aus den Nettobedarfsmengen ergebende kumulierte Kapazitätsbedarf ist.

Periode	1	2	3	4	5	6
kumuliertes Kapazitätsangebot	50	100	150	200	250	300
kumulierter Kapazitätsbedarf	30	80	140	170	230	250
Differenz	20	20	10	30	20	50

Die obige Tabelle zeigt, daß ein zulässiger Produktionsplan für beide Produkte erzeugt werden kann.

b) Ein zulässiger Produktionsplan kann z. B. dadurch erzeugt werden, daß man bestimmte Produktionsmengen soweit wie nötig vorzieht.

Periode	1	2	3	4	5	6
Produkt 1	20	20	20	30	30	10
Produkt 2	20	30	30	10	20	10
Kapazitätsbedarf	40	50	50	40	50	20

Eine derartige Strategie muß aber nicht optimal sein. Im vorliegenden Fall kann man z. B. durch eine geeignete Verschiebung der Produktionsmengen einen Rüstvorgang für das Produkt 1 in Periode 2 einsparen. Dies zeigt die folgende Tabelle:

Periode	1	2	3	4	5	6
Produkt 1	30	–	30	30	30	10
Produkt 2	20	40	20	10	20	10
Kapazitätsbedarf	50	40	50	40	50	20

Aufgabe D9.18: Mehrstufige Mehrprodukt-Losgrössenplanung

Betrachten Sie die in Bild D.24 wiedergegebene Erzeugnisstruktur.

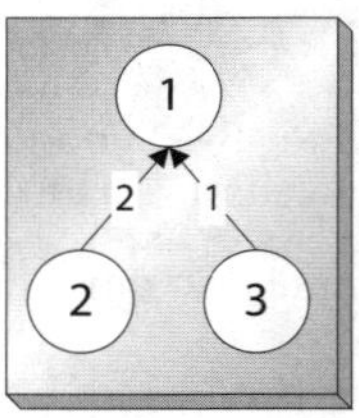

Bild D.24: Erzeugnisstruktur

Nehmen Sie nun an, daß für das Endprodukt 1 in den nächsten vier Perioden Nettobedarfsmengen von 20, 50, 0 und 90 Stück zu erfüllen sind. Außerdem sei angenommen, daß die untergeordneten Einzelteile 2 und 3 jeweils in einem Arbeitsgang auf einer Drehmaschine bearbeitet werden müssen. Die Stückbearbeitungszeit beträgt 3 Zeiteinheiten für das Einzelteil 2 und 4 Zeiteinheiten für das Einzelteil 3.

a) Führen Sie eine Bedarfsauflösung durch und ermitteln Sie die Perioden-Kapazitätsbedarfe an der Drehmaschine, wenn eine Lot-for-Lot-Politik (bedarfssynchrone Produktion) verfolgt wird. Gehen Sie von folgenden Annahmen aus:

Die Vorlaufzeiten aller Produkte seien gleich Null. Sicherheitsbestände werden nicht berücksichtigt. Für kein Erzeugnis ist Lagerbestand zu Beginn der Periode 1 vorhanden. Im betrachteten Planungszeitraum ist kein Lagerzugang aus früheren Produktionsentscheidungen geplant.

b) Wie kann man einen zulässigen Produktionsplan erzeugen, wenn man annimmt, daß die Kapazität der Drehmaschine pro Periode 480 Zeiteinheiten beträgt?

c) Welches Problem entsteht, wenn man in b) unterstellt, daß die Vorlaufzeiten aller Produkte jeweils eine Periode betragen?

d) Wie viele binäre Rüstvariablen hätte eine exakte Modellformulierung des mehrstufigen Mehrprodukt-Losgrößenproblems mit beschränkten Kapazitäten?

LÖSUNG

a) Die Ergebnisse der Bedarfsauflösung sind in der folgende Tabelle wiedergegeben (Bedeutung der Symbole: u=Dispositionsstufe; k=Produkt).

Periode	1	2	3	4
u=0; k=1				
Bruttobedarf	20	50	–	90
physischer Lagerbestand	–	–	–	–
Lagerzugang	–	–	–	–
disponibler Lagerbestand	–	–	–	–
Nettobedarf	20	50	–	90
Bedarf für die Auflösung	20	50	–	90

Periode	1	2	3	4
u=1; k=2				
Bruttobedarf	40	100	–	180
physischer Lagerbestand	–	–	–	–
Lagerzugang	–	–	–	–
disponibler Lagerbestand	–	–	–	–
Nettobedarf	40	100	–	180
Bedarf für die Auflösung	40	100	–	180

Periode	1	2	3	4
u=1; k=3				
Bruttobedarf	20	50	–	90
physischer Lagerbestand	–	–	–	–
Lagerzugang	–	–	–	–
disponibler Lagerbestand	–	–	–	–
Nettobedarf	20	50	–	90
Bedarf für die Auflösung	20	50	–	90

Kapazitätsbelastung der Drehmaschine				
Periode	1	2	3	4
Kapazitätsbedarf	$40 \cdot 3$ $+20 \cdot 4$ $= 200$	$100 \cdot 3$ $+50 \cdot 4$ $= 500$	– – –	$180 \cdot 3$ $+90 \cdot 4$ $= 900$

b) Die sich aus der bedarfssynchronen Produktion ergebende Kapazitätsbelastung der Drehmaschine ist in den Perioden 2 und 4 zu hoch. Einen hinsichtlich der Kapazitätsbelastung der Drehmaschine zulässigen Produktionsplan kann man dadurch erreichen, daß man einige Periodenbedarfe früher produziert. Man wird sinnvollerweise die Produkte mit den geringsten Lagerkosten früher produzieren.

c) Ist die Vorlaufzeit eines Erzeugnisses länger als die Zeitspanne vom Planungszeitpunkt bis zur ersten Periode, in der für das Produkt ein Nettobedarf auftritt, dann muß ein positiver Anfangslagerbestand vorhanden sein.

d) Bei $T = 4$ Planungsperioden und $K = 3$ Produkten benötigen wir $K \cdot T = 3 \cdot 4 = 12$ binäre Rüstvariablen.

Literaturhinweise

Derstroff (1995), Abschnitt 3
Geselle (1997)
Günther und Tempelmeier (1995), Abschnitt D.14.1
Helber (1994), Abschnitt 3
Küpper und Helber (2004), Abschnitt 4.3
Tempelmeier (2003a), Abschnitt D.3.4

9.1.4 Ressourceneinsatzplanung

Verständnis- und Wiederholungsfragen

1. Skizzieren Sie das Zusammenspiel zwischen kapazitätsorientierter Losgrößenplanung und Ressourceneinsatzplanung.

2. In welche Bestandteile läßt sich die Durchlaufzeit eines Produktionsauftrages durch den Produktionsprozeß aufgliedern?

3. Erläutern Sie, inwieweit sich die für die Anwendung der Netzplantechnik benötigten Daten aus den Stammdaten von PPS-Systemen ableiten lassen.

4. Warum ist die Ressourceneinsatzplanung in einem nach dem Werkstattprinzip organisierten Produktionssegment besonders schwierig?

5. Welchen Sinn macht es, innerhalb eines PPS-Systems zunächst eine Grob- und anschließend eine Feinterminierung vorzunehmen?

6. Nennen Sie Ursachen dafür, daß sich ein detaillierter Produktionsablauf- und Maschinenbelegungsplan in der betrieblichen Praxis nur selten minutengenau realisieren läßt.

Übungsaufgaben

AUFGABE D9.19: TERMINPLANUNG

Ein industrielles Erzeugnis hat den in Bild D.25 dargestellten Aufbau.

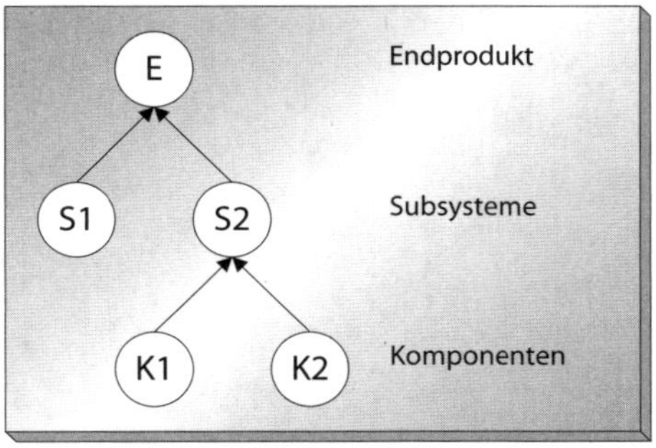

Bild D.25: Erzeugnisaufbau

Üblicherweise werden in der betrieblichen Planungspraxis im Rahmen der Grobterminierung weder die auszuführenden Arbeitsvorgänge im Detail erfaßt, noch wird auf die Verfügbarkeit der benötigten Ressourcen Rücksicht genommen. Vielmehr wird angenommen, daß die Durchlaufzeiten der einzelnen Erzeugnisbestandteile durch den Produktionsprozeß vorab bekannt und unveränderlich sind. Für das obige Beispiel werden die Durchlaufzeiten wie folgt angesetzt:

Erzeugnis	Durchlaufzeit [Wochen]
E	1
S1	2
S2	3
K1	1
K2	2

Das Endprodukt soll am Ende der Periode 6 fertiggestellt sein. Stellen Sie die Phasen der Produktion dieser Erzeugnisse über der Zeitachse dar. Nehmen Sie an, daß die Produktion so spät wie möglich erfolgen soll. Weisen Sie in der graphischen Darstellung auch die Pufferzeiten aus.

LÖSUNG

Die zeitliche Aufgliederung des gesamten Produktionsvorgangs ist in Bild D.26 dargestellt. Darin sind die kritischen Arbeitsvorgänge durch dunkle Balken und die nichtkritischen durch eine helle Rasterung markiert. Die Pufferzeiten sind durch weiße Balken angedeutet.

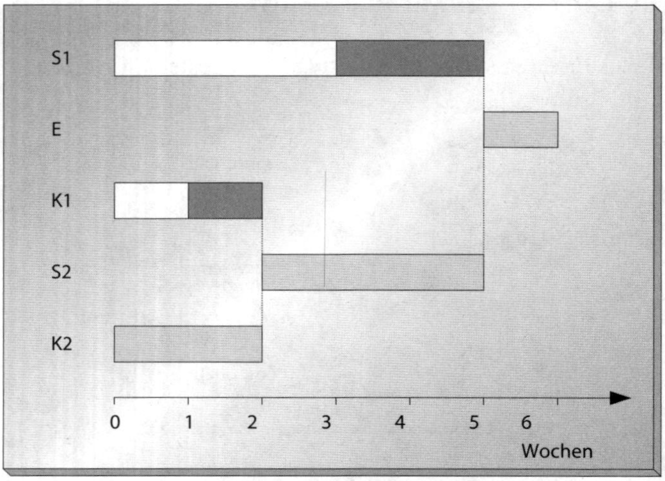

Bild D.26: Zeitliche Struktur des Produktionsablaufs

AUFGABE D9.20: TERMINPLANUNG, NETZPLANTECHNIK

Die in Bild D.27 dargestellte Erzeugnisstruktur zeigt näher, wie sich ein Produkt aus Baugruppen und Einzelteilen zusammensetzt. In den Knoten der Erzeugnisstruktur ist auch angegeben, welche Arbeitsvorgänge (abgekürzt: AV) durchzuführen sind. In Klammern sind die erforderlichen Rüst- und Stückbearbeitungszeiten hinzugefügt. (Beispielsweise erfordert der Arbeitsvorgang AV-1 eine Rüstzeit von 3 und eine Stückbearbeitungszeit von 2 Zeiteinheiten.) Der auszuführende Produktionsauftrag umfaßt drei Einheiten des Endproduktes.

a) Stellen Sie die Ausführung des Produktionsauftrages als Vorgangsknotennetzplan graphisch dar. Gehen Sie davon aus, daß eine Überlappung zwischen der Ausführung aufeinanderfolgender Arbeitsvorgänge nicht möglich ist (geschlossene Produktweitergabe).

b) Zu welchem Termin kann der Produktionsauftrag frühestens abgeschlossen werden? Welche Arbeitsvorgänge weisen Pufferzeiten auf? Welche Arbeitsvorgänge sind kritisch?

c) Was versteht man unter einer Mittelpunktterminierung?

d) Welche Maßnahmen kommen zur Reduzierung der Durchlaufzeit eines Produktionsauftrages in Frage?

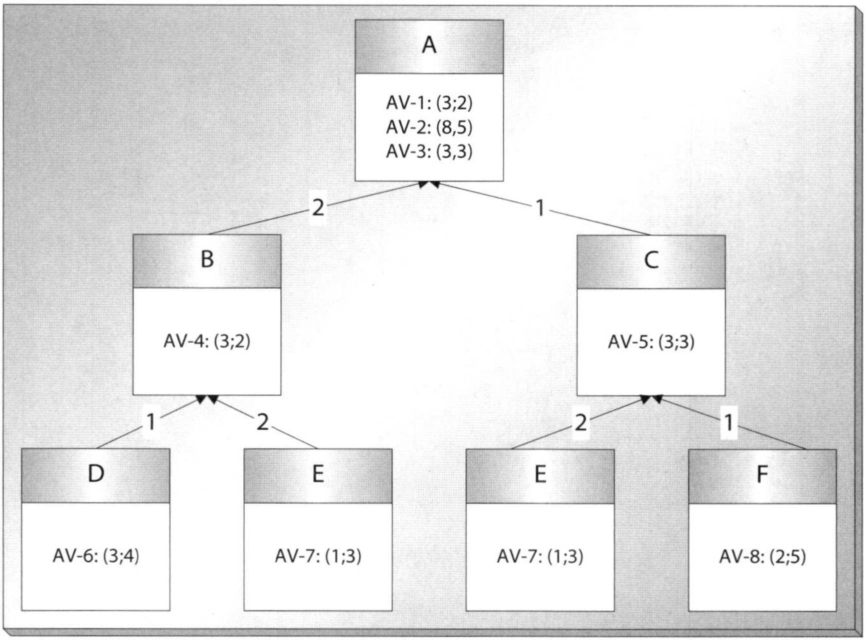

Bild D.27: Erzeugnisstruktur und Arbeitsvorgänge

LÖSUNG

a) b) Die Ausführung des Produktionsauftrages ist in Bild D.28 als Vorgangsknotennetzplan graphisch dargestellt. Am Beispiel des Einzelteiles D sei die Bedeutung der Eintragungen in den Knoten des Netzplans erläutert: D/6 bedeutet, daß von D insgesamt 6 Einheiten herzustellen sind. Hierzu werden 27 Zeiteinheiten benötigt. Der zugehörige Arbeitsvorgang kann frühestens im Zeitpunkt 0 beginnen und im Zeitpunkt 27 enden; spätestens muß er im Zeitpunkt 28 beginnen und im Zeitpunkt 55 abgeschlossen sein.

Die Produktion des Endprodukts A kann frühestens nach 114 Zeiteinheiten abgeschlossen werden. Für die Erzeugnisse D, F und C bestehen Pufferzeiten von 28 bzw. 41 bzw. 3 Zeiteinheiten. Die Arbeitsvorgänge der Erzeugnisse E, B und A liegen auf dem kritischen Pfad.

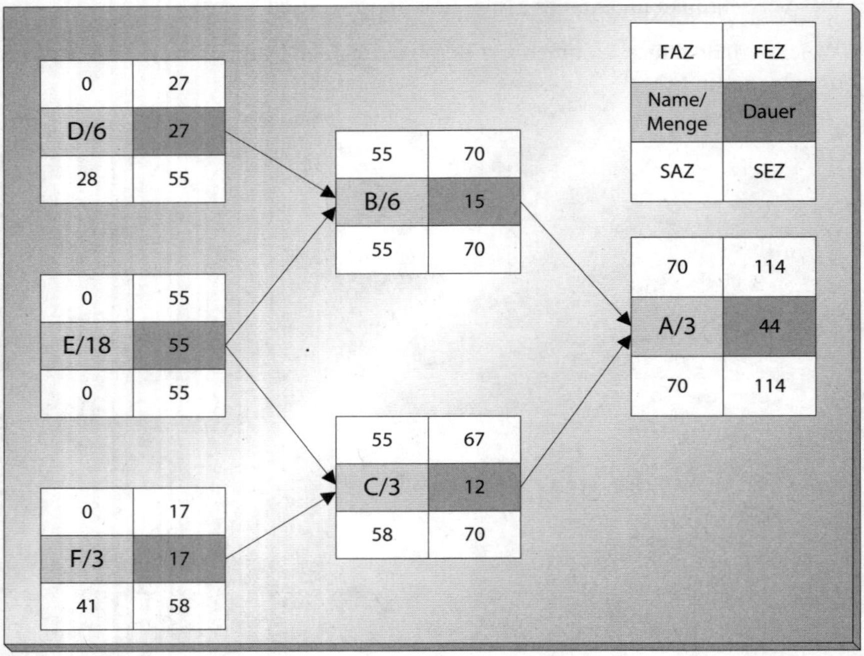

Bild D.28: Netzplan

c) Bei der Mittelpunktterminierung wird z. B. ein Fixtermin für einen einzelnen Arbeitsvorgang, der einen Engpaß belegt, vorgegeben. In Bezug auf diesen Fixtermin werden alle vorhergehenden Arbeitsvorgänge zum frühestmöglichen und alle nachfolgenden zum spätestzulässigen Termin eingeplant.

d) Zur Reduzierung der Durchlaufzeit eines Produktionsauftrages kommen vor allem die folgenden Maßnahmen in Frage: die Verkürzung der Übergangszeiten, die Überlappung und Splittung der Arbeitsvorgänge sowie die Teilung von Produktionsaufträgen. Außerdem können bei Kapazitätsengpässen zusätzliche Ressourcen eingesetzt werden.

AUFGABE D9.21: TERMINPLANUNG, KAPAZITÄTSBELASTUNG

Für einen Kundenauftrag L sind die Montage- und Produktionsaufträge A bis K für untergeordnete Baugruppen und Einzelteile mit den jeweils in Bild D.29 angegebenen auftragsbezogenen Bearbeitungszeiten (einschl. Rüstzeiten) durchzuführen. Der Auftrag L soll im Zeitpunkt 26 an den Kunden ausgeliefert werden.

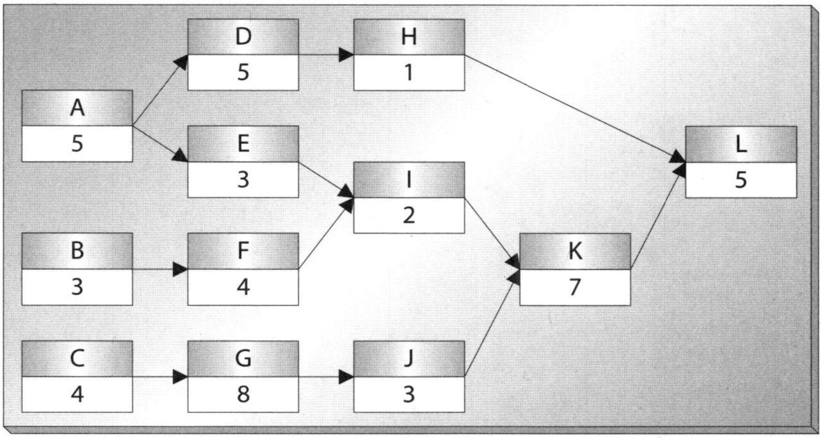

Bild D.29: Auftragsnetz

a) Berechnen Sie den frühestmöglichen Fertigstellungstermin des Auftrags L unter der Annahme, daß ausreichend Kapazitäten verfügbar sind. Kann der dem Kunden zugesagte Liefertermin eingehalten werden?

b) Nehmen Sie an, daß die Bearbeitungszeit des Produktionsauftrags G durch eine Losgröße von 3 Stück (Rüstzeit=2; Stückbearbeitungszeit=2) zustande kommt und daß nur ein Werkstück für den Auftrag J benötigt wird (die anderen beiden Werkstücke werden für das Lager produziert). Wie verändert sich der Fertigstellungstermin des Auftrags L, wenn das erste Werkstück unmittelbar nach seiner Bearbeitung zur Produktion an J weitergegeben wird (offene Produktweitergabe)?

c) Nehmen Sie nun an, daß die Aufträge F und G durch dieselbe Maschine bearbeitet werden müssen. Zeichnen Sie ein Belegungsdiagramm dieser Maschine.

LÖSUNG

a) Nach den Rechenregeln der MPM-Netzplantechnik erhalten wir die in der folgenden Tabelle zusammengefaßten Ergebnisse. Der frühestmögliche Fertigstellungstermin des Kundenauftrags L ist 27. Der geplante Liefertermin kann unter den gegebenen Bedingungen nicht eingehalten werden. Der kritische Pfad besteht aus den Aufträgen C, G, J, K und L.

Auftrag	i	d(i)	FAZ(i)	FEZ(i)	SAZ(i)	SEZ(i)	GP(i)
A	1	5	0	5	4	9	4
B	2	3	0	3	5	8	5
C	3	4	0	4	-1 (unmög-lich)	3	-1 (kritisch)
D	4	5	5	10	15	20	10
E	5	3	5	8	9	12	4
F	6	4	3	7	8	12	5
G	7	8	4	12	3	11	-1 (kritisch)
H	8	1	10	11	20	21	10
I	9	2	8	10	12	14	4
J	10	3	12	15	11	14	-1 (kritisch)
K	11	7	15	22	14	21	-1 (kritisch)
L	12	5	22	27	21	26	-1 (kritisch)

b) In diesem Fall kann eine überlappte Produktion erfolgen. Dies läßt sich durch einen (negativen) Mindestabstand von -4 Zeiteinheiten zwischen den Vorgängen G und J erfassen. Dadurch verkürzt sich der kritische Pfad um 4 Zeiteinheiten und der frühestmögliche Fertigstellungstermin des Kundenauftrags L beträgt nun 23. Die folgende Tabelle zeigt die neuen Ergebnisse:

Auftrag	i	d(i)	FAZ(i)	FEZ(i)	SAZ(i)	SEZ(i)	GP(i)
A	1	5	0	5	4	9	4
B	2	3	0	3	5	8	5
C	3	4	0	4	**3**	**7**	3 (kritisch)
D	4	5	5	10	15	20	10
E	5	3	5	8	9	12	4
F	6	4	3	7	8	12	5
G	7	8	4	12	**7**	**15**	3 (kritisch)
H	8	1	10	11	20	21	10
I	9	2	8	10	12	14	4
J	10	3	**8**	**11**	11	14	3 (kritisch)
K	11	7	**11**	**18**	14	21	3 (kritisch)
L	12	5	**18**	**23**	21	26	3 (kritisch)

Infolge der offenen Produktweitergabe stehen auf dem kritischen Weg nun weitere drei Zeiteinheiten Pufferzeit zur Verfügung.

c) Bild D.30 zeigt die Belegung der Maschine durch die Aufträge G und F bei frühestmöglicher und spätestzulässiger Einplanung des Auftrags G. Im erstgenannten Fall ist die Maschine überlastet. Nutzt man die gesamte Pufferzeit des Auftrags G, dann kann ein zulässiger Terminplan aufgestellt werden.

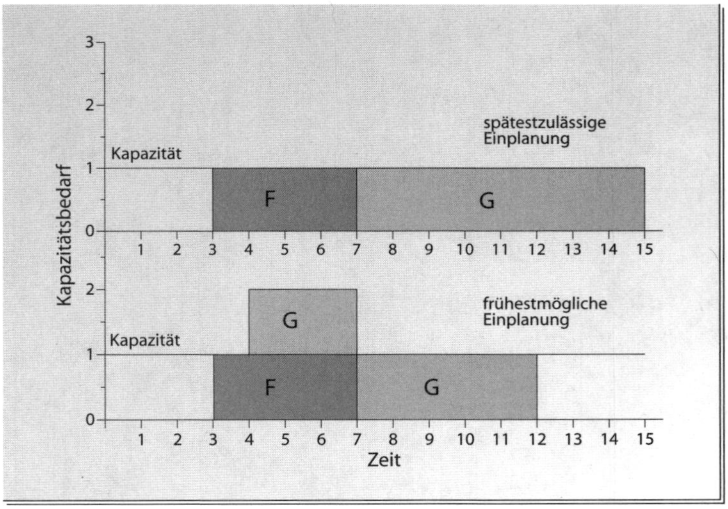

Bild D.30: Kapazitätsbelastungsdiagramm

AUFGABE D9.22: TERMINPLANUNG, TRANSPORTZEITEN

Für einen Kundenauftrag K sind die in Bild D.31 dargestellten Montage- und Produktionsaufträge A bis J für untergeordnete Baugruppen und Einzelteile mit den jeweils angegebenen auftragsbezogenen Bearbeitungszeiten (einschl. Rüstzeiten) durchzuführen.

a) Berechnen Sie den frühestmöglichen Fertigstellungstermin des Auftrags K unter der Annahme, daß ausreichend Kapazitäten verfügbar sind. Bestimmen Sie den kritischen Weg.

b) Nehmen Sie nun an, daß zwischen allen Bearbeitungsvorgängen jeweils ein Transportvorgang eingeschaltet ist und daß die Transportzeit jeweils 1 beträgt. Wie verändert sich der Terminplan?

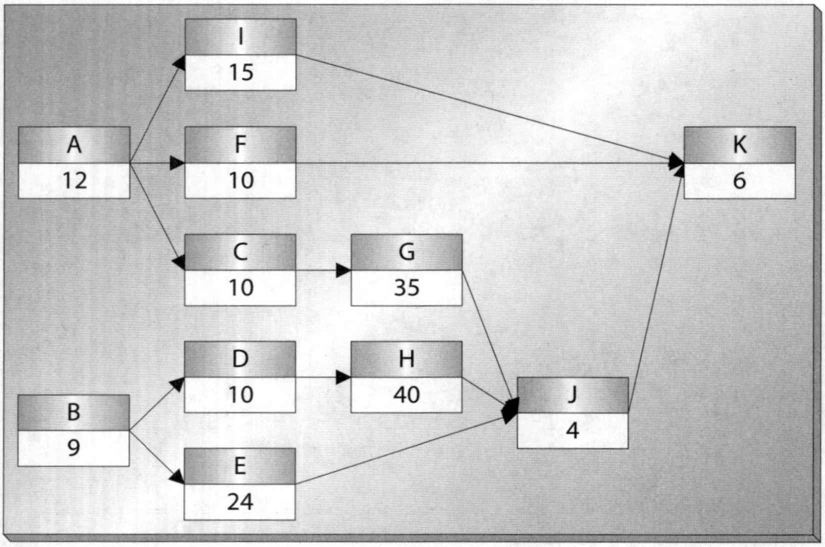

Bild D.31: Auftragsnetz

LÖSUNG

a) Die Anwendung der MPM-Netzplantechnik führt zu folgenden Ergebnissen:

Auftrag	i	d(i)	FAZ(i)	FEZ(i)	SAZ(i)	SEZ(i)	GP(i)
A	1	12	0	12	2	14	2
B	2	9	0	9	0	9	0 (kritisch)
C	3	10	12	22	14	24	2
D	4	10	9	19	9	19	0 (kritisch)
E	5	24	9	33	35	59	26
F	6	10	12	22	53	63	41
G	7	35	22	57	24	59	2
H	8	40	19	59	19	59	0 (kritisch)
I	9	15	12	27	48	63	36
J	10	4	59	63	59	63	0 (kritisch)
K	11	6	63	69	63	69	0 (kritisch)

Der frühestmögliche Fertigstellungstermin des Kundenauftrags K ist 69.

b) Dies läßt sich durch (positive) Mindestabstände zwischen allen Vorgängen erfassen. Die folgende Tabelle zeigt die neuen Ergebnisse:

Auftrag	i	d(i)	FAZ(i)	FEZ(i)	SAZ(i)	SEZ(i)	GP(i)
A	1	12	0	12	2	14	2
B	2	9	0	9	0	9	0 (kritisch)
C	3	10	13	23	15	25	2
D	4	10	10	20	10	20	0 (kritisch)
E	5	24	10	34	37	61	27
F	6	10	13	23	56	66	43
G	7	35	24	59	26	61	2
H	8	40	21	61	21	61	0 (kritisch)
I	9	15	13	28	51	66	38
J	10	4	62	66	62	66	0 (kritisch)
K	11	6	67	73	67	73	0 (kritisch)

Es ist erkennbar, daß sich der kritische Pfad verlängert hat, ohne daß sich seine Struktur verändert hat.

Literaturhinweise

Domschke und Drexl (2002)
Günther (1992)
Günther und Tempelmeier (1995), Abschnitt C.15
Klein (1999)
Kolisch (1995)
Neumann et al. (2003)

9.1.5 Feinplanung und Steuerung

Verständnis- und Wiederholungsfragen

1. Skizzieren Sie die Aufgaben der Feinplanung und Steuerung innerhalb eines hierarchischen Systems der operativen Produktionsplanung und -steuerung.

2. Welche Aufgabe hat die Auftragsfreigabe?

3. Welche Aufgabe hat die Verfügbarkeitsprüfung? Worauf kann sich diese Prüfung beziehen?

4. Stellen Sie eine Liste von Merkmalen auf, mit denen in der Praxis auftretende Reihenfolgeprobleme charakterisiert werden können.

5. Begründen Sie, warum sich die Bedeutung der kurzfristigen Reihenfolgeplanung in der Werkstattproduktion bei Einsatz einer kapazitätsorientierten Losgrößen- und Ressourceneinsatzplanung tendenziell verringern könnte.

6. Stellen Sie aus der Literatur eine Liste der bei der Maschinenbelegungsplanung gebräuchlichen Prioritätsregeln zusammen.

Übungsaufgaben

AUFGABE D9.23: ABLAUFPLANUNG MIT PRIORITÄTS-REGELN

In einer Werkstatt stehen die in der folgenden Tabelle angegebenen Aufträge zur Bearbeitung an. Alle Aufträge sind zum gleichen Zeitpunkt 0 für die Produktion auf der Maschine freigegeben worden. Jeder Auftrag wird unmittelbar nach seiner Bearbeitung an die nächste Produktionsstufe weitergegeben.

Auftrag	Bearbeitungszeit	Liefertermin
a	12	15
b	6	24
c	14	20
d	3	8
e	7	6

a) Bestimmen Sie die Bearbeitungsreihenfolgen der Aufträge an der Maschine nach den Prioritätsregeln „Kürzeste-Operationszeit-Regel" und „Liefertermin-Regel". Berechnen Sie die mittlere Durchlaufzeit und die mittlere Verspätungszeit eines Auftrags für beide Prioritätsregeln.

b) Bestimmen Sie die Zykluszeit des Auftragsbestandes. Warum ist die Zykluszeit bei reihenfolgeunabhängigen Bearbeitungszeiten für beide Prioritätsregeln identisch?

LÖSUNG

a) Zur Berechnung der Kriterien zur Beurteilung einer Auftragsfolge verwenden wir folgende Symbole:

b_p	Bearbeitungszeit des Auftrags p
VT_p	Verfügbarkeitstermin des Auftrags p an dem Arbeitssystem
FT_p	tatsächlicher Fertigstellungstermin des Auftrags p
P	Anzahl der Aufträge
WT_p	gewünschter Fertigstellungstermin des Auftrags p

Es gilt dann:

$$\text{Mittlere Durchlaufzeit} = \frac{1}{P} \cdot \sum_{p=1}^{P} \{FT_p - VT_p\}$$

$$\text{Mittlere Verspätung} = \frac{1}{P} \cdot \sum_{p=1}^{P} \max\{0; FT_p - WT_p\}$$

KOZ-Regel				
Auftrag	Start	Ende	Durchlaufzeit	Verspätung
d	0	3	3	0
b	3	9	9	0
e	9	16	16	10
a	16	28	28	13
c	28	42	42	22

$$\text{Mittlere DLZ} = \frac{98}{5} = 19.6$$

$$\text{Mittlere Verspätung} = \frac{45}{5} = 9$$

Liefertermin-Regel				
Auftrag	Start	Ende	Durchlaufzeit	Verspätung
e	0	7	7	1
d	7	10	10	2
a	10	22	22	7
c	22	36	36	16
b	36	42	42	18

$$\text{Mittlere DLZ} = \frac{117}{5} = 23.4$$

$$\text{Mittlere Verspätung} = \frac{44}{5} = 8.8$$

b) Die Zykluszeit beträgt für beide Prioritätsregeln 42 ZE. Die Zykluszeit einer gegebenen Menge von Aufträgen an einer Maschine ist die Summe der auftragsbezogenen Bearbeitungszeiten. Diese sind aber unabhängig von der Bearbeitungsreihenfolge. Somit ergibt sich für beide Prioritätsregeln dieselbe Summe.

AUFGABE D9.24: ABLAUFPLANUNG MIT PRIORITÄTSREGELN

In einer Werkstatt stehen die in der folgenden Tabelle angegebenen Aufträge zur Bearbeitung an. Alle Aufträge sind zum gleichen Zeitpunkt 0 für die Produktion auf der Maschine freigegeben worden. Jeder Auftrag wird unmittelbar nach seiner Bearbeitung an die nächste Produktionsstufe weitergegeben.

Auftrag	Bearbeitungs-zeit	Verfügbarkeits-termin	Liefertermin
1	3	0	15
2	9	0	23
3	6	0	8
4	2	0	6
5	9	0	44
6	8	0	18
7	11	0	38

a) Bestimmen Sie die Bearbeitungsreihenfolgen der Aufträge an der Maschine nach den Prioritätsregeln „Kürzeste-Operationszeit-Regel", „Liefertermin-Regel" und „First-Come-First-Served-Regel". Für die FCFS-Regel unterstellen Sie, daß die Numerierung der Aufträge ihrer Ankunftsreihenfolge an der Maschine entspricht. Berechnen Sie jeweils die mittlere Durchlaufzeit und die mittlere Verspätungszeit eines Auftrags sowie den mittleren Auftragsbestand an der Maschine.

b) Welche Überlegungen müssen angestellt werden, wenn nach der KOZ-Regel vorgegangen werden soll, aber der Auftrag 4 erst zu Beginn der Periode 4 verfügbar ist?

LÖSUNG

a) Zur Berechnung des mittleren Bestands verwenden wir folgende Symbole:

b_p Bearbeitungszeit des Auftrags p
VT_p Verfügbarkeitstermin des Auftrags p an dem Arbeitssystem
FT_p tatsächlicher Fertigstellungstermin des Auftrags p
P Anzahl der Aufträge

Wir erhalten dann:

$$\text{Mittlerer Bestand} = \frac{\sum_{p=1}^{P} (FT_p - VT_p)}{\max_p \{FT_p\} - \min_p \{VT_p\}}$$

KOZ-Regel				
Auftrag	Bearbeitungs-zeit	gewünschter Fertigstellungs-termin	tatsächlicher Fertigstellungs-termin	Verspätung
4	2	6	2	0
1	3	15	5	0
3	6	8	11	3
6	8	18	19	1
5	9	44	28	0
2	9	23	37	14
7	11	38	48	10

Mittlere Durchlaufzeit = 21.43 Stunden
Mittlere Verspätung = 4.00 Stunden
Mittlerer Bestand = 3.13 Aufträge

Tauschen Sie die willkürlich angeordneten Aufträge 2 und 5 aus. Wie verändert sich die mittlere Verspätung?

Liefertermin-Regel				
Auftrag	Bearbeitungszeit	gewünschter Fertigstellungstermin	tatsächlicher Fertigstellungstermin	Verspätung
4	2	6	2	0
3	6	8	8	0
1	3	15	11	0
6	8	18	19	1
2	9	23	28	5
7	11	38	39	1
5	9	44	48	4

Mittlere Durchlaufzeit = 22.14 Stunden
Mittlere Verspätung = 1.57 Stunden
Mittlerer Bestand = 3.23 Aufträge

FCFS-Regel				
Auftrag	Bearbeitungszeit	gewünschter Fertigstellungstermin	tatsächlicher Fertigstellungstermin	Verspätung
1	3	15	3	0
2	9	23	12	0
3	6	8	18	10
4	2	6	20	14
5	9	44	29	0
6	8	18	37	19
7	11	38	48	10

Mittlere Durchlaufzeit = 23.86 Stunden
Mittlere Verspätung = 7.57 Stunden
Mittlerer Bestand = 3.48 Aufträge

Bild D.32 vermittelt einen Überblick über die relative Vorteilhaftigkeit der einzelnen Prioritätsregeln bei Anwendung der betrachteten Beurteilungskriterien.

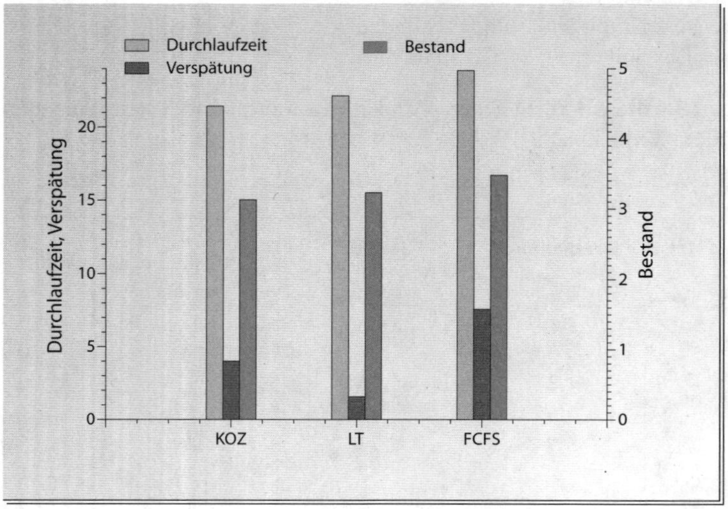

Bild D.32: Vergleich der Prioritätsregeln

b) Da mit der Bearbeitung des Auftrags 4 erst in Periode 4 begonnen werden kann, kann man die Maschine bis zur Ankunft des Auftrags 4 unbeschäftigt lassen und dann nach der KOZ-Regel vorgehen. Dies würde den unter a) erstellten Ablaufplan nach der KOZ-Regel linear um vier Perioden in die Zukunft verschieben.

Auftrag	Bearbeitungs-zeit	gewünschter Fertigstellungs-termin	tatsächlicher Fertigstellungs-termin	Verspätung
4	2	6	6	0
1	3	15	9	0
3	6	8	15	7
6	8	18	23	5
5	9	44	32	0
2	9	23	41	18
7	11	38	52	14

Diese Vorgehensweise ist offensichtlich nicht zweckmäßig, da in der Zwischenzeit bis zur Ankunft des Auftrags 4 bereits der Auftrag 1 vollständig bearbeitet werden kann.

Literaturhinweise

Błażewicz et al. (1996)
Günther und Tempelmeier (1995), Abschnitt D.15
Küpper und Helber (2004), Abschnitt 5

Pesch (1998)
Pinedo und Chao (1999)

9.2 Losgrößen- und Ressourceneinsatzplanung bei Fließproduktion

Verständnis- und Wiederholungsfragen

1. Erläutern Sie den Begriff der Sortenproduktion.

2. Definieren Sie den Begriff „Losgröße".

3. Welche Gemeinsamkeiten bestehen zwischen der Losgrößenplanung und der Bestellmengenplanung?

4. Warum stellen einstufige Losgrößenmodelle nur eine unvollkommene Entscheidungsunterstützung für die Losgrößenplanung bei Fließproduktion dar?

9.2.1 Das klassische Losgrößenmodell bei endlicher Produktionsgeschwindigkeit

Verständnis- und Wiederholungsfragen

1. Vergleichen Sie die Entwicklung des Lagerbestands an einer Maschine mit endlicher und konstanter Produktionsgeschwindigkeit und konstanter Bedarfsrate mit der Lagerbestandsentwicklung bei unendlicher Lagerzugangsgeschwindigkeit. Warum ist die optimale Losgröße im ersten Fall größer als im zweiten Fall?

2. Stellen Sie die Annahmen zusammen, die dem klassischen Losgrößenmodell bei endlicher Produktionsgeschwindigkeit zugrundeliegen.

Übungsaufgabe

AUFGABE D9.25: EINPRODUKT-LOSGRÖSSENPLANUNG BEI ENDLICHER PRODUKTIONSGESCHWINDIGKEIT

Bei einem Automobilhersteller werden jährlich D=48000 Lenkräder montiert, die in der Vorfertigung an einer Maschine bearbeitet werden. Die Produktionsgeschwindigkeit der Maschine beträgt p=192000 Stück pro Jahr (=360 Tage). Der Rüstkostensatz an der Maschine beträgt 45 €. Der Lagerkostensatz beläuft sich auf 1 € pro Stück und Jahr.

Bestimmen Sie die optimale Losgröße und den optimalen Produktionszyklus. Wie hoch ist der maximale Lagerbestand? Welche Kosten entstehen bei Verwendung der optimalen Losgröße? Stellen Sie die Entwicklung des Lagerbestands und der Belegung der Maschine durch die Bearbeitung der Lenkräder graphisch dar.

LÖSUNG

Optimale Losgröße:

$$q_{\text{opt}} = \sqrt{\frac{2 \cdot 48000 \cdot 45}{192000}} \cdot \sqrt{\frac{192000}{192000 - 48000}} = 2400 \text{ Stück}$$

Optimaler Produktionszyklus:

$$t_{\text{opt}} = \sqrt{\frac{2 \cdot 45}{1 \cdot 48000 \cdot (1 - 0.25)}} = 18 \text{ Tage}$$

Maximaler Lagerbestand:

$$b_{\max} = \frac{q \cdot (p - D)}{p} = \frac{2400 \cdot (192000 - 48000)}{192000} = 1800 \text{ Stück}$$

Bild D.33 zeigt die Entwicklung des physischen Lagerbestands.

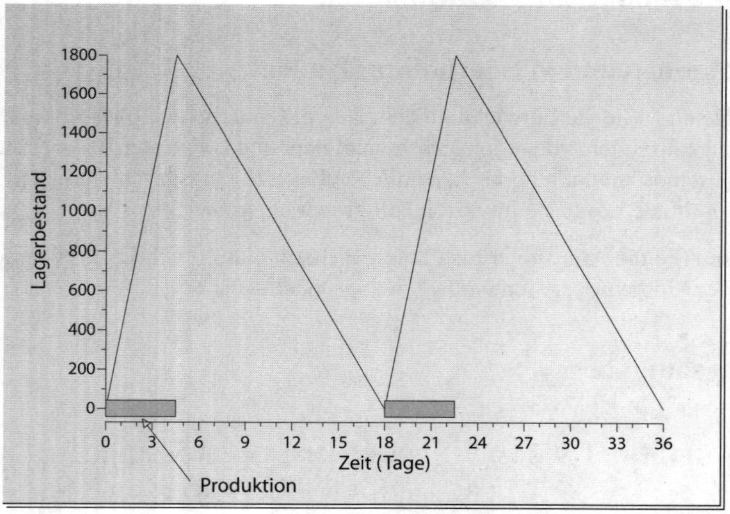

Bild D.33: Entwicklung des Lagerbestands

Produktionsdauer:

$$t_p = \frac{b_{\max}}{(p - D)} = \frac{1800}{(192000 - 48000)} = 4.5 \text{ Tage}$$

Die Kosten der optimalen Losgröße betragen:

$$C(q_{\text{opt}}) = \frac{1800}{2} \cdot 1 + \frac{48000 \cdot 45}{2400} = 1800 \text{ €/Jahr}$$

Literaturhinweise

Küpper und Helber (2004), Abschnitt 4.2.2.1
Silver et al. (1998), Abschnitt 5.8

9.2.2 Mehrproduktproduktion auf einer Anlage

Verständnis- und Wiederholungsfragen

1. Warum müssen bei Sortenproduktion die Probleme der Losgrößenplanung und der Reihenfolgeplanung gemeinsam betrachtet werden?

2. Können Sie sich ein Losgrößenmodell ohne Rüstkosten vorstellen?

Übungsaufgabe

AUFGABE D9.26: MEHRPRODUKT-LOSGRÖSSENPLANUNG BEI ENDLICHER PRODUKTIONSGESCHWINDIGKEIT

Auf einer Maschine werden vier Arten von Komponenten einer Fahrzeug-Servolenkung bearbeitet, welche in bestimmten Tagesmengen durch einen nachfolgenden Montageprozeß abgerufen werden. Bevor mit der Produktion einer Produktart begonnen werden kann, ist ein Rüstvorgang notwendig, der mehrere Stunden in Anspruch nimmt. Neben dem Rüstzeitverlust verursacht der Rüstvorgang Materialkosten. Die einzelnen Produktarten werden mit unterschiedlichen Geschwindigkeiten produziert. Alle produktbezogenen Angaben sind in der folgenden Tabelle zusammengestellt:

Produkt Nr.	Bedarfsmenge pro Tag	Produktionsmenge pro Tag	Rüstkosten pro Rüstvorgang	Rüstzeit (Tage)	Lagerkosten pro Stück und Tag
1	12	80	1	0.2	0.008
2	8	40	1	0.3	0.012
3	25	70	1	0.2	0.004
4	4	40	1	0.2	0.016

a) Bestimmen Sie die optimalen Losgrößen der Produkte unter Vernachlässigung der Rüstzeiten.

b) Da immer nur eine Produktart auf der Maschine bearbeitet werden kann, nehmen Sie an, daß die Produkte in der Reihenfolge 1-2-3-4 mit den unter a) errechneten optimalen Losgrößen produziert werden. Für welche Produkte kommt es zu Fehlmengen?

c) Nehmen Sie nun an, daß weiterhin für alle Produkte ein gemeinsamer Produktionszyklus gelten soll, daß nun aber die Losgrößen der Produkte so festgelegt werden, daß sie genau den Bedarf innerhalb des Produktionszyklus decken. Wie lange muß dieser Produktionszyklus mindestens andauern, damit Fehlmengen vermieden werden?

d) Bestimmen Sie die kostenminimalen zulässigen Losgrößen unter der Annahme, daß für alle Produkte derselbe Produktionszyklus verwendet wird.

LÖSUNG

a) Für die erste Produktart ergibt sich

$$q_1 = \sqrt{\frac{2 \cdot 12 \cdot 1}{0.008}} \cdot \sqrt{\frac{80}{80-12}} = 59.41$$

Die optimalen Losgrößen der Produkte 2, 3 und 4 betragen: $q_2 = 40.82$, $q_3 = 139.44$ und $q_4 = 23.57$.

b) Fehlmengen entstehen, wenn die Produktionsmenge eines Produkts nicht ausreicht, um den gesamten Bedarf zwischen zwei Losauflagen des Produkts zu decken. Die folgende Tabelle zeigt die Produktionsdauern (einschl. der Rüstzeiten) und Reichweiten der Produkte. Die Zykluslänge ergibt sich durch Addition der produktbezogenen Produktionsdauern.

Produkt	Losgröße	Dauer (einschl. Rüsten)	Reichweite
1	59.41	0.94	4.95
2	40.82	1.32	5.10
3	139.44	2.19	5.58
4	23.57	0.79	5.89
Zykluslänge:			5.24

Bei den Produktarten 1 und 2 ist die Reichweite eines Loses geringer als die Länge des gesamten Produktionszyklus (5.24). Für diese Produkte wird der Lagerbestand vor dem Beginn der nächsten Produktion des Loses verbraucht sein und es kommt daher zu Fehlmengen. Für die Produkte 3 und 4 dagegen ist der Lagerbestand am Ende des Produktionszyklus noch positiv, so daß eine erneute Produktion noch nicht notwendig ist. Eine Festlegung der Produktionsreihenfolge ohne Abstimmung der Losgrößen führt somit zu einer nicht-zulässigen Lösung.

c) Der gemeinsame Produktionszyklus T muß mindestens so lang sein, daß die Summe der produktbezogenen Rüstzeiten t_k und Produktionszeiten $(=\frac{\text{Losgröße } q_k}{\text{Produktionsrate } p_k})$ darin Platz finden, d.h.

$$T \geq \sum_{k=1}^{4} \left[\tau_k + \frac{q_k}{p_k} \right]$$

Da die Losgröße gleich der gesamten Bedarfsmenge innerhalb der Zeitspanne T entspricht, d.h. $q_k = T \cdot D_k$, gilt folgende Bedingung:

$$\frac{\sum_{k=1}^{4} \tau_k}{1 - \sum_{k=1}^{4} \rho_k} \leq T$$

$$\frac{0.2 + 0.3 + 0.2 + 0.2}{1 - \left(\frac{12}{80} + \frac{8}{40} + \frac{25}{70} + \frac{4}{40} \right)} = 4.67 \leq T$$

Die minimalen zulässigen Losgrößen betragen dann: $q_1 = 4.67 \cdot 12 = 56.04$, $q_2 = 4.67 \cdot 8 = 37.36$, $q_3 = 4.67 \cdot 25 = 116.75$ und $q_4 = 4.67 \cdot 4 = 18.68$.

d) Der optimale gemeinsame Produktionszyklus T beträgt $T_{\text{opt}} = 5.34$ Tage. Dieser Produktionszyklus ist zulässig, da er länger ist als der minimale Produktionszyklus (4.67 Tage). Die folgende Tabelle zeigt die Losgrößen.

Produkt	Losgröße	Dauer (einschl. Rüsten)	Reichweite
1	64.08	1.00	5.34
2	42.72	1.37	5.34
3	133.50	2.11	5.34
4	21.36	0.73	5.34
Zykluslänge:			5.21

Bild D.34 zeigt, daß der kostenminimale Produktionszyklus zulässig ist. Dies kann an der mit Dreiecken markierten Geraden abgelesen werden, die darstellt, wieviel Zeit nach Abzug der Rüst- und Bearbeitungszeiten der Lose noch übrigbleibt. An der Stelle des optimalen Produktionszyklus (5.21 Tage) liegt diese Gerade über der Null-Linie.

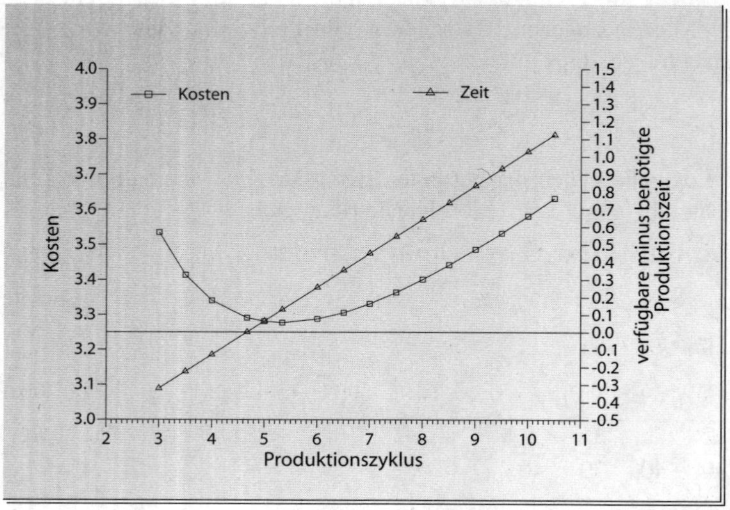

Bild D.34: Kosten und Leerzeit

Bild D.35 veranschaulicht die Entwicklung der Lagerbestände der Produkte im Zeitablauf. Durch die unten angeordneten Rechtecke werden die Rüst- und Bearbeitungsvorgänge für die einzelnen Produkte angedeutet. Man erkennt, daß der Lagerbestand erst am Ende der Rüstzeit eines Produkts auf Null sinkt und daß er am Ende der Produktionsdauer seine maximale Höhe erreicht.

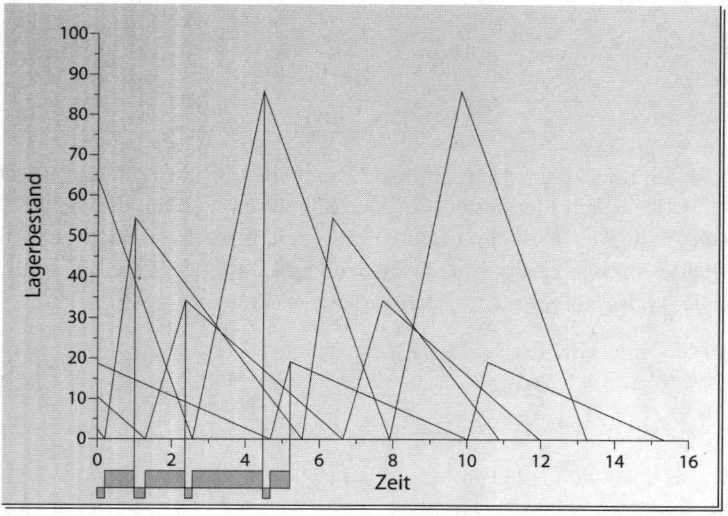

Bild D.35: Lagerbestandsentwicklung

Literaturhinweis

Nahmias (2001), Abschnitt 4.9

9.2.3 Ressourceneinsatzplanung

Verständnis- und Wiederholungsfragen

1. Was versteht man unter dem „Abdriften" eines Werkers?

2. Welche Funktion hat ein Springer?

3. Warum kann man die Reihenfolge der Einsteuerung von Automobilen in eine Montagelinie nicht einfach nach der Belastung des Engpasses bestimmen?

Literaturhinweise

Decker (1993)
Ziegler (1990)

9.3 Losgrößen- und Ressourceneinsatzplanung bei Zentrenproduktion

9.3.1 Flexible Fertigungssysteme

Verständnis- und Wiederholungsfragen

1. Welche Problemaspekte sind bei der Losgrößen- und Ressourceneinsatzplanung in einem flexiblen Fertigungssystem zu berücksichtigen?

2. Welche Einflußgrößen zwingen in einem flexiblen Fertigungssystem dazu, von der „Losgröße 1" abzuweichen?

3. Erläutern Sie das Problem der Einlastung von Aufträgen in ein flexibles Fertigungssystem. Beschreiben Sie die einzelnen Planungsphasen.

4. Wodurch unterscheidet sich eine Serie in einem flexiblen Fertigungssystem von einem Los in der konventionellen Werkstattfertigung?

5. Welche Planungsobjekte sind in der Systemrüstungsphase zu berücksichtigen?

6. Warum ist die Steuerungsphase in einem FFS unter planerischen Aspekten von untergeordneter Bedeutung?

Literaturhinweis

Tempelmeier und Kuhn (1993), Abschnitt 222.

9.3.2 Produktionsinseln

Verständnis- und Wiederholungsfragen

1. Nehmen Sie Stellung zu folgender Aussage: „In einer Produktionsinsel entstehen keine Ablaufplanungsprobleme."

2. Nennen Sie typische Planungs- und Steuerungsaufgaben, die in einer Produktionsinsel zu erfüllen sind.

3. Wie kann die Abstimmung zwischen zentraler Produktionsplanung und -steuerung und den dezentralen Produktionsinseln erfolgen?

Teil E

Logistische Prozesse

Verständnis- und Wiederholungsfragen

1. Nennen Sie typische Merkmale logistischer Prozesse.

2. In der Literatur findet man folgende Definition: „Die Logistik hat dafür zu sorgen, daß ein Empfangspunkt gemäß seines Bedarfs von einem Lieferpunkt mit dem *richtigen Produkt* (in Menge und Sorte), im *richtigen Zustand* zur *richtigen Zeit* am *richtigen Ort* zu den dafür minimalen Kosten versorgt wird." Diese Definition ist in der Praxis als die vier „r's" bekannt. Ist diese Definition gehaltvoll? Ist u.U. ein „r" zuviel genannt? Sehen Sie Parallelen zu der Aussage: „Maximiere den Umsatz bei minimalen Kosten!"?

3. Was versteht man unter TUL-Prozessen?

4. Grenzen Sie die logistischen Subsysteme voneinander ab.

5. Welche Gründe lassen sich für eine integrierte Betrachtung von Transport und Lagerhaltung nennen?

6. Nennen Sie Beispiele für Entscheidungsprobleme aus dem Produktionsbereich, die unmittelbare logistische Auswirkungen haben.

10 Lagerhaltungssysteme

Verständnis- und Wiederholungsfragen

1. Nennen Sie typische Anwendungsbereiche stochastischer Lagerhaltungspolitiken.

2. Erläutern Sie den Begriff Servicegrad. Wie unterscheiden sich α-Servicegrad und β-Servicegrad?

3. Welche Beziehungen bestehen zwischen der Lieferzeit und der Lieferzuverlässigkeit (Lieferbereitschaft)?

4. Warum muß die Entscheidung zur Auslösung einer Lagerauffüllung auf dem disponiblen Lagerbestand basieren? Was würde geschehen, wenn man sich jeweils am physischen Lagerbestand orientieren würde?

5. Ihr Unternehmen bezieht von einem Lieferanten eine vormontierte Baugruppe, die bei Ihnen in ein Fertigprodukt eingebaut wird. Welche Bedeutung hat die Aussage des Lieferanten, daß er einen β-Servicegrad von 97% erreicht, für Ihre Produktionsplanung?

6. In der Literatur findet man folgende vier Lagerhaltungspolitiken: (s,q), (s,S), (r,q) und (r,S). Erläutern Sie diese Politiken. Ist die (r,q)-Politik unter stochastischen Bedingungen sinnvoll?

7. In der betrieblichen Praxis wird die Höhe der Lagerbestände oft in der Dimension „Anzahl Tage" als durchschnittliche Reichweite angegeben. Ist diese Größe ein sinnvoller „Key Performance Indicator"? Gehen Sie bei der Beantwortung dieser Frage auf die verschiedenen Ursachen für das Entstehen von Lagerbeständen ein.

10.1 Ursachen der Unsicherheit

Verständnis- und Wiederholungsfragen

1. Welche unsicheren Größen beeinflussen die Wirksamkeit einer Lagerhaltungspolitik?

2. Frischen Sie mit Hilfe eines Lehrbuchs zur Statistik ihre Kenntnisse über kontinuierliche und diskrete Wahrscheinlichkeitsverteilungen auf. Stellen Sie für einige Ihnen bekannte Produkte Überlegungen darüber an, welcher Wahrscheinlichkeitsverteilung die tägliche Nachfragemenge folgt.

3. Welche Auswirkungen hat eine Lagerpolitik, bei es aufgrund eines zu geringen Sicherheitsbestands zu zeitweiser Lieferunfähigkeit kommt, auf die Form der Wahrscheinlichkeitsverteilung der Wartezeit (Lieferzeit) der Kundenaufträge?

Übungsaufgaben

AUFGABE E10.1: NACHFRAGEMENGE IN DER WIEDERBESCHAFFUNGSZEIT (NORMALVERTEILUNG)

Die Wiederbeschaffungszeit eines Produktes beträgt 14 Tage. Die tägliche Nachfragemenge ist mit dem Mittelwert $\mu_D = 20$ und der Standardabweichung $\sigma_D = 3$

normalverteilt. Ermitteln Sie die Wahrscheinlichkeitsverteilung der Nachfragemenge in der Wiederbeschaffungszeit.

LÖSUNG

Da die Summe mehrerer normalverteilter Zufallsvariablen ebenfalls normalverteilt ist, ist die Nachfragemenge in der Wiederbeschaffungszeit, Y, normalverteilt. Der Erwartungswert beträgt $\mu_Y = 14 \cdot 20 = 280$. Bei Unabhängigkeit der täglichen Nachfragemengen (keine Korrelation) beträgt die Standardabweichung: $\sigma_Y = 3 \cdot \sqrt{14} = 11.22$.

AUFGABE E10.2: NACHFRAGEMENGE IN DER WIEDERBESCHAFFUNGSZEIT, SIMULATION

Die tägliche Bedarfsmenge für ein Ersatzteil kann durch folgende diskrete Wahrscheinlichkeitsverteilung beschrieben werden:

Bedarf	relative Häufigkeit
0	0.05
1	0.25
2	0.40
3	0.25
4	0.05
	1.00

Sobald der disponible Lagerbestand ein bestimmtes Niveau unterschritten hat, wird eine Bestellung bei einem Zulieferer aufgegeben, der in 30% der Fälle nach einem Tag liefert. In 70% der Fälle ist der Zulieferer aber nicht lieferfähig, da sein Lagerbestand erschöpft ist. Tritt diese Situation ein, dann liefert er erst nach fünf Tagen. Bestimmen Sie die Wahrscheinlichkeitsverteilung der Nachfragemenge in der Wiederbeschaffungszeit für das Ersatzteil.

LÖSUNG

Die Lösung kann durch Vollenumeration aller Möglichkeiten und Multiplikation der jeweiligen Wahrscheinlichkeiten erfolgen. Dies entspricht einer Faltung der Wahrscheinlichkeitsverteilungen der täglichen Nachfragemengen und der Länge der Wiederbeschaffungszeit.

Man kann die gesuchte Wahrscheinlichkeitsverteilung aber auch durch Simulation bestimmen. In diesem Fall generiert man zunächst eine Realisation der Zufallsvariablen „Länge der Wiederbeschaffungszeit", z. B. 5 Tage, und erzeugt dann für jeden Tag innerhalb der Wiederbeschaffungszeit eine Realisation der Zufallsvariablen „Bedarfsmenge pro Tag", z. B. 2, 2, 1, 2, 3. Die Bedarfsmengen werden aufsummiert

(z. B. 10) und statistisch erfaßt. Diesen Vorgang wiederholt man z. B. 1000 mal. Die folgende Tabelle veranschaulicht diesen Vorgang für vier Realisationen:

ℓ	Tag					Summe
	1	2	3	4	5	
5	2	2	1	2	3	10
1	3					3
2	3	2				5
3	1	1	2			4

Nach 5000 zufälligen Realisationen ergibt sich folgende Häufigkeitsverteilung:

Nachfragemenge y	Häufigkeit
0	81
1-2	1032
3-4	442
5-6	150
7-8	666
9-10	1225
11-12	1008
13-14	349
15-16	45
17-18	2
19-20	0
	5000

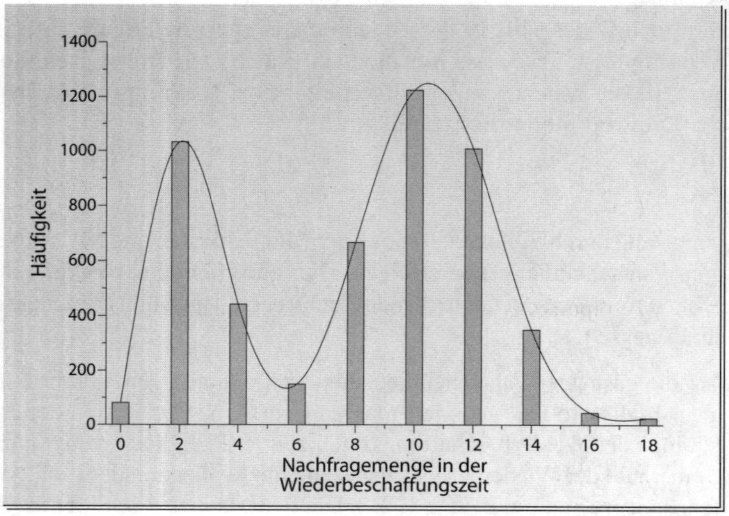

Bild E.1: Verteilung der Nachfragemenge in der Wiederbeschaffungszeit

Bild E.1 zeigt, daß die Bedarfsmenge in der Wiederbeschaffungszeit unter den getroffenen Annahmen nicht mehr als normalverteilt angesehen werden kann. Dies muß bei der Bestimmung des Sicherheitsbestandes berücksichtigt werden.

10.2 *(s,q)*-Politik mit kontinuierlicher Lagerüberwachung

Verständnis- und Wiederholungsfragen

1. Welche Beziehung besteht zwischen dem Bestellpunkt und dem Erwartungswert der Fehlmenge?

2. Erläutern Sie den Zusammenhang zwischen dem β-Servicegrad, dem Bestellpunkt und der Anzahl Bestellzyklen innerhalb des Bezugszeitraums.

3. Beschreiben Sie den Unterschied zwischen kontinuierlicher und periodischer Lagerüberwachung. Welche Annahmen werden bei kontinuierlicher Lagerüberwachung bezüglich der Höhe des disponiblen Lagerbestands zum Zeitpunkt der Auslösung einer Wiederbeschaffungsmaßnahme getroffen?

Übungsaufgaben

AUFGABE E10.3: BESTELLPUNKT, SERVICEGRAD

Die Verteilung des Bedarfs eines Erzeugnisses während der Wiederbeschaffungszeit wurde wie folgt beobachtet:

Bedarfsmenge	relative Häufigkeit
0	0.05
10	0.15
20	0.40
30	0.25
40	0.10
50	0.05
	1.00

a) Welcher Bestellpunkt (s) sollte gewählt werden, damit ein α-Servicegrad von 85% erreicht wird?

b) Wie hoch ist bei a) der zugehörige Sicherheitsbestand?

c) Wie hoch ist bei a) der zugehörige β-Servicegrad, wenn eine Bestellmenge von $q = 100$ Mengeneinheiten verwendet wird?

LÖSUNG

a) Der α-Servicegrad kann als die Wahrscheinlichkeit definiert werden, daß während der Wiederbeschaffungszeit des Lagergutes keine Fehlmengen entstehen. Bei einem Bestellpunkt $s = 30$ wäre gerade mit einer Wahrscheinlichkeit von $\alpha = 85\%$ gesichert, daß das Lager lieferbereit bleibt.

b) Der Erwartungswert des Bedarfs während der Wiederbeschaffungszeit beträgt:

$$E\{Y\} = 0 \cdot 0.05 + 10 \cdot 0.15 + 20 \cdot 0.40 + 30 \cdot 0.25 + 40 \cdot 0.10 + 50 \cdot 0.05 = 23.5$$

Der Sicherheitsbestand (SB) entspricht der Differenz zwischen Bestellpunkt und mittlerem Bedarf:

$$SB = s - E\{Y\} = 30 - 23.5 = 6.5$$

c) Der β-Servicegrad wird als der Anteil des ohne Verzögerung befriedigten Bedarfs am Gesamtbedarf einer Periode definiert. Bei einem Bestellpunkt $s = 30$ beträgt die erwartete Fehlmenge, $E\{F\}$, während der Wiederbeschaffungszeit:

$$E\{F\} = (40 - 30) \cdot 0.10 + (50 - 30) \cdot 0.05 = 2$$

Der mittlere Bedarf zwischen zwei Wiederbeschaffungen entspricht der Bestellmenge von $q = 100$. Folglich lautet der β-Servicegrad:

$$\beta = 1 - \frac{2}{100} = 0.98$$

AUFGABE E10.4: SERVICEGRAD

Für ein Lagergut, das innerhalb einer Woche wiederzubeschaffen ist, soll ein Sicherheitsbestand von $SB = 4$ Einheiten gehalten werden. Es wird eine (s, q)-Politik mit kontinuierlicher Lagerüberwachung eingesetzt. In der Vergangenheit hat man die folgende Verteilung des wöchentlichen Bedarfs festgestellt:

Bedarfsmenge	relative Häufigkeit
0	0.05
10	0.10
20	0.20
30	0.50
40	0.15
	1.00

a) Wie hoch ist der β-Servicegrad bei einer Bestellmenge von 150?

b) Wie ändert sich der β-Servicegrad, wenn zu einer Bestellmenge von 75 übergegangen wird?

LÖSUNG

a) Man führt die folgenden Berechnungen durch:

$$E\{Y\} = 0 \cdot 0.05 + 10 \cdot 0.10 + 20 \cdot 0.20 + 30 \cdot 0.50 + 40 \cdot 0.15 = 26$$

$$s = E\{Y\} + SB = 26 + 4 = 30$$

$$E\{F\} = (40 - 30) \cdot 0.15 = 1.5$$

$$\beta = 1 - \frac{1.5}{150} = 0.99$$

b) Der β-Servicegrad ändert sich wie folgt:

$$\beta = 1 - \frac{1.5}{75} = 0.98$$

Soll trotz erfolgter Reduzierung der Bestellmenge q weiterhin der β-Servicegrad von 0.99 erreicht werden, dann muß man den Bestellpunkt s entsprechend erhöhen.

AUFGABE E10.5: FEHLMENGE

Für ein Produkt wurde die in der folgenden Tabelle wiedergegebene Wahrscheinlichkeitsverteilung der Bedarfsmenge in der Wiederbeschaffungszeit empirisch ermittelt (siehe auch Bild E.2):

Bedarfsmenge y	$P\{Y = y\}$
0	0.1351
1	0.2707
2	0.2708
3	0.1806
4	0.0902
5	0.0361
6	0.0120
7	0.0034
8	0.0011
	1.0000

a) Berechnen Sie den Erwartungswert der Bedarfsmenge in der Wiederbeschaffungszeit.

b) Stellen Sie eine Tabelle auf, aus der Sie den Erwartungswert der Fehlmenge innerhalb eines Bestellzyklus als Funktion des Bestellpunkts s ablesen können.

c) Sie wollen eine β-Servicegrad von 99% erreichen. Wie hoch ist der optimale Bestellpunkt? Reichen diese Angaben aus, um die Frage zu beantworten?

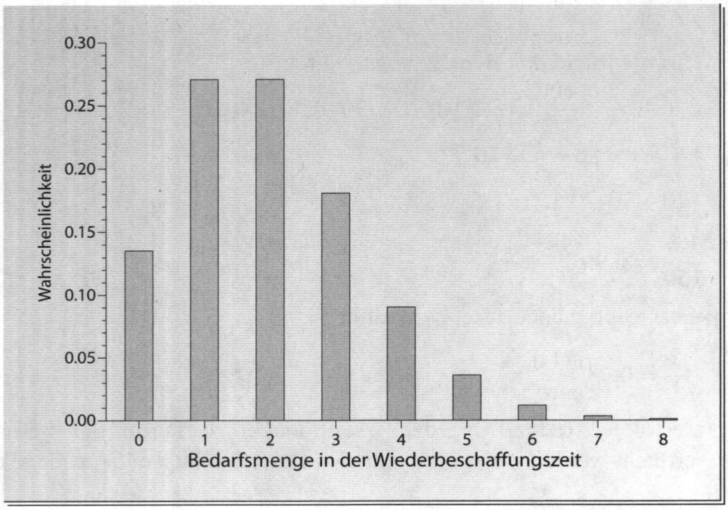

Bild E.2: Verteilung der Nachfragemenge in der Wiederbeschaffungszeit

LÖSUNG

a) Der Erwartungswert der Nachfragemenge in der Wiederbeschaffungszeit beträgt:

$$
\begin{aligned}
E\{Y\} &= 1\cdot 0.2707 + 2\cdot 0.2708 + 3\cdot 0.1806 + 4\cdot 0.0902 \\
&\quad + 5\cdot 0.0361 + 6\cdot 0.0120 + 7\cdot 0.0034 + 8\cdot 0.0011 \\
&= 2
\end{aligned}
$$

b) Die folgende Tabelle wird rekursiv – beginnend mit der letzten Zeile – aufgebaut.

Bedarf y	$P\{Y=y\}$	Bestellpunkt s	$P\{Y>s\}$	$E\{\text{Fehlmenge} \mid s\}$
0	0.1351	0	0.8649	2.0000
1	0.2707	1	0.5942	1.1351
2	0.2708	2	0.3234	0.5409
3	0.1806	3	0.1428	0.2175
4	0.0902	4	0.0526	0.0747
5	0.0361	5	0.0165	0.0221
6	0.0120	6	0.0045	0.0056
7	0.0034	7	0.0011	0.0011
8	0.0011	8	0.0000	0.0000

c) Bei einem β-Servicegrad von 99% darf die erwartete Fehlmenge nicht größer als 1% der mittleren Nachfragemenge pro Periode sein. Um den β-Servicegrad bestimmen zu können, benötigt man Angaben über

- den Erwartungswert der Fehlmenge in einem Bestellzyklus,

- die mittlere Anzahl von Bestellzyklen pro Periode und
- die mittlere Nachfragemenge pro Periode.

Im vorliegenden Beispiel sind weder Aussagen darüber gemacht worden, wie lang (gemessen in Nachfrageperioden) die Wiederbeschaffungszeit noch wie lang ein typischer Bestellzyklus ist. Der optimale Bestellpunkt kann aber nur bestimmt werden, wenn man diese Größen kennt. Bezeichnen wir mit $E\{D\}$ die mittlere Periodenbedarfsmenge, mit q die Bestellmenge und mit $E\{F_Y\}$ die erwartete Fehlmenge, dann lautet die β-Servicegrad-Restriktion wie folgt:

$$E\{F_Y\} \cdot \frac{E\{D\}}{q} \leq (1-\beta) \cdot E\{D\}$$

Gehen wir im Beispiel davon aus, daß die Länge der Wiederbeschaffungsfrist zwei Perioden beträgt, dann ist die mittlere Nachfragemenge pro Periode genau eins. Nehmen wir nun weiter an, daß ein Bestellzyklus im Durchschnitt 10 Perioden (d.h. Bestellmenge $q = 10$) umfaßt, dann darf die Fehlmenge pro Bestellzyklus nicht mehr als

$$E\{F_Y\} \leq (1-\beta) \cdot q = (1-0.99) \cdot 10 = 0.1$$

betragen. Dies wird erreicht, wenn der Bestellpunkt mindestens den Wert 4 annimmt.

AUFGABE E10.6: SICHERHEITSBESTAND

Ein Erzeugnis weist einen mittleren Bedarf von 50 Einheiten pro Woche auf. Die Auswertung der Prognosefehler hat ergeben, daß der Wochenbedarf annähernd normalverteilt ist und einer Standardabweichung von 12 Einheiten unterliegt. Für die Bestelldisposition wird eine (s,q)-Politik mit $s = 248$ und $q = 300$ verwendet. Es kann davon ausgegangen werden, daß die Lieferzeit von 4 Wochen stets eingehalten wird. Wie hoch ist die Wahrscheinlichkeit dafür, daß während der Wiederbeschaffungszeit Fehlmengen auftreten?

LÖSUNG

Unter der Annahme, daß der Bedarf während der mehrperiodigen Wiederbeschaffungszeit unabhängig und identisch verteilt ist und einer Normalverteilung mit der Standardabweichung σ_Y unterliegt, gilt die folgende grundlegende Berechnungsweise für den Sicherheitsbestand:

$$SB = \sigma_Y \cdot v$$

wobei v den Sicherheitsfaktor darstellt, aus dem unmittelbar auf die Fehlmengenwahrscheinlichkeit bzw. den α-Servicegrad geschlossen werden kann. Im folgenden werden zunächst die Werte für SB und σ_Y bestimmt.

Der Bestellpunkt $s = 248$ setzt sich aus dem Bedarf während der Wiederbeschaffungszeit $E\{Y\} = 4 \cdot 50 = 200$ und dem Sicherheitsbestand SB zusammen, so daß aus

$$s = E\{Y\} + SB \text{ bzw. } SB = s - E\{Y\} = 248 - 200 = 48$$

ein Sicherheitsbestand von 48 Einheiten abgeleitet werden kann. Für die Varianz der Nachfragemenge während der Wiederbeschaffungszeit gilt:

$$\sigma_Y^2 = 12^2 + 12^2 + 12^2 + 12^2 = 4 \cdot 12^2$$

Hieraus folgt die Standardabweichung:

$$\sigma_Y = 24$$

Dem Sicherheitsfaktor $v = \frac{SB}{\sigma_Y} = 2$ entspricht ein Tabellenwert der kumulierten Standardnormalverteilung von 0.02275 bzw. eine Fehlmengenwahrscheinlichkeit von 2.275%.

AUFGABE E10.7: (s,q)-LAGERHALTUNGSPOLITIK, WIEDERBESCHAFFUNGSZEIT

Die tägliche Nachfrage nach einem Produkt in einem Tante-Emma-Laden ist mit einem Mittelwert von 16 und einer Varianz von 16 normalverteilt. Die Länge der Wiederbeschaffungszeit beträgt genau 5 Tage. Die fixen Bestellkosten betragen $s = 30$, der Lagerkostensatz ist $h = 0.05$ und es soll ein β-Servicegrad von 99% erreicht werden.

a) Wie hoch sind die optimale Bestellmenge q und der optimale Bestellpunkt s. Nehmen Sie zunächst an, daß die optimale Bestellmenge unabhängig von der Höhe des Bestellpunkts ist.

b) Welche Interdependenzen bestehen zwischen Bestellmenge und Bestellpunkt? Wie kann man diese Interdependenzen berücksichtigen?

c) Welchen Einfluß hat die Erhöhung der Wiederbeschaffungszeit von 5 auf 10 Tage auf die Höhe des Sicherheitsbestands? Gehen Sie dabei von der Bestellmenge aus, die sie in Aufgabe a) errechnet haben.

LÖSUNG

a) Die optimale Bestellmenge bestimmen wir nach dem klassischen Bestellmengenmodell:

$$q_{\text{opt}} = \sqrt{\frac{2 \cdot 30 \cdot 16}{0.05}} = 138.5641$$

Die erwartete Nachfragemenge in der Wiederbeschaffungszeit ist die Summe der Erwartungswerte der täglichen Nachfragemengen:

$$E\{Y\} = 5 \cdot 16 = 80$$

Unter der Annahme, daß zwischen den täglichen Nachfragemengen keine Korrelation besteht, ist die Varianz der Nachfragemenge in der Wiederbeschaffungszeit gleich der Summe der Varianzen der täglichen Nachfragemengen. Die Standardabweichung der Nachfragemenge in der Wiederbeschaffungszeit ist dann:

$$\sigma_Y = \sqrt{5 \cdot 16} = 8.9443$$

Der optimale standardisierte Fehlmengen-Erwartungswert beträgt:

$$E\{F_U(v)\} = \frac{0.01 \cdot 138.5641}{8.9443} = 0.1549$$

Die Nachfragemenge in der Wiederbeschaffungszeit ist unter den gegebenen Annahmen ebenfalls normalverteilt. Der Sicherheitsfaktor v kann daher aus einer Tabelle der Standardnormalverteilung abgelesen werden. Ein Auszug aus einer solchen Tabelle sieht wie folgt aus:

$E\{F_U\}$	v
0.1545	0.6533
0.1546	0.6529
0.1547	0.6525
0.1548	0.6522
0.1549	0.6518
0.1550	0.6514

Es gilt also:

$$\min\left[v \mid E\{F_U(v)\} \leq 0.1549\right] = 0.6518$$

Damit beträgt der optimale Bestellpunkt s_{opt}:

$$s_{\text{opt}} = 80 + 0.6518 \cdot 8.9443 = 85.8299$$

Durch Einsetzen von s_{opt} und q_{opt} in die Zielfunktion erhalten wir die Kosten dieser Lagerhaltungspolitik. Sie betragen 7.2197 Geldeinheiten pro Tag.

b) Fehlmengen treten nur am Ende eines Bestellzyklus auf. Die Höhe der Bestellmenge beeinflußt die mittlere Länge eines Bestellzyklus und damit die Häufigkeit, mit der innerhalb einer Periode Fehlmengen auftreten können. Deckt die Bestellmenge z. B. einen halben Jahresbedarf ab, dann besteht nur zweimal pro Jahr die Gefahr, daß der Lagerbestand auf Null sinkt. Umfaßt die Bestellmenge dagegen nur einen Monatsbedarf, dann kann diese Situation insgesamt zwölfmal auftreten. Je länger (größer) der Bestellzyklus (die Bestellmenge) ist, umso seltener besteht also die Gefahr von Fehlmengen und umso geringer kann der Bestellpunkt sein, der zur Aufrechterhaltung eines gegebenen Servicegrades benötigt wird.

Man kann die Interdependenzen zwischen Bestellpunkt und Bestellmenge mit einem iterativen Verfahren berücksichtigen (Siehe hierzu *Tempelmeier* (1983)). Ausgehend von der Lösung zu a) (Iteration 1) können folgende Iterationen ausgeführt werden:

```
Iteration:    2
 Bestellmenge:                                 143.8466
 Opt. E{Fehlmenge}:                              1.4385
 Opt. E{Fehlmenge}, standardisiert:               .1608
 Opt. Sicherheitsfaktor:                          .6290
 Bestellpunkt:                                  85.6262
 Fehlmengen-Wahrscheinlichkeit:                   .2647
 Lambda:                                         1.6982
 Kosten:                                         7.2144

Iteration:    3
 Bestellmenge:                                 144.0952
 Opt. E{Fehlmenge}:                              1.4410
 Opt. E{Fehlmenge}, standardisiert:               .1611
 Opt. Sicherheitsfaktor:                          .6280
 Bestellpunkt:                                  85.6168
 Fehlmengen-Wahrscheinlichkeit:                   .2651
 Lambda:                                         1.6986
 Kosten:                                         7.2144

Iteration:    4
 Bestellmenge:                                 144.1057
 Opt. E{Fehlmenge}:                              1.4411
 Opt. E{Fehlmenge}, standardisiert:               .1611
 Opt. Sicherheitsfaktor:                          .6280
 Bestellpunkt:                                  85.6164
 Fehlmengen-Wahrscheinlichkeit:                   .2651
 Lambda:                                         1.6987
 Kosten:                                         7.2144
```

Bei genauem Hinsehen erkennt man, daß sich die Bestellmenge etwas erhöht hat, während der Bestellpunkt leicht gesunken ist. Es hat also eine Verschiebung der Unsicherheitsbewältigung von dem Bestellpunkt hin zur Bestellmenge stattgefunden. Durch die Berücksichtigung der Interdependenzen zwischen Bestellpunkt und Bestellmenge hat sich die Bestellmenge zwar verändert. Der Einfluß auf die Kosten ist aber sehr gering.

c) In diesem Fall erhöht sich die erwartete Nachfragemenge in der Wiederbeschaffungszeit auf

$$E\{Y\} = 10 \cdot 16 = 160$$

Sind die Periodenbedarfsmengen stochastisch voneinander unabhängig, dann gilt für die Standardabweichung der Nachfragemenge in der verlängerten Wiederbeschaffungszeit

$$\sigma_Y = \sqrt{10 \cdot 16} = 12.6491$$

Bei Annahme einer Bestellmenge von 138.5641 erhalten wir

$$E\{F_U(v)\} = \frac{0.01 \cdot 138.5641}{12.6491} = 0.1095$$

Der Sicherheitsfaktor kann aus folgender Tabelle abgelesen werden.

$E\{F_V\}$	v
0.1090	0.8548
0.1091	0.8543
0.1092	0.8538
0.1093	0.8533
0.1094	0.8527
0.1095	0.8522
0.1096	0.8517
0.1097	0.8512
0.1098	0.8507
0.1099	0.8502

Es gilt nun:

$$\min\left[v \mid E\{F_U(v)\} \leq 0.1095\right] = 0.8522$$

$$s_{\text{opt}} = 160 + 0.8522 \cdot 12.6491 = 170.7796$$

Aufgrund der Verlängerung der Wiederbeschaffungszeit ist der erforderliche Sicherheitsbestand von $0.6518 \cdot 8.9443 = 5.8299$ auf $0.8522 \cdot 12.6491 = 10.7796$ angestiegen. Der Zielfunktionswert beträgt nun $Z = 7.4672$.

Der Anstieg der Kosten wird (da die Bestellmenge konstant gehalten wurde) allein durch den erhöhten Sicherheitsbestand verursacht:

$$\Delta Z = 0.05 \cdot (10.7796 - 5.8299) = 7.4672 - 7.2197 = 0.2475$$

Bild E.3 zeigt die Entwicklung des Sicherheitsbestands als Funktion der Länge der Wiederbeschaffungszeit für verschiedene Werte des β-Servicegrades. Man erkennt deutlich, daß der Sicherheitsbestand bei hohen Servicegraden sensibler auf die Veränderung der Länge der Wiederbeschaffungszeit reagiert als bei niedrigeren Servicegraden.

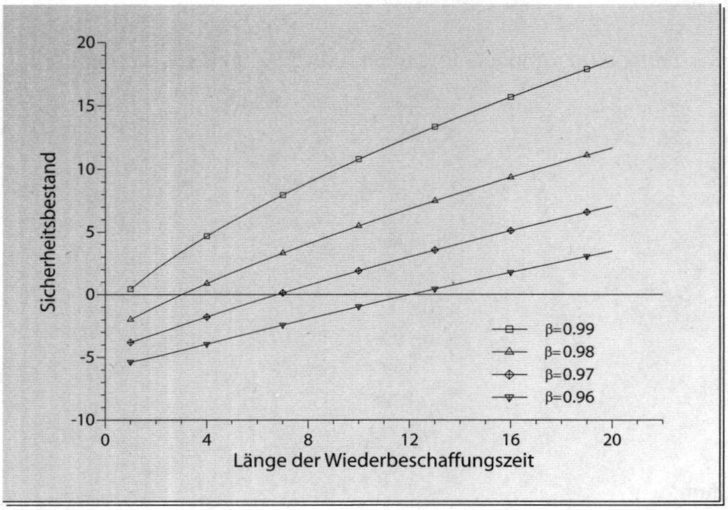

Bild E.3: Sicherheitsbestand als Funktion der Länge der Wiederbeschaffungszeit

AUFGABE E10.8: (s,q)-LAGERHALTUNGSPOLITIK, SIMULATION

In einem Lager eines Unternehmens, das Kommunikationsanlagen herstellt, wurde über einen Zeitraum von 100 Tagen die Nachfragemenge nach einem Bauelement empirisch ermittelt. Die Beobachtungswerte sind in der folgenden Tabelle spaltenweise angegeben:

Nachfragemenge in den Tagen									
1-10	11-20	21-30	31-40	41-50	51-60	61-70	71-80	81-90	91-100
56	48	56	56	49	43	55	38	52	65
52	52	51	57	50	47	49	46	47	50
47	46	52	51	42	45	50	51	55	47
52	48	54	40	56	54	54	45	51	57
46	47	45	53	51	58	49	50	44	60
55	50	40	42	45	55	47	49	52	50
51	41	48	52	47	44	52	47	55	48
54	48	51	46	49	62	51	47	49	42
63	56	53	44	52	53	41	48	50	60
48	52	49	40	55	53	46	44	45	41

Bild E.4 veranschaulicht die zeitliche Entwicklung der Periodennachfragen.

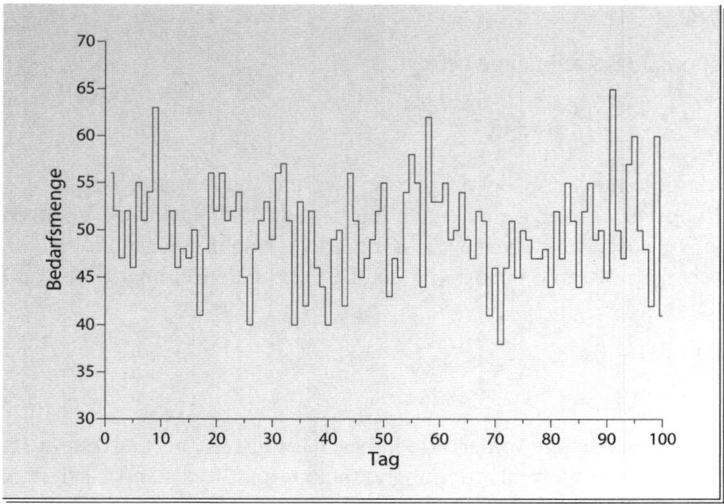

Bild E.4: Tägliche Nachfragemengen

Die Auswertung dieser Daten führte zu dem Schluß, daß die tägliche Nachfrage einer Normalverteilung mit dem Mittelwert $E\{D\} = 49.81$ und einer Varianz $V\{D\} = 27.67$ (d.h. Standardabweichung $\sigma_D = 5.26$) folgt.

Am Ende eines jeden Arbeitstages ($t = 0$) wird der aktualisierte Lagerbestand durch ein EDV-Programm überprüft. Falls der Bestellpunkt (Meldebestand) des Bauelements erreicht ist, wird sofort per Datenfernübertragung eine Bestellung an den Lieferanten geschickt. Am nächsten Tag ($t = 1$) erfolgt die Auftragsbearbeitung beim Lieferanten, der die Ware noch an demselben Tag an einen Spediteur übergibt. Die Lieferung trifft am Morgen des darauffolgenden Tages ($t = 2$) im Lager ein.

a) Wie hoch ist die optimale Bestellmenge, wenn die fixen Bestellkosten $s = 60$ € betragen und wenn mit einem Lagerkostensatz von $h = 0.05$ € pro Stück und Tag gerechnet wird?

b) Wie hoch ist der optimale Bestellpunkt, wenn ein β-Servicegrad von 99 % erreicht werden soll?

c) Konstruieren Sie mit Hilfe eines Tabellenkalkulationsprogramms eine Tabelle, in der Sie in jeder Zeile folgende Größen eingeben bzw. fortschreiben: {Tag, Nachfragemenge, physischer Lagerbestand (bezogen auf das Ende eines Tages), Differenz zwischen Bestellpunkt s und physischem Lagerbestand unmittelbar vor Auslösung einer Bestellung (Defizit), disponibler Lagerbestand (bezogen auf das Ende eines Tages, u.U. nach einer Bestellung), Fehlmenge}. Gehen Sie von den unter a) ermittelten (aufgerundeten) Werten für s und q aus und bestimmen Sie den β-Servicegrad. Was fällt Ihnen auf?

LÖSUNG

a) Die optimale Bestellmenge beträgt:

$$q_{\text{opt}} = \sqrt{\frac{2 \cdot 49.81 \cdot 60}{0.05}} = 345.75$$

b) Die dargestellte Form der Lagerüberwachung hat zur Folge, daß die Wiederbeschaffungszeit immer genau einen Tag beträgt. Die Nachfrage in der Wiederbeschaffungszeit ist damit ebenso wie die tägliche Nachfrage normalverteilt mit dem Mittelwert $\mu_Y = 49.81$ und $\sigma_Y = 5.26$. Der optimale Fehlmengenerwartungswert beträgt dann:

$$\begin{aligned} E\{F_Y(s)\} &= (1-\beta) \cdot q_{\text{opt}} \\ &= 0.01 \cdot 345.75 = 3.4575 \end{aligned}$$

Da die Nachfragemenge in der Wiederbeschaffungszeit normalverteilt ist, können wir auf die Standardnormalverteilung zurückgreifen. Der standardisierte Fehlmengenerwartungswert beträgt:

$$\begin{aligned} E\{F_U(v)\} &= (1-\beta) \cdot \frac{q_{\text{opt}}}{\sigma_Y} \\ &= 0.01 \cdot \frac{345.75}{5.26} = 0.6573 \end{aligned}$$

Durch Nachschlagen in einer Tabelle der Standard-Normalverteilung finden wir den minimalen standardisierten Sicherheitsbestand (Sicherheitsfaktor), bei dem der geforderte β-Servicegrad gerade noch eingehalten wird:

$$\min\left[v \mid E\{F_U(v)\} \leq 0.6573\right] = -0.441$$

Der optimale Bestellpunkt s_{opt} beträgt damit:

$$s_{\text{opt}} = 49.81 - 0.441 \cdot 5.26 = 47.49$$

c) Betrachten wir die in der folgenden Tabelle dargestellten ersten zwanzig Tage genauer, dann stellen wir fest, daß der physische Lagerbestand unmittelbar vor der Auslösung einer Bestellung den in der obigen Optimierungsrechnung angenommen Bestellpunkt i.a. bereits erheblich unterschritten hat (Anm.: Negative physische Bestände sind Fehlmengen bzw. Vormerkbestände). Dieses Defizit führt im vorliegenden Beispiel dazu, daß der β-Servicegrad nicht – wie gewünscht – 99%, sondern nur ca. 93% beträgt. Durch Berücksichtigung von Erwartungswert und Standardabweichung des Defizits bei der Festlegung des Bestellpunkts kann dieses Problem jedoch beseitigt werden.

Tag	Nachfrage-menge	phys. Bestand Tagesende	Defizit	disp. Bestand Tagesende	Fehl-menge
0		346	0	346	
1	56	290	0	290	0
2	52	238	0	238	0
3	47	191	0	191	0
4	52	139	0	139	0
5	46	93	0	93	0
6	55	38	10	38	0
7	51	-13	0	333	13
8	54	279	0	279	0
9	63	216	0	216	0
10	48	168	0	168	0
11	48	120	0	120	0
12	52	68	0	68	0
13	46	22	26	22	0
14	48	-26	0	320	26
15	47	273	0	273	0
16	50	223	0	223	0
17	41	182	0	182	0
18	48	134	0	134	0
19	56	78	0	78	0
20	52	26	22	26	0

AUFGABE E10.9: SICHERHEITSBESTAND BEI VERGRÖSSERUNG DER PERIODENBEDARFSMENGE

Die Fa. ALCES, ein Möbelhaus, hat in ihrem Produktprogramm drei Gästesofas der Marke TRELLEBORG. Ein Sofa besteht aus einem Schaumstoffkörper und einem Stoffbezug. Die Sofas unterscheiden sich lediglich durch die Farbe des Bezuges (schwarz, blau und beige). Die Einstandskosten des Schaumstoffkörpers betragen 265 €. Der Stoffbezug repräsentiert unabhängig von der Farbe einen Wert von 210 €. Die wöchentliche Nachfragemengen nach den TRELLEBORG-Sofas sind mit den in der folgenden Tabelle angegebenen Parametern normalverteilt:

Farbe	schwarz	blau	beige
Mittelwert	6	4	5
Standardabweichung	2	2	1

a) Wie hoch ist der Wert des Sicherheitsbestands bei Verfolgung einer (s,q)-Politik, wenn die Wiederbeschaffungszeit 4 Wochen beträgt, ein α-Servicegrad von 95% erreicht werden soll und jedes Sofa vollständig verpackt (Schaumstoffkörper und Bezug) gelagert wird?

b) Wie hoch ist der Wert des Sicherheitsbestands bei einer (s,q)-Politik, wenn die Schaumstoffkörper und die Bezüge getrennt verpackt werden und wenn die vollständigen Sofas erst in der Warenausgabe entsprechend dem Kundenwunsch zusammengestellt werden?

LÖSUNG

a) In diesem Fall erhalten wir folgende Parameter der Verteilung der Nachfragemenge in der Wiederbeschaffungszeit:

Farbe	schwarz	blau	beige
Mittelwert	$4 \cdot 6 = 24$	$4 \cdot 4 = 16$	$5 \cdot 4 = 20$
Standardabweichung	$\sqrt{4 \cdot 4} = 4$	$\sqrt{4 \cdot 4} = 4$	$\sqrt{4 \cdot 1} = 2$

Der Sicherheitsfaktor beträgt $v_{\text{opt}} = 1.644$ Daher beträgt der Sicherheitsbestand $1.644 \cdot (4+4+2) = 16.44$ Sofas. Der durch die Stoffe verursachte Wert des Sicherheitsbestands ist dann $16.44 \cdot 210$ €=3452.40 €. Der im Schaumstoffkörper gebundene Sicherheitsbestand hat einen Wert von $16.44 \cdot 265$ €=4356.60 €.

b) In diesem Fall ist die Standardabweichung der Nachfragemenge nach Schaumstoffkörpern pro Woche gleich $\sqrt{(4+4+1) \cdot 4} = 6$. Der Sicherheitsbestand für Schaumstoffkörper beträgt nun $1.644 \cdot 6 = 9.864$. Dies entspricht einer Kapitalbindung von $9.864 \cdot 265$ € = 2613.96 €.

Literaturhinweise

Silver et al. (1998), Kapitel 7
Tempelmeier (2003a), Abschnitt E.2.3

10.3 *(r,S)*-Politik

Verständnis- und Wiederholungsfragen

1. Beschreiben Sie die Funktionsweise der (r,S)-Lagerpolitik.

2. Vergleichen Sie die kontinuerliche mit der periodischen Lagerüberwachung anhand einer Graphik, die die Entwicklung des Lagerbestands im Zeitablauf zeigt. Worin bestehen die Unterschiede zwischen den beiden Überwachungskonzepten?

3. Hat eine kontinuierliche Lagerüberwachung bei Anwendung der (r,S)-Politik einen Sinn?

4. In der Literatur findet man folgende Aussage: Eine (r,S)-Politik verursacht höhere Lagerkosten für den Sicherheitsbestand als eine (s,q)-Politik. Ist diese Aussage zutreffend? Welche Voraussetzungen müssen gegeben sein?

Übungsaufgaben

AUFGABE E10.10: BESTELLNIVEAU

Betrachten Sie die in Aufgabe E10.8 beschriebene Nachfrage. Nehmen Sie nun an, daß in dem Lager eine (r,S)-Lagerpolitik verfolgt wird. Im Abstand von $r = 7$ Tagen wird der disponible Lagerbestand mit dem Bestellniveau S verglichen und eine Bestellung in Höhe der Differenz dieser beiden Größen ausgelöst. Die Bestellung wird am nächsten Tag beim Lieferanten bearbeitet und trifft nach einer Wiederbeschaffungszeit $L = 1$, d.h. am übernächsten Morgen im Lager ein.

Wie hoch ist das optimale Bestellniveau S, wenn ein β-Servicegrad von 99% erreicht werden soll?

LÖSUNG

Die Bedarfsmenge Z in der Zeitspanne von $(r+L) = 7+1 = 8$ Tagen ist normalverteilt mit den Parametern

$$E\{Z\} = (r+L)\cdot E\{D\} = (7+1)\cdot 49.81 = 398.48$$

$$\sigma_Z = \sqrt{(r+L)\cdot V\{D\}} = \sqrt{8\cdot 5.26^2} = 14.87$$

Bei einem β-Servicegrad von 99% darf die mittlere Fehlmenge pro Bestellzyklus den Anteil $(1-\beta)$ nicht überschreiten. Der Sicherheitsfaktor ist also wie folgt festzulegen:

$$E\{F_Z(S)\} = (1-\beta)\cdot r\cdot E\{D\} = 0.01\cdot 7\cdot 49.81 = 3.49$$

$$E\{F_U(v)\} = \frac{(1-\beta)\cdot r\cdot E\{D\}}{\sigma_Z} = \frac{0.01\cdot 7\cdot 49.81}{14.87} = 0.234$$

Daraus ergibt sich für den Sicherheitsfaktor der folgende Wert:

$$\min\left[v \mid E\{F_U(v)\} \le 0.234\right] = 0.390$$

Das Bestellniveau soll die Nachfrage im Zeitraum $(r+L)$ abdecken. Das bedeutet:

$$S_{\text{opt}} = 398.48 + 0.39\cdot 14.87 = 404$$

AUFGABE E10.11: PRODUKTIONSSYNCHRONE BESCHAFFUNG

Die ARX LUPORUM AG produziert Sitze für Golfwagen in einem Werk in Braunschweig. Die Montage der Golfwagen erfolgt in Magdeburg. Entsprechend dem Prinzip der produktionssynchronen Bereitstellung werden die Sitze in Abständen von zwei Stunden in Braunschweig auf einen LKW verladen und nach Magdeburg transportiert. Dort werden sie entladen und direkt in die Montage eingeschleust. Die stündliche Produktionsmenge in Magdeburg beträgt 30 Golfwagen mit jeweils zwei

Sitzen. Ein voll beladener LKW kann 200 Sitze transportieren. Für die Dauer der Fahrt auf der Autobahn A2 zwischen Braunschweig und Magdeburg wurden bisher immer genau 120 Minuten eingeplant, die auch mit einer hohen Genauigkeit eingehalten wurden.

Aufgrund einer starken Zunahme des Verkehrs auf der A2 kommt es in jüngster Zeit immer häufiger zu Verkehrsstauungen. Dadurch erhöht sich die Fahrzeit der LKW von Braunschweig nach Magdeburg z.T. beträchtlich. Eine empirische Untersuchung ergab folgende Verteilung der Fahrzeiten:

Fahrzeit ℓ	Wahrscheinlichkeit $P\{L=\ell\}$
176	0.10
178	0.15
180	0.40
185	0.20
190	0.10
200	0.05
	1.00

a) Wie sieht die optimale Entwicklung des Lagerbestands in Magdeburg aus, wenn die Fahrzeit deterministisch 120 Minuten beträgt und auch sonst keine Störungen auftreten?

b) Welchen Einfluß hat die stochastische Veränderung der Fahrzeit auf die Höhe des Bestellniveaus in Magdeburg, wenn dort eine ($r = 120$ Minuten,S)-Politik verfolgt wird?

LÖSUNG

a) Unter deterministischen Bedingungen kann der Nachschub so gestaltet werden, daß LKW mit 120 Sitzen, d.h. dem Bedarf für zwei Stunden, im Zweistunden-Rhythmus in Hannover starten und unmittelbar vor dem Absinken des Lagerbestands auf Null in Magdeburg eintreffen. Diese ($r = 120$ Minuten, $S = 120$ Stück)-Politik führt zu der bekannten „Sägezahn"-Darstellung des Lagerbestands, wie sie in Bild E.5 dargestellt ist.

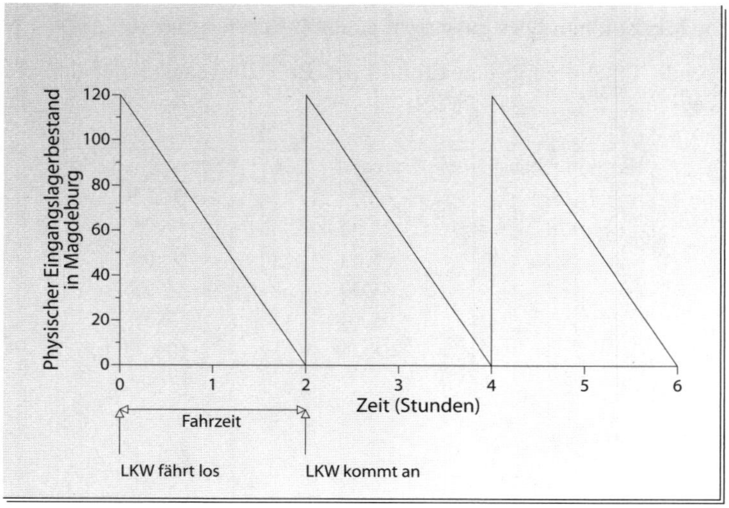

Bild E.5: Entwicklung des Lagerbestands

b) Die stochastische Veränderung der Wiederbeschaffungszeit (aus der Sicht der Warenannahme in Magdeburg) führt dazu, daß es u.U. zu Produktionsstockungen aufgrund von Fehlmengen wegen der verspäteten Ankunft eines LKW kommt. Um dies zu verhindern, muß ein Sicherheitsbestand bevorratet werden, der bei Bedarf durch eine Nachlieferung wieder aufgefüllt wird.

Die Verteilung der Bedarfsmenge Z an Sitzen innerhalb des relevanten Zeitraums $r+L$ (Überwachungszyklus + stochastische Wiederbeschaffungszeit) ist in folgender Tabelle wiedergegeben:

Bedarf z	Wahrscheinlichkeit $P\{Z=z\}$
176	0.10
178	0.15
180	0.40
185	0.20
190	0.10
200	0.05

Der Erwartungswert beträgt:

$E\{Z\} = 182.30$

Die Höhe des Bestellniveaus hängt vom gewünschten Servicegrad ab. Nimmt man an, daß die Wahrscheinlichkeit für das Auftreten von Fehlmengen innerhalb eines Bestellzyklus 5% nicht überschreiten soll, dann muß das Bestellniveau $S = 190$ betragen. Die mittlere Fehlmenge unmittelbar vor Ankunft einer Lieferung beträgt dann 0.5 (ME/Zyklus). Dies entspricht einem β-Servicegrad von $\frac{1-0.5}{120} = 99.58\%$.

Die folgende Tabelle zeigt den Einfluß des Bestellniveaus S auf den α- und den β-Servicegrad.

Bestellniveau S	α-Servicegrad (%)	β-Servicegrad (%)
176	10.00	94.75
178	25.00	96.25
180	65.00	97.50
185	85.00	98.96
190	95.00	99.58
200	100.00	100.00

Literaturhinweise

Nahmias (2001), Kapitel 5
Silver et al. (1998), Kapitel 7
Tempelmeier (2003a), Abschnitt E.2.4

11 Transport- und Tourenplanung

11.1 Transportplanung

Verständnis- und Wiederholungsfragen

1. Nennen Sie verschiedene Anwendungsmöglichkeiten für das klassische Transportmodell?

2. Was ist zu tun, wenn die Summe der Angebotsmengen im klassischen Transportmodell nicht mit der Summe der Nachfragemengen übereinstimmt?

3. Welche Annahmen werden hinsichtlich der Kosten im klassischen Transportmodell getroffen?

Übungsaufgabe

AUFGABE E11.1: KLASSISCHES TRANSPORTMODELL

Für die Errichtung einer zusätzlichen Produktionsstätte sollen die Veränderungen der Distributionskosten ausgewertet werden. Die Unternehmung optimiert ihre Produktauslieferungen mit Hilfe des klassischen Transportmodells. Dazu hat sie das folgende Tableau aufgestellt:[1]

	Absatzregion				
	1	2	3	4	Kapazität
Fabrik 1	\7	\2	\4	\7	10
Fabrik 2	\9	\5	\3	\3	8
Fabrik 3	\7	\7	\6	\4	7
Bedarf	6	5	8	6	

a) Bestimmen Sie eine zulässige Ausgangslösung nach der Nordwest-Ecken-Regel.

b) Bestimmen Sie eine zulässige Ausgangslösung mit Hilfe der Vogel'schen Approximationsmethode.

c) Bestimmen Sie die optimale Lösung mit Hilfe des MODI-Verfahrens, wobei einmal von der mit Hilfe der Nordwest-Ecken-Regel und zum anderen von der mit Hilfe der Vogel'schen Approximationsmethode gefundenen Ausgangslösung auszugehen ist.

LÖSUNG

a) Man beginnt in der oberen linken Ecke des Lösungstableaus (im Nordwesten)

1 Das Zahlenbeispiel wurde entnommen aus *Domschke und Drexl* (2002), S. 76ff

und trägt soviel an Transportvolumen ein, wie aufgrund des Bedarfs notwendig bzw. aufgrund der verfügbaren Kapazität möglich ist. Dann setzt man entweder (bei unausgeschöpfter Kapazität) in derselben Zeile bzw. (bei unbefriedigtem Bedarf) in derselben Spalte fort und verfährt nach diesem Lösungsprinzip, bis man schließlich in der unteren rechten Ecke des Lösungsstableaus angelangt ist. Bezeichnet man mit x_{ij} die Transportmenge, die von Fabrik i in die Absatzregion j verbracht wird, so ergeben sich nach und nach die folgenden Lösungswerte (die übrigen x_{ij} haben den Wert Null):

$x_{11} = 6; \quad x_{12} = 4; \quad x_{22} = 1; \quad x_{23} = 7; \quad x_{33} = 1; \quad x_{34} = 6$

Die so gefundene Ausgangslösung ist in dem folgenden Tableau zusammengestellt. Sie führt auf Gesamtkosten von 106.

	Absatzregion				
	1	2	3	4	Kapazität
Fabrik 1	[6] \ 7	[4] \ 2	\ 4	\ 7	10
Fabrik 2	\ 9	[1] \ 5	[7] \ 3	\ 3	8
Fabrik 3	\ 7	\ 7	[1] \ 6	[6] \ 4	7
Bedarf	6	5	8	6	

b) Die Vogel'sche Approximationsmethode beruht auf dem Gedanken, daß man die zusätzlichen Kosten minimiert, die dadurch entstehen, daß man eine Absatzregion j nicht von der transportkostengünstigsten, sondern von der zweitgünstigsten Fabrik beliefert bzw. daß man von einer Fabrik i nicht die transportkostengünstigste Absatzregion, sondern die zweitgünstigste beliefert. Man bildet für jede Spalte und jede Zeile des Lösungstableaus entsprechende Kostendifferenzen s_i bzw. z_j und stellt nach Maßgabe der jeweils größten (einsparbaren) Zusatzkosten Zug um Zug eine Ausgangslösung auf, wobei nach jedem Eintrag im Tableau die Kostendifferenzen entsprechend anzupassen sind und Zeilen und Spalten, deren Kapazität erschöpft bzw. deren Bedarf befriedigt ist, aus der weiteren Betrachtung ausgeschlossen werden. Der Lösungsgang lautet:

Schritt 1:

$z_1 = 2; z_2 = 0; z_3 = 2; s_1 = 0; s_2 = 3; s_3 = 1; s_4 = 1;$

$x_{12} = 5$

Schritt 2:

$z_1 = 3; z_2 = 0; z_3 = 2; s_1 = 0; s_3 = 1; s_4 = 1;$

$x_{13} = 5$

Schritt 3:

$z_2 = 0; z_3 = 2; s_1 = 2; s_3 = 3; s_4 = 1;$

$x_{23} = 3$

Schritt 4:

$z_2 = 6; z_3 = 3; s_1 = 2; s_4 = 1;$

$x_{24} = 5$

Schritt 5:

$z_3 = 3$

$x_{34} = 1$ und $x_{31} = 6$

Die sich ergebende Lösung ist in dem folgenden Tableau zusammengestellt. Die Gesamtkosten betragen 100.

	Absatzregion				
	1	2	3	4	Kapazität
Fabrik 1	\ 7	[5] \ 2	[5] \ 4	\ 7	10
Fabrik 2	\ 9	\ 5	[3] \ 3	[5] \ 3	8
Fabrik 3	[6] \ 7	\ 7	\ 6	[1] \ 4	7
Bedarf	6	5	8	6	

c) Die Lösung des Beispiels durch das MODI-Verfahren ist bei *Domschke und Drexl* (2002), S. 79ff nachzulesen. Es zeigt sich, daß es zwei gleichwertige optimale Lösungen gibt, darunter die mit Hilfe der Vogel'schen Approximationsmethode gefundene Ausgangslösung.

Fallstudie: Produktions- und Distributionsplanung (Chemische Produktion)[2]

Die Firma Applichem stellt weltweit an verschiedenen Produktionsstandorten eine „Release-ease" genannte Substanz her, die bei der Herstellung von Plastikformteilen eingesetzt wird, um das Auslösen der Plastikteile aus der Gußform zu erleichtern. Den Markt für derartige Produkte teilen sich einige wenige weltweit operierende Unternehmungen auf. Wegen der rückläufigen Nachfrage liegen die weltweiten Produktionskapazitäten von Applichem inzwischen deutlich über den erzielbaren Absatzmengen. Ein Ansteigen der Absatzzahlen ist nicht zu erwarten. In der Vergangenheit hatte Applichem in verschiedenen Ländern Produktionsstätten errichtet. Die Gründe hierfür lagen zum einen im weltweiten Vertrieb des Produktes und zum anderen in den Kostenvorteilen, die an den einzelnen Produktionsstandorten zu erzielen waren.

In der folgenden Tabelle sind einige wichtige Ausgangsdaten für die sechs verschiedenen Produktionsstätten bzw. die entsprechenden Absatzregionen zusammengestellt.

2 Diese Fallstudie basiert auf der Harvard Business School-Fallstudie „Applichem (A)"; siehe *Garvin* (1992), S. 220-231.

Standort/ Absatzregion	Herstellkosten ($ je 1000 ME)	Einfuhrzoll ($ je 1000 ME)	Kapazität (1000 ME)	Bedarf (1000 ME)
Mexiko	950.1	600	22000	3000
Kanada	973.5	0	3700	2600
Venezuela	1163.4	500	4500	16000
Deutschland	766.9	95	47000	20000
USA	1029.3	45	18500	26400
Japan	1538.0	60	5000	11900

Bei dem hergestellten chemischen Zusatz handelt es sich um ein weitgehend homogenes Produkt, das von den verschiedenen Produktionsstätten in vergleichbarer Qualität hergestellt wird. Daher können die in einer bestimmten Produktionsstätte hergestellten Erzeugnisse grundsätzlich an jede beliebige Absatzregion ausgeliefert werden. Die relevanten Transportkosten (in $ pro 1000 ME) sind der folgenden Tabelle zu entnehmen. Hierbei ist zu beachten, daß die Transportkosten nicht nur von der Entfernung, sondern auch von der Transportrichtung abhängen, da unterschiedliche Transportsysteme eingesetzt werden und die Spediteure nach unterschiedlichen Tarifen abrechnen.

von / nach	Mexiko	Kanada	Venezuela	Deutschland	USA	Japan
Mexiko	–	11.40	7.00	11.00	11.00	14.00
Kanada	11.00	–	9.00	11.50	6.00	13.00
Venezuela	7.00	10.00	–	13.00	10.40	14.30
Deutschland	10.00	11.50	12.50	–	11.20	13.30
USA	10.00	6.00	11.00	10.00	–	12.50
Japan	14.00	13.00	12.50	14.20	13.00	–

Die gegenwärtigen Produktions- und Distributionsmengen der einzelnen Standorte sind der folgenden Tabelle zu entnehmen (jeweils in 1000 ME).

von / nach	Mexiko	Kanada	Venezuela	Deutschland	USA	Japan
Mexiko	3000	–	6300	–	–	7900
Kanada	–	2600	–	–	–	–
Venezuela	–	–	4100	–	–	–
Deutschland	–	–	5600	20000	12400	–
USA	–	–	–	–	14000	–
Japan	–	–	–	–	–	4000

Ermitteln Sie die Kosten für den gegenwärtigen Produktions- und Distributionsplan. Welche Kosteneinsparungen ließen sich erzielen? Würden Sie Standortschließungen in Erwägung ziehen? Welche Gesichtspunkte (abgesehen von Transport- und standortabhängigen Produktionskosten) wären dabei sonst noch zu beachten?

Literaturhinweise

Domschke und Drexl (2002), Kapitel 4

Günther und Tempelmeier (1995), Abschnitt D.2

11.2 Tourenplanung

Verständnis- und Wiederholungsfragen

1. Welcher Unterschied besteht zwischen dem Tourenplanungsproblem und dem Problem des Handlungsreisenden (Rundreiseproblem; Traveling-Salesman-Problem)?

2. Warum sind Tourenplanungsprobleme i.a. schwer zu lösen? Welche Restriktionen sind zu beachten?

3. Welche Restriktionen können einen Auslieferungsfahrer dazu zwingen, von der kürzesten Tour abzuweichen?

Übungsaufgabe

AUFGABE E11.2: TOURENPLANUNG MIT DEM SAVING-VERFAHREN

Joe Cool hat einen Führerschein, das dazu passende Auto und eine 16-jährige Schwester, die am nächsten Wochenende mehrere ihrer Freundinnen zu einer Party eingeladen hat. Joe hat sich bereiterklärt, alle Mädchen zu Hause abzuholen. Sein Auto bietet Platz für maximal vier Personen (einschl. Fahrer). Die Wohnorte der Mädchen sowie die bestehenden Straßenverbindungen zwischen allen Orten mit den jeweiligen Entfernungen sind in Bild E.6 wiedergegeben. In den Orten 1, 2 und 3 sind jeweils zwei Mädchen abzuholen. In den Orten 4, 5 und 6 wohnt jeweils nur ein Mädchen. Das Haus markiert den Wohnort von Joe und seiner Schwester, wo die Party stattfinden soll. Die Zahlen an den Straßen stellen die Entfernungen zwischen den Orten dar.

a) Zunächst plant Joe, zu jedem Wohnort einzeln hinzufahren und die dort wohnenden Mädchen direkt zum Ort der Party zu bringen. Wie lang ist in diesem Fall die gesamte Fahrstrecke?

b) Die in a) ermittelte Fahrstrecke ist Joe zu lang. Er sieht sich daher gezwungen, anstelle der Einzelfahrten mehrere Mädchen auf einer Fahrt einzusammeln. Entwickeln Sie einen Tourenplan, indem Sie von der Lösung der Teilaufgabe a) ausgehen und diese schrittweise möglichst stark verbessern.

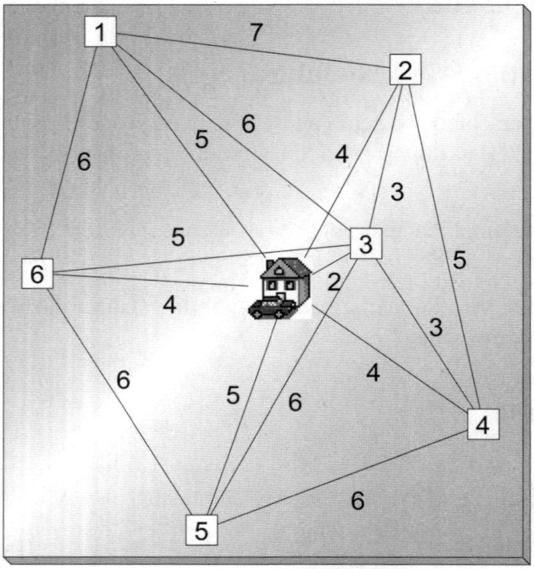

Bild E.6: Streckennetz zwischen den Wohnorten

LÖSUNG

a) In diesem Fall muß Joe jeweils zu jedem Ort hin- und zurückfahren. Die gesamte Fahrstrecke beträgt dann:

$$10+8+4+8+10+8=48$$

b) Eine plausible Vorgehensweise besteht darin, schrittweise die Orte zu einer Tour zusammenzufassen, bei denen die größte Fahrstreckenersparnis auftritt. Die Fahrstreckenersparnis bei Zusammenfassung der Orte i und j ist gleich der Rückfahrt vom Ort i zuzüglich der Hinfahrt zum Ort j abzüglich der Fahrstrecke vom Ort i zum Ort j. Für alle Kombinationen von Orten können die möglichen Fahrstreckenersparnisse in der folgenden Matrix angeordnet werden:

i/j	1	2	3	4	5	6
1	–	(5+4-7)=2	(5+2-6)=1	(5+4-9)=0	(5+5-12)=-2	(5+4-6)=3
2		–	(4+2-3)=3	(4+4-5)=3	(4+5-9)=0	(4+4-8)=0
3			–	(2+4-3)=3	(2+5-6)=1	(2+4-5)=1
4				–	(4+5-6)=3	(4+4-8)=0
5					–	(4+5-6)=3
6						–

Zunächst werden die Orte 1 (zwei Fahrgäste) und 6 (ein Fahrgast) zusammengefaßt. Damit ist die erste Tour bereits komplett. Die Fahrstreckenersparnis beträgt 3 km. Dann wird versucht, die Orte 2 und 3 zu einer Tour zusammenzufassen. Das ist nicht möglich, weil die maximale Anzahl der Fahrgäste überschritten würde. Die Zusammenfassung der Orte 2 und 4 ist aber möglich, wobei wieder 3 km eingespart werden. Die letzte Tour wird aus den Orten 3 und 5 gebildet. Hierdurch sinkt die Fahrstrecke noch einmal um 1 km. Prinzipiell wäre nun zu überprüfen, ob die weitere Zusammenfassung der Touren mit den Orten 1 und 6 sowie mit den Orten 2 und 4 möglich ist. Dies würde zu einer weiteren Fahrstreckeneinsparung führen, ist aber wegen der begrenzten Transportkapazität des Fahrzeugs nicht möglich. Joe Cool sollte also die in Bild E.6 markierten Touren fahren.

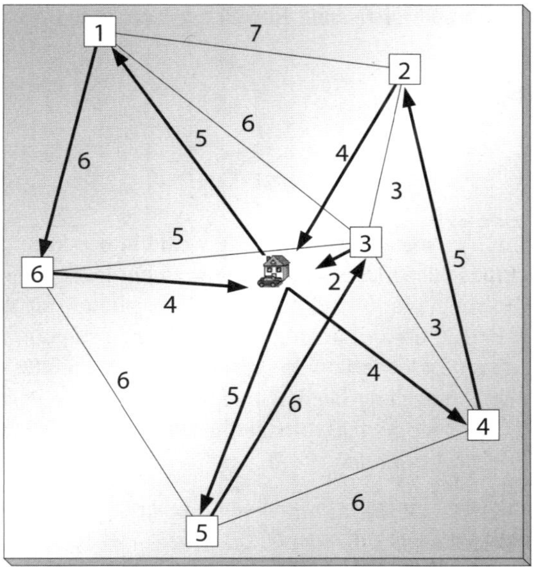

Bild E.7: Touren

Literaturhinweise

Gietz (1994), Kapitel 2
Neumann und Morlock (1993), Abschnitt 3.5
Tempelmeier (1983), Abschnitt 3.2.1

12 Lagerbetrieb und Güterumschlag

12.1 Beladungsplanung

Verständnis- und Wiederholungsfragen

1. Was versteht man unter einem Versandgebinde?

2. Welche Vorteile bieten genormte Ladungsträger (Paletten, Container)?

3. Begründen Sie, daß die Umsetzung einer effizienten Palettenbeladung in einem größeren Industriebetrieb praktisch kostenneutral ist, daß sich aber gleichzeitig erhebliche Einsparungen an logistischen Kosten erzielen lassen.

Übungsaufgabe

AUFGABE E12.1: PALETTENBELADUNG

Für die Einlagerung und spätere Auslieferung wird ein bestimmtes Produkt in einheitlichen rechteckigen Versandgebinden von a=35 cm Länge und b=15 cm Breite abgepackt. Die Versandgebinde sind auf einer Europalette mit den Kantenlängen von A=80 cm und B=120 cm in Lagen gleicher Höhe zu stapeln. Hierbei belegt jedes Versandgebinde eine Fläche von $35 \cdot 15\ \text{cm}^2$ auf der Palette. Gesucht wird ein Lagenplan (d.h. eine Anordnung der Versandgebinde auf der Palette), bei dem die Grundfläche der Palette möglichst vollständig ausgenutzt wird (vgl. *Bischoff und Dowsland* (1982) sowie *Isermann* (1987)).

a) Was versteht man unter einem orthogonalen Lagenplan? Welche praktischen Vorteile weisen orthogonale Lagenpläne auf?

b) Bestimmen Sie einen aus vier Blöcken bestehenden Lagenplan.

c) Welche Auswirkungen hätte die Verringerung der Breite eines Versandgebindes von 15 auf 14 cm?

LÖSUNG

a) Bei einem orthogonalen Lagenplan verlaufen alle Kanten der Versandgebinde parallel zu den Kanten der Palette. Aus Gründen der Stabilität und der Transportsicherheit werden nichtorthogonale Lagenpläne in der Praxis nur sehr selten verwendet.

b) Zur Erzeugung von Lagenplänen gibt es eine Reihe von leistungsfähigen Heuristiken. Ein häufig verwendetes heuristisches Lösungsprinzip besteht darin, die Palettengrundfläche in eine bestimmte Anzahl von Blöcken aufzuteilen, wobei die sich in einem Block befindlichen Versandgebinde jeweils die gleiche Orientierung aufweisen. In Bild E.8 ist die Aufteilung der Palettengrundfläche in vier Blöcke schematisch dargestellt. Hierbei wird die Anordnung der Blöcke so gewählt, daß sich an einer Seite der Palette immer zwei Blöcke mit unterschiedlicher Ausrichtung (Schmal- bzw. Breitseitenausrichtung) der Versandgebinde befinden.

Die in Bild E.8 verwendete Notation hat die folgende Bedeutung:

i	Blöcke (i = 1,2,3,4)
A_i, B_i	Kantenlängen von Block i
j	Palettenseiten: o(ben), r(echts), u(nten), l(inks)
m_j, n_j	Anzahl schmal- bzw. breitseitig ausgerichteter Versandgebinde an Palettenseite j

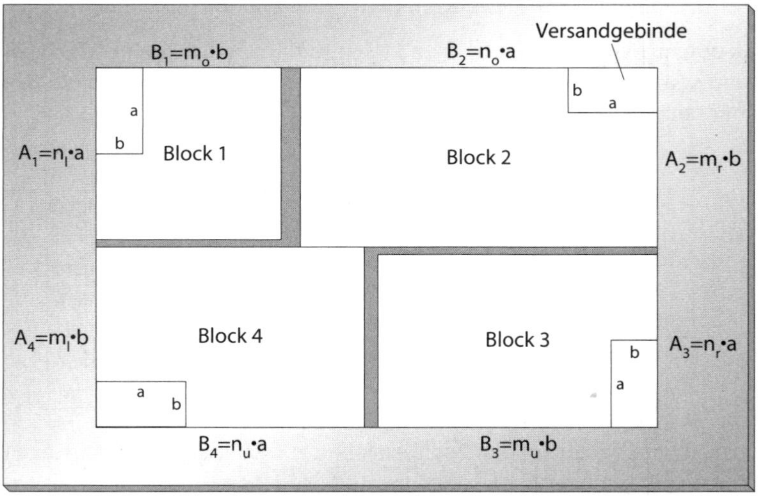

Bild E.8: Blockaufteilung der Palettengrundfläche

Bei der Erzeugung von Lagenplänen nach dem 4-Block-Prinzip geht man wie folgt vor.

Schritt 1: Bildung von Partitionen der Schmal- und Längsseiten der Palette

In einem 4-Block-Lagenplan werden die Kantenlängen der Palette (A=80 bzw. B=120 cm) jeweils in ganzzahlige Vielfache der Kantenlängen des Versandgebindes (a=35 bzw. b=15 cm) aufgeteilt. Gegebenenfalls verbleibt eine Beladungslücke (vgl. Bild E.8). Zunächst werden alle effizienten Aufteilungen (Partitionen) der Schmalseiten (A_1, A_4) und (A_2, A_3) sowie der Breitseiten (B_1, B_2) und (B_4, B_3) der Palette gebildet, wobei zu berücksichtigen ist, daß die Kantenlängen a und b des Versandgebindes jeweils mindestens einmal in einer Partition enthalten sein müssen, da sonst Lagenpläne mit weniger als vier Blöcken entstehen würden.

So läßt sich beispielsweise die untere Seite der Palette (mit der Kantenlänge B=120 cm) in eine breit- und fünf schmalseitig ausgerichtete Versandgebinde effizient aufteilen. Dies entspricht der Partition $(B_4, B_3) = (1a, 5b)$. Weitere effiziente Partitionen der unteren Palettenseite sind (2a, 3b) und (3a, 1b). Ähnlich verfährt man mit den übrigen Seiten der Palette, wobei zu beachten ist, daß z. B. die Partitionen (1b, 1a) und (2b, 1a) durch eine weitere Partition (3b, 1a) dominiert und daher in die folgende Zusammenstellung der effizienten Partitionen nicht aufgenommen werden:

(A_1, A_4): (1a, 3b)
(A_2, A_3): (3b, 1a)
(B_1, B_2): (1b, 3a), (3b, 2a), (5b, 1a)
(B_4, B_3): (1a, 5b), (2a, 3b), (3a, 1b)

Schritt 2: Erzeugung von Lagenplänen durch Kombination effizienter Partitionen

Aus den obigen effizienten Partitionen lassen sich die in der folgenden Tabelle aufgeführten Kombinationen bilden, wobei sich spiegelbildlich gleichende Kombinationen nur einmal berücksichtigt werden.

	Palettenseite				
Lagenplan	(A1, A4)	(A2, A3)	(B1, B2)	(B4, B3)	Zulässig?
1	(1a, 3b)	(3b, 1a)	(1b, 3a)	(1a, 5b)	nein
2	(1a, 3b)	(3b, 1a)	(1b, 3a)	(2a, 3b)	nein
3	(1a, 3b)	(3b, 1a)	(1b, 3a)	(3a, 1b)	nein
4	(1a, 3b)	(3b, 1a)	(3b, 2a)	(1a, 5b)	ja
5	(1a, 3b)	(3b, 1a)	(3b, 2a)	(2a, 3b)	nein
6	(1a, 3b)	(3b, 1a)	(5b, 1a)	(1a, 5b)	ja

Die in der obigen Tabelle enthaltenen Angaben zur Zulässigkeit einer Lagenaufteilung beruhen auf der Überlegung, daß unzulässige Überschneidungen der einzelnen Blöcke auftreten, wenn entweder die Bedingung

$$A_1 + A_3 > A \text{ und } B_1 + B_3 > B$$

oder

$$A_2 + A_4 > A \text{ und } B_2 + B_4 > B$$

erfüllt ist. Diese Zulässigkeitsbedingungen lassen sich aus der Flächenaufteilung in Bild E.8 unmittelbar herleiten. Die zulässigen Lagenpläne 4 und 6 sind in den Bildern E.9 und E.10 wiedergegeben. Der Lagenplan 4 enthält 17 Versandgebinde und nutzt die Palettengrundfläche besser aus als der Lagenplan 6, der aus 16 Versandgebinden besteht. Schließlich können bei dem gewählten Lagenplan die einzelnen Blöcke noch gegeneinander verschoben werden, um die Stabilität der Ladung zu erhöhen.

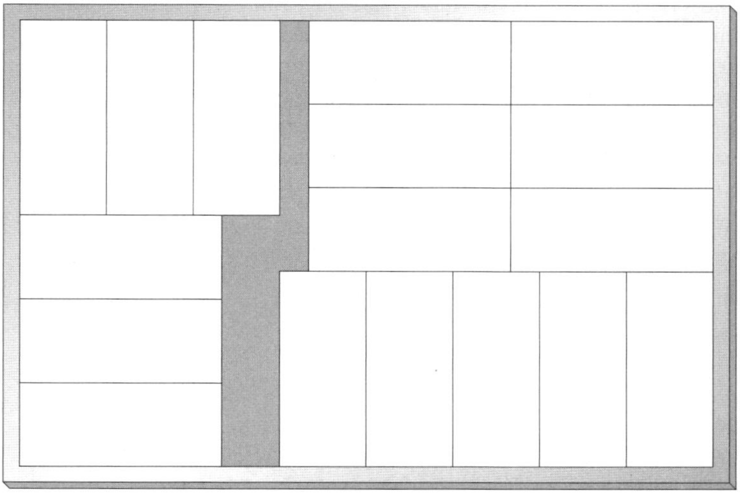

Bild E.9: Lagenplan Nr. 4 mit 17 Versandgebinden

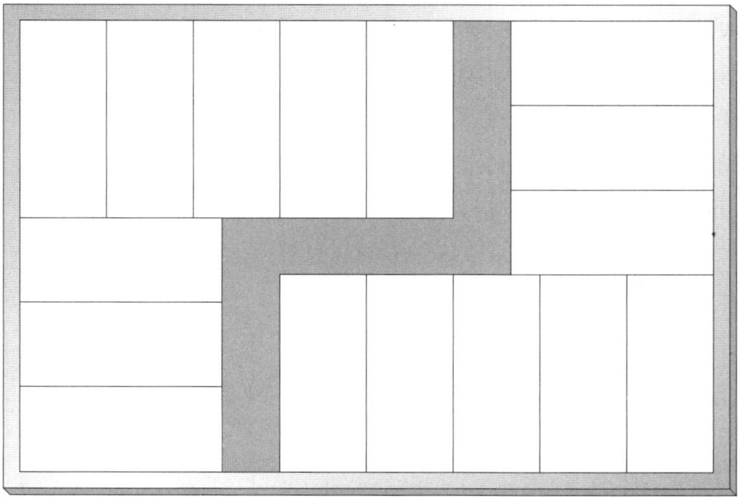

Bild E.10: Lagenplan Nr. 6 mit 16 Versandgebinden

c) Aus Bild E.10 ist ersichtlich, daß bei dem Lagenplan 6 sowohl an der Ober- als auch an der Unterseite der Palette eine Beladungslücke von jeweils 10 cm verbleibt. Da sich an diesen Seiten der Palette jeweils fünf schmalseitig ausgerichtete Versandgebinde befinden, würde die Verringerung der Breite des Versandgebindes von 15 auf 14 cm dazu führen, daß sich insgesamt zwei weitere Versandgebinde unterbringen ließen. In gleicher Weise könnte in den Lagenplan 4 (siehe Bild E.9) ein weiteres Versandgebinde aufgenommen werden. Aufgrund dieser geringfügigen Änderung in den Abmessungen der Packstücke ließe sich der Flächenbedarf bei der Lagerung und beim Transport um ca. 6% verringern. Diese Einsparungsmöglichkeiten unterstreichen die Notwendigkeit einer logistikgerechten Produktentwicklung.

Literaturhinweise

Bischoff und Dowsland (1982)
Bischoff und Ratcliff (1995)
Dowsland (1991)
Isermann (1998)
Scheithauer und Sommerweiß (1998)
Sixt (1996)

12.2 Lagerbetrieb

Verständnis- und Wiederholungsfragen

1. Aus welchen einzelnen Elementen besteht ein Lagersystem?
2. Nennen Sie die wichtigsten Lagerbauarten.
3. Welche grundlegenden Ziele werden beim Betrieb von Lagersystemen verfolgt?
4. Worin besteht der Unterschied zwischen statischer und dynamischer Lagerung?
5. Erläutern Sie die wichtigsten Prinzipien der Lagerplatzzuordnung.

Übungsaufgabe

AUFGABE E12.2: STEUERUNG VON REGALBEDIENGERÄTEN IN EINEM HOCHREGALLAGER

Betrachtet wird ein Hochregallager, dessen Regalbediengeräte im Einzel- oder Doppelspiel betrieben werden können. Es gelten die folgenden vereinfachenden Annahmen:

- Das Lager verfügt lediglich über eine einzige Gasse mit einer einseitigen Regalzeile. (Typischerweise sind in Hochregallagern mehrere Regalgassen mit beidseitigen Regalzeilen vorhanden. Um die grundlegende Steuerungsproblematik von Regalbediengeräten zu erläutern, reicht jedoch die Betrachtung einer Regalzeile aus.)

- Das Regalbediengerät kann nur einen einzigen Ladungsträger aufnehmen.
- Das Regalbediengerät kehrt nach jedem Bedienzyklus (Einzel- oder Doppelspiel) zum Ausgangspunkt (0,0) zurück. (In wirklichen Hochregallagern verfügt jede Regalgasse i.d.R. über ein eigenes Regalbediengerät, wobei der Lagerbetrieb in den einzelnen Gassen unabhängig voneinander gesteuert werden kann.)
- Die Horizontal- und die Vertikalgeschwindigkeit des Regalbediengeräts entspricht jeweils den Abmessungen eines Regalfachs pro Zeiteinheit. Positionierzeiten usw. werden vernachlässigt.

Die Ausgangsbelegung des Regals mit den Produkten A, ..., F ist BildE.11 zu entnehmen.

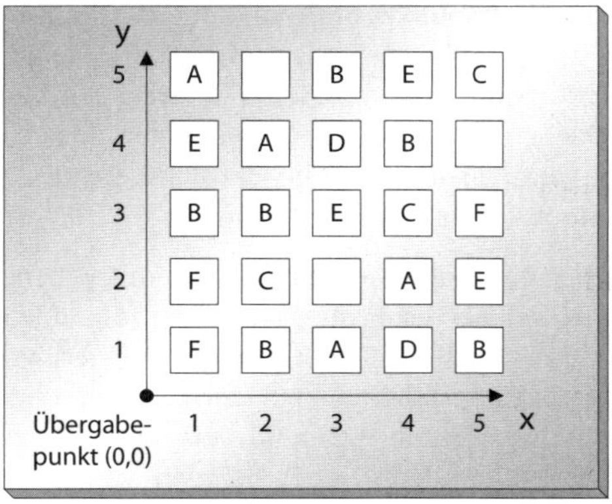

Bild E.11: Belegung einer Regalzeile

Zu einem bestimmten Zeitpunkt liegen die in der folgenden Tabelle angegebenen Aufträge vor, die sich jeweils auf die Ein- bzw. Auslagerung einer einzelnen Palette beziehen.

Nr.	Auftrag
1	Einlagerung von A
2	Einlagerung von B
3	Einlagerung von C
4	Auslagerung von D
5	Auslagerung von E
6	Auslagerung von F

a) Was versteht man unter einem Einzel- bzw. Doppelspiel?

b) Welche Einsatzzeit des Regalbediengerätes ergibt sich, wenn die Aufträge in der angegebenen Reihenfolge im Einzelspiel ausgeführt werden?

c) Nehmen Sie an, bei der Ausführung der Aufträge im Einzelspiel kann eine beliebige Reihenfolge gewählt werden. Definieren Sie eine sinnvolle Entscheidungsregel. Welche Einsatzzeit des Regalbediengerätes ergibt sich bei der Anwendung dieser Entscheidungsregel?

d) Die Aufträge sollen im Doppelspiel ausgeführt werden. Definieren Sie eine sinnvolle Vorgehensweise. Welche Einsatzzeit des Regalbediengerätes ergibt sich hierbei?

LÖSUNG

a) Beim Einzelspiel arbeitet das Regalbediengerät alle Ein- und Auslagerungsaufträge unabhängig voneinander ab. Hierbei entstehen u.U. aufwendige Leerfahrten nach einer Einlagerung zurück zum Wartepunkt des Regalbediengerätes bzw. bei einer Auslagerung vom Wartepunkt zum Entnahmeort. Beim Doppelspiel hingegen wird versucht, zwei gleichzeitig vorliegende Ein- und Auslagerungsaufträge zum Zwecke der Wegeverkürzung zu kombinieren. Hierbei wird zunächst die Einlagerung durchgeführt. Danach steuert das Regalbediengerät das Fach an, aus dem eine Auslagerung getätigt werden soll. Anschließend wird die auszulagernde Palette am Übergabepunkt des Hochregallagers bereitgestellt.

b) Die Abarbeitung der einzelnen Aufträge in der angegebenen Reihenfolge (d.h. nach dem First-Come-First-Served-Prinzip) ist in der folgenden Tabelle zusammengefaßt. Die blockweise Abarbeitung von Ein- und Auslagerungsaufträgen ist durchaus typisch, da häufig mit Endprodukten beladene Paletten schubweise aus dem Produktionssystem angeliefert werden, während beispielsweise unmittelbar anschließend ein LKW mit auszuliefernden Paletten beladen werden muß.

Nr.	Regalfach (x,y)	Produkt (Auftrag)	Effektive Wegstrecke (hin und zurück)
1	(2,3)	A (Einlagerung)	3+3=6
2	(4,5)	B (Einlagerung)	5+5=10
3	(5,2)	C (Einlagerung)	5+5=10
4	(1,4)	D (Auslagerung)	4+4=8
5	(3,3)	E (Auslagerung)	3+3=6
6	(1,1)	F (Auslagerung)	1+1=2

Die gesamte Einsatzzeit des Regalbediengeräts entspricht der insgesamt zurückzulegenden Wegstrecke von 42 Regalfacheinheiten.

c) Aus dem Pool der vorhandenen Ein- und Auslagerungsaufträge kann beispielsweise immer derjenige ausgewählt werden, dessen betreffendes Regalfach am nächsten zum Übergabepunkt (0,0) liegt. Diese Strategie setzt jedoch voraus, daß technische Einrichtungen (Pufferplätze und Handlingeinrichtungen) vorhanden sind, die eine Umstellung der Reihenfolge der ein- bzw. auszulagernden Paletten erlauben. Der Vorteil einer derartigen Strategie besteht darin, daß aus einem nahegelegenen Regalfach zuerst ausgelagert wird und anschließend das Fach wieder mit einer einzulagernden Palette belegt wird. Somit werden u.U. die Wegstrecken, die das Regalbediengerät zurückzulegen hat, erheblich verkürzt. Die sich ergebende Lösung ist in der folgenden Tabelle zusammengefaßt. Anders als in dieser einfachen Aufgabe wird man im realen Anwendungsfall den Auftragspool aufgrund der eintreffenden Aufträge laufend aktualisieren.

Nr.	Regalfach (x,y)	Produkt (Auftrag)	Effektive Wegstrecke (hin und zurück)
6	(1,1)	F (Auslagerung)	1+1=2
1	(1,1)	A (Einlagerung)	1+1=2
2	(2,3)	B (Einlagerung)	3+3=6
5	(3,3)	E (Auslagerung)	3+3=6
3	(3,3)	C (Einlagerung)	3+3=6
4	(1,4)	D (Auslagerung)	4+4=8

Die insgesamt zurückzulegende Wegstrecke des Regalbediengerätes verkürzt sich auf 30 Regalfacheinheiten.

d) Das Doppelspiel kann für die vorliegende Aufgabe wie folgt konkretisiert werden:

- Es wird versucht, Paare von jeweils einem Ein- und einem Auslagerungsvorgang zu bilden, wobei der Einlagerungsvorgang immer zuerst ausgeführt wird.
- Zunächst wird von den verfügbaren Einlagerungsvorgängen derjenige ausgewählt, dessen Regalfach am nächsten zum Übergabepunkt (0,0) liegt.
- Dem jeweils gewählten Einlagerungsvorgang wird derjenige Auslagerungsauftrag zugeordnet, der die Wegstrecke „Übergabepunkt → Einlagerungsfach → Auslagerungsfach → Übergabepunkt" minimiert.

Gemäß dieser heuristischen Vorgehensweise erhält man die folgende Lösung.

Nr.	Regalfach (x,y)	Produkt (Auftrag)	Effektive Wegstrecke (hin und zurück)
1	(2,3)	A (Einlagerung)	
6	(1,1)	F (Auslagerung)	3+2+1=6
2	(1,1)	B (Einlagerung)	
5	(3,3)	E (Auslagerung)	1+2+3=6
3	(3,3)	C (Einlagerung)	
4	(4,3)	D (Auslagerung)	3+1+4=8

Die Wegstrecke, die das Regalbediengerät insgesamt zurückzulegen hat, verkürzt sich weiter auf 20 Regalfacheinheiten. Im praktischen Anwendungsfall ist eine Reduktion der Einsatzzeit von Transport- und Handlingeinrichtungen von ca. 30% durch den Übergang vom Einzel- zum Doppelspiel keine Seltenheit.

Literaturhinweise

Arnold (2002), Kapitel 5
Pfohl (2004), Kapitel B3
Schulte (1999), Abschnitt 4.1
Stadtler (1998)

12.3 Kommissionierung

Verständnis- und Wiederholungsfragen

1. Welche beiden Anwendungsfälle der Kommissionierung sind zu unterscheiden?

2. Erläutern Sie die unterschiedlichen organisatorischen Formen der Kommissionierung.

3. Was versteht man unter den Bereitstellungsprinzipien „Person zur Ware" bzw. „Ware zur Person"?

Übungsaufgabe

AUFGABE E12.3: ZWEISTUFIGE KOMMISSIONIERUNG

Für die Herstellung von Druckmaschinen werden bestimmte Baugruppen benötigt, die in einem eigenständigen Produktionssystem montiert werden. Die zur Montage der Baugruppen erforderlichen Bauteile werden in einem zentralen Lagersystem bereitgehalten. Das Lagersystem ist als Hochregallager ausgelegt und mit Regalbediengeräten ausgestattet, die den wahlfreien Zugriff auf beliebige Fächer innerhalb einer Regalgasse ermöglichen. In ein Regalfach wird jeweils ein Standardbehälter eingelagert, der mit einer bestimmten Anzahl an Bauteilen gefüllt ist. Wie viele Bauteile ein Behälter aufnehmen kann, richtet sich nach den jeweiligen Abmessungen der Bauteile. Da die Losgrößen in der Vorproduktion i.d.R. einem Vielfachen der Behälterkapazität entsprechen, kann davon ausgegangen werden, daß aus der Vorproduktion nur vollständig gefüllte Behälter eingelagert werden.

Bevor ein Produktionsauftrag zur Montage einer bestimmten Baugruppe ausgeführt werden kann, müssen alle für die Montage dieser Baugruppe benötigten Bauteile dem Lager entnommen und in einer eigens eingerichteten Kommissionierzone auftragsbezogen zusammengestellt werden. Die Kommissionierung erfolgt manuell, wobei zur Ablage der aus dem Lager entnommenen Behälter 10 Kommissionierplätze zur Verfügung stehen. Insgesamt reichen diese Kommissionierplätze nicht aus, um alle Aufträge gleichzeitig zu kommissionieren. Daher müssen die Kommissionieraufträge nacheinander abgearbeitet werden. Es ist jedoch sichergestellt, daß alle für einen einzelnen Auftrag benötigten Bauteile in der Kommissionierzone untergebracht werden können. Die dem Lager entnommenen Behälter können einem beliebigen Kommissionierplatz zugeordnet werden. Der Aufbau des Lagersystems und des Kommissionierbereichs ist in Bild E.12 schematisch dargestellt.

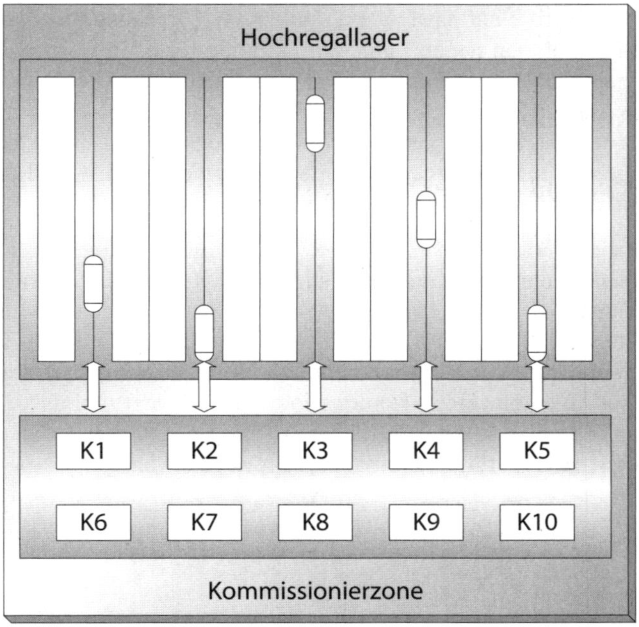

Bild E.12: Hochregallager mit fünf Regalgassen und einer Kommissionierzone mit 10 Kommissionierplätzen

Die Kommissionierung erfolgt für jeden Auftrag (Baugruppentyp) separat, d.h. die für die Montage einer einzelnen Baugruppe benötigten Bauteile werden den an den einzelnen Kommissionierplätzen bereitgestellten Behältern entnommen, bis ein vollständiger Bausatz gebildet ist, der dann zum Weitertransport in den Montagebereich übergeben wird. Dieser Vorgang wird wiederholt, bis die im Kommissionierauftrag definierte Menge an Bausätzen erreicht ist. Anschließend werden die Kommissionierplätze für den nächsten Auftrag eingerichtet. Hierbei kommt es häufig vor, daß aus Kapazitätsgründen Kommissionierplätze geräumt werden müssen. Daher werden Behälter mit Bauteilen, die zunächst nicht mehr benötigt werden, wieder in das Lager zurückbefördert. Es können jedoch ohne weiteres auch Behälter mit Bauteilen im Hinblick auf einen später auszuführenden Auftrag an ihrem Kommissionierplatz verbleiben. Die Wiedereinlagerung von Behältern hat jedoch zur Folge, daß sich im Lager auch zahlreiche nur teilweise gefüllte Behälter befinden. Daher muß das eingesetzte rechnergestützte Lagerverwaltungssystem nicht nur die Belegung der einzelnen Regalfächer mit individuellen Bauteiletypen, sondern auch den Füllstand der einzelnen Behälter erfassen.

Der Durchsatz des Kommissioniersystems wird durch das Auswechseln von Bauteilebehältern an den einzelnen Kommissionierplätzen wesentlich beeinträchtigt. Daher besteht die Zielsetzung bei der Steuerung der Kommissioniertätigkeiten darin, die Anzahl der Zugriffe auf das Lagersystem zur Wiedereinlagerung von Behältern sowie zur Entnahme von neuen Behältern zu minimieren. In welcher Reihenfolge die Aufträge ausgeführt werden, ist grundsätzlich beliebig. Allerdings sind Eilaufträge mit höchster Priorität auszuführen. Ebenso schlägt sich die Wartezeit eines Auftrags seit dessen Freigabe auf die Priorität bei der Auftragsauswahl nieder. Für diese Aufgabe soll jedoch vereinfachend angenommen werden, daß alle Aufträge dieselbe Priorität besitzen.

Aktuell liegt eine Serie von acht Aufträgen vor, für die das Montagematerial in entsprechenden Bausätzen bereitzustellen ist. Welche Bauteile für einen Auftrag (für einen Baugruppentyp) jeweils benötigt werden, ist der folgenden Tabelle zu entnehmen. Der Auftrag 0 entspricht hierbei der aktuellen Belegung der 10 vorhandenen Kommissionierplätze. Vereinfachend kann angenommen werden, daß ein Bauteiletyp jeweils nur einen einzelnen Kommissionierplatz belegt und daß die Wartezeit zur Wiederauffüllung des Bauteilebestandes (d.h. für den Austausch eines leeren Behälters durch einen gefüllten) vernachlässigt werden kann.

Auftrag	Bauteile
0	a, c, d, e, h, k, m, n, q, s
1	c, d, e, f, r
2	m, n, q, s, t
3	d, e, h, m, n, s
4	a, c, d, e, h, q, s
5	c, d, e, f, h, m, n, r, s
6	a, e, i, j, k, l, o, p, q, r
7	c, j, l, p, q
8	b, c, i, j, l, o, p, q, r

Wie sollte man zweckmäßigerweise zur Bestimmung der Auftragsreihenfolge vorgehen? (Ähnliche Planungsprobleme finden sich bei der Bestimmung der Auftragsreihenfolge und der Magazin- bzw. Werkzeugrüstung bei automatisierten Bearbeitungszentren mit beschränkter Bauteile- bzw. Werkzeugmagazinkapazität; vgl. *Günther et al.* (1998) sowie *Günther und Tempelmeier* (1995), Aufgabe D15.17.)

LÖSUNG

Aus Gründen der Übersichtlichkeit und um eine numerische Analyse der Auftragsähnlichkeit zu erleichtern, werden die Bauteileanforderungen der einzelnen Aufträge zunächst in einer sog. Inzidenzmatrix zusammengestellt. Ein Matrixeintrag von „1" bzw. ein leeres Feld (als „0" zu interpretieren) geben hierbei an, daß das betreffende Bauteil für einen bestimmten Auftrag (einen Baugruppentyp) benötigt bzw. nicht benötigt wird. Die Anzahl der jeweils benötigten Bauteile eines Typs (Direktbedarfskoeffizient) wird bei der hier gewählten einfachen Vorgehensweise jedoch nicht erfaßt. Für das betrachtete Zahlenbeispiel ist die Inzidenzmatrix aus der folgenden Tabelle ersichtlich.

	Bauteil																			
Auftrag	a	b	c	d	e	f	g	h	i	j	k	l	m	n	o	p	q	r	s	t
0	1		1	1	1			1			1		1	1			1		1	
1			1	1	1	1												1		
2													1	1			1		1	1
3				1	1			1					1	1					1	
4	1		1	1	1			1									1		1	
5			1	1	1	1		1					1	1				1	1	
6	1				1				1	1	1	1			1	1	1	1		
7			1							1		1			1	1				
8		1	1						1	1		1			1	1	1	1		

Man erkennt zunächst, daß einzelne Bauteile nur für einen einzigen Auftrag verwendet werden (z. B. Bauteil b), während andere Bauteile (z. B. c) für sechs der acht zu montierenden Baugruppen benötigt werden. Weiterhin fällt bei genauerer Betrachtung der Inzidenzmatrix auf, daß die Aufträge 3 und 4 mit der vorhandenen Anfangsbelegung der Kommissionierplätze ausgeführt werden können, ohne daß Bauteilebehälter ausgetauscht werden müssen. Der weitere paarweise Vergleich der einzelnen Zeilen der Inzidenzmatrix macht deutlich, daß die für Auftrag 1 benötigten Bauteiletypen eine Untermenge der für Auftrag 5 benötigten Bauteiletypen darstellen. Dies bedeutet, daß für Auftrag 1 keine zusätzliche Bereitstellung von Bauteilebehältern erforderlich ist, sofern die Kommissionierzone unmittelbar vorher für Auftrag 5 eingerichtet wurde. D.h., die Aufträge 1 und 5 können als eine Auftragsgruppe mit gemeinsamem Bauteilebedarf eingeplant werden. Eine ähnliche Übereinstimmung des Bauteilebedarfs ergibt sich für die Aufträge 7 und 8, die ebenfalls zu einer Gruppe vereinigt werden können. Man erhält folgendes Zwischenergebnis:

Auftragsgruppe	Aufträge	Bauteile
0	0, 3, 4	a, c, d, e, h, k, m, n, q, s
I	1, 5	c, d, e, f, h, m, n, r, s
II	2	m, n, q, s, t
III	6	a, e, i, j, k, l, o, p, q, r
IV	7, 8	b, c, i, j, l, o, p, q, r

I.d.R. ist bei jedem Wechsel zu einer neuen Auftragsgruppe eine Neubelegung einzelner Kommissionierplätze erforderlich. Hinsichtlich der Anzahl der Behälterwechsel an den Kommissionierplätzen lassen sich durch einfache Vorüberlegungen eine optimistische sowie eine pessimistische Schätzung angeben. Da insgesamt 20

Bauteiletypen benötigt werden, aber lediglich 10 Kommissionierplätze vorhanden sind, müssen zumindest 10 Behälterwechsel vorgenommen werden. Eine pessimistische Schätzung der erforderlichen Belegungswechsel der Kommissionierplätze erhält man durch den Vergleich des Bauteilebedarfs einer Auftragsgruppe mit der Ausgangsbelegung der Kommissionierzone (Auftragsgruppe 0). In der folgenden Tabelle ist angegeben, wie viele Behälterwechsel erforderlich sind, wenn eine Auftragsgruppe jeweils unmittelbar im Anschluß an die Auftragsgruppe 0 (Ausgangszustand der Kommissionierzone) ausgeführt wird. (Für die Auftragsgruppe II mit dem Auftrag 2 wäre beispielsweise nur der Bauteiletyp t nachträglich bereitzustellen, während für die Auftragsgruppe IV mit den Aufträgen 7 und 8 insgesamt sieben in der Ausgangsbelegung der Kommissionierplätze noch nicht vorhandenen Bauteiletypen zu kommissionieren wären. Pessimistisch geschätzt wären für alle Auftragsgruppen insgesamt 16 Bauteilebehälter auszuwechseln.

Auftragsgruppe	Aufträge	Behälterwechsel (Bauteile)
I	1, 5	2 (f, r)
II	2	1 (t)
III	6	6 (i, j, l, o, p, r)
IV	7, 8	7 (b, i, j, l, o, p, r)

Da die Bauteiletypen zumeist von mehreren Aufträgen benötigt werden, hängt die tatsächlich erforderliche Anzahl an Behälterwechseln wesentlich von der Auflegungsreihenfolge der Aufträge ab. Durch eine sinnvolle Wahl der Auflegungsreihenfolge kann erreicht werden, daß ein Behälter mit einem bestimmten Bauteiletyp für mehrere unmittelbar nacheinander auszuführende Aufträge an seinem Kommissionierplatz verbleiben kann. Allerdings ist nicht von vornherein bekannt, wie viele Bauteilebehälter beim Übergang von einem Auftrag zu einem anderen ausgewechselt werden müssen. Aus dem Bauteilebedarf des jeweils nächsten Auftrags kann zunächst nur abgeleitet werden, welche Bauteiletypen zusätzlich bereitzustellen sind. Gleichzeitig muß darüber entschieden werden, welche anderen nicht mehr benötigten Bauteiletypen aus der Kommissionierzone zu entfernen sind. Die Auswahl der zu entfernenden Bauteiletypen hängt jedoch von der weiteren Auftragsreihenfolge ab.

Bei einer exakten Modellierung dieses Planungsproblems wären die Auflegungsreihenfolge der Aufträge und der Behälterwechsel an den einzelnen Kommissionierplätzen simultan zu bestimmen. Dieses Planungsproblem ist jedoch so komplex, daß eine optimale Lösung selbst für kleine Problemstellungen nicht mit vertretbarem Rechenaufwand möglich ist. Eine zweckmäßige Vorgehensweise besteht darin, in einem ersten Schritt die Auflegungsreihenfolge der Aufträge zu bestimmen und anschließend im zweiten Schritt die tatsächlich erforderlichen Behälterwechsel zu ermitteln.

Zur Bestimmung der Auflegungsreihenfolge kann man von einer „Umrüstmatrix" ausgehen, die angibt, wie viele Bauteilebehälter zwischen zwei unmittelbar aufeinanderfolgenden Aufträgen ausgewechselt werden müssen. Da der tatsächliche Umrüstaufwand im vorhinein nicht bekannt ist, wird zunächst unterstellt, daß alle Bauteiletypen, die ein Auftrag zusätzlich gegenüber seinem Vorgänger benötigt, tatsächlich bereitgestellt werden müssen, wohlwissend, daß es sich hierbei um eine pessimistische Schätzung handelt, da einige der zusätzlich benötigten Bauteilebehälter bereits in der Kommissionierzone vorhanden sein können.

Die folgende „Umrüstmatrix" enthält Angaben über die entsprechende Anzahl an auszuwechselnden Behältern. Beispielsweise müßten zwei Bauteiletypen, nämlich q und t, zusätzlich bereitgestellt werden, falls die Auftragsgruppe II im Anschluß an I bearbeitet wird, während bei der umgekehrten Auflegungsreihenfolge immerhin sechs Bauteiletypen, nämlich c, d, e, f, h und r zusätzlich benötigt werden.

Behälterwechsel				
	nach			
von	I	II	II	IV
0	2	1	6	7
I	–	2	8	7
II	6	–	9	8
III	7	4	–	2
IV	7	4	2	–

Am Beginn der Auflegungsreihenfolge steht die Ausgangsbelegung der Kommissionierzone (Auftragsgruppe 0 mit anschließender Ausführung der Aufträge 3 und 4). Man kann nun gemäß der obigen „Umrüstmatrix" jeweils diejenige Auftragsgruppe anschließen, die den geringsten Umrüstaufwand in Bezug auf ihre Vorgängerin aufweist. Man erhält so die Auflegungsreihenfolge 0 → (1) → II → (6) → I → (7) → IV → (2) → III der Auftragsgruppen (in Klammern jeweils die Anzahl der geschätzten Behälterwechsel vor Ausführung einer Auftragsgruppe). Insgesamt wären bei dieser Auflegungsreihenfolge gemäß der zugrunde gelegten pessimistischen Schätzung 16 Behälter auszuwechseln. Durch Vertauschen der Auftragsgruppen II und I erhält man die alternative Auflegungsreihenfolge 0 → (2) → I → (2) → II → (8) → IV → (2) → III, die insgesamt 14 Behälterwechsel aufweist. Der tatsächlich erforderliche Umrüstaufwand ist jedoch erheblich geringer, da diejenigen Bauteilebehälter, die nach der Bearbeitung eines Auftrags nicht mehr benötigt werden, zumindest teilweise in der Kommissionierzone verbleiben können.

Für eine gegebene Auflegungsreihenfolge der Aufträge läßt sich die minimale Anzahl an auszuwechselnden Behältern mit Hilfe einer einfachen Entscheidungsregel leicht bestimmen. Diese Entscheidungsregel besagt, daß diejenigen Bauteilebehälter, die am frühesten wieder benötigt werden, in der Kommissionierzone verbleiben. M.a.W., es werden vorrangig solche Bauteiletypen abgerüstet, die erst möglichst spät wieder nachgerüstet werden müssen. Die erforderlichen

Umrüstvorgänge für die zuvor ermittelte Auflegungsreihenfolge der Auftragsgruppen 0 → II → I → IV → III sind in der folgenden Tabelle zusammengefaßt.

Auftragsgruppe	Bauteilebedarf	Aufzurüstende Bauteile	Abzurüstende Bauteile	Kommissionierbare Bauteile
0	–	–	–	a, c, d, e, h, k, m, n, q, s
II	m, n, q, s, t	t	a	c, d, e, h, k, m, n, q, s, t
I	c, d, e, f, h, m, n, r, s	f, r	k, t	c, d, e, f, h, m, n, q, r, s
IV	b, c, i, j, l, o, p, q, r	b, i, j, l, o, p	d, f, h, m, n, s	b, c, e, i, j, l, o, p, q, r
III	a, e, i, j, k, l, o, p, q, r	a, k	b, c	a, e, i, j, k, l, o, p, q, r

Im einzelnen verläuft der Austausch der Bauteilebehälter wie folgt:

- Mit der Ausgangsbelegung der Kommissionierzone können ohne Umrüstvorgänge die Aufträge 3 und 4 ausgeführt werden.
- Die darauf folgende Auftragsgruppe II erfordert zusätzlich das Bauteil t. Abgerüstet werden könnten die Bauteile a, c, d, e, h und k, die jedoch für nachfolgende Aufträge wieder benötigt werden. Die Bauteile a und k werden erst wieder für die letzte zu kommissionierende Auftragsgruppe benötigt. Daher sind sie vorrangig abzurüsten. Die Auswahl ist hier beliebig. Wir entscheiden uns für die Abrüstung von a.
- Für die Auftragsgruppe I müssen die Bauteile f und r nachgerüstet werden. Abgerüstet werden könnten die Bauteile k, q und t. Bauteil t wird für keinen der nachfolgenden Aufträge mehr benötigt. Bauteil q wird bereits für die nächste, Bauteil k jedoch erst für die letzte auszuführende Auftragsgruppe benötigt. Daher wird k ebenfalls abgerüstet.
- Die anschließende Auftragsgruppe IV erfordert die zusätzliche Bereitstellung der Bauteile b, i, j, l, o und p. Nicht mehr benötigt werden die in der Kommissionierzone vorhandenen Behälter mit den Bauteiletypen d, f, h, m, n und s. Daher kann an den betreffenden Kommissionierplätzen ein entsprechender Austausch der Behälter erfolgen.
- Für die letzte Auftragsgruppe III werden die Bauteile b und c durch a und k ersetzt.

Insgesamt sind 11 Bauteilebehälter in der Kommissionierzone auszuwechseln.

Dies entspricht beinahe der optimistischen Schätzung des Umrüstaufwands von 10 nachträglich bereitzustellenden Bauteilebehältern.

Alternativ wurde die Auflegungsreihenfolge 0 $\rightarrow$ I $\rightarrow$ II $\rightarrow$ IV $\rightarrow$ III gebildet. Wie man leicht nachprüfen kann, sind bei dieser Auflegungsreihenfolge ebenfalls 11 Bauteilebehälter auszuwechseln.

Literaturhinweise

Arnold (2002), Kapitel 5
De Koster und van der Poort (1998)
Jansen und Grünberg (1992)
Rosenwein (1996)
Ruben und Jacobs (1999)
Schulte (1999), Abschnitt 4.2

Teil F

Konzeptionen von Produktionsplanungs- und -steuerungssystemen

13 Planungs- und Steuerungsprinzipien

Verständnis- und Wiederholungsfragen

1. Erläutern Sie die Begriffe „PPS-System" und „ERP-System"?

2. Diskutieren Sie die Unterschiede zwischen dem Push- und dem Pull-Prinzip.

3. Erläutern Sie die Begriffe „Kanban", „Kaizen", „Andon".

13.1 Produktionsplanung und -steuerung nach dem Push-Prinzip

Verständnis- und Wiederholungsfragen

1. Nennen Sie die wesentlichen Schwachstellen des herkömmlichen Sukzessivplanungskonzepts, auf dem die meisten EDV-gestützten PPS-Systeme basieren.

2. Was versteht man unter dem Begriff der „Übergangszeit"?

3. Diskutieren Sie die Sinnhaftigkeit der in der PPS-Praxis üblichen Vorgehensweise, die Plan-Durchlaufzeit eines Erzeugnisses als Bestandteil der Stammdaten zu speichern.

Literaturhinweise

Chopra und Meindl (2004)
Drexl et al. (1994)
Stadtler (1996)
Tempelmeier (2003a), Abschnitt D.3.4.4
Zäpfel (1989a), Abschnitt 5.4.2

13.2 Produktionssteuerung nach dem Pull-Prinzip

Verständnis- und Wiederholungsfragen

1. Ein wesentlicher Vorteil des Pull-Prinzips besteht darin, daß sich keine Bestände akkumulieren können. Begründen Sie diese Aussage.

2. Nennen Sie die wichtigsten Voraussetzungen für die Anwendbarkeit des Kanban-Systems.

3. Welche Beziehungen bestehen zwischen stochastischen Lagerhaltungssystemen und einem Pull-System?

Übungsaufgabe

AUFGABE F13.1: MODELLIERUNG EINES PULL-SYSTEMS

Zeichnen Sie eine schematische Darstellung eines M-stufigen Pull-Produktionssystems unter besonderer Berücksichtigung der auftretenden Warteschlangen.

LÖSUNG

Bild F.1 verdeutlicht den Fluß der Werkstücke (Behälter) von links nach rechts (oben) und den Fluß der Produktionsaufträge von rechts nach links (unten). Ein Produktionsvorgang an Station m wird erst dann ausgelöst, wenn sowohl ein voller Behälter aus der vorhergehenden Station $(m-1)$ und ein Produktionsauftrag aus der aktuellen Station m zusammentreffen. Beide müssen dann u.U. noch einmal in der Warteschlange der Station m auf den Bearbeitungsbeginn warten.

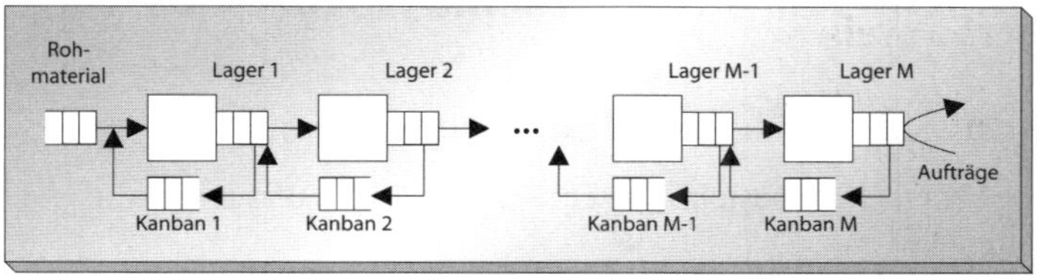

Bild F.1: Pull-System

Literaturhinweise

Bischak (1996)
Drexl et al. (1994)
Gstettner (1998)
Gstettner und Kuhn (1996)
Hopp und Spearman (2001)
Knolmayer (1990)
Tempelmeier (2003a)
Zäpfel (1989a), Abschnitt 5.4.6.2.3
Zavadlav et al. (1996)

14 Modellierung von Geschäftsprozessen

Verständnis- und Wiederholungsfragen

1. Welcher Unterschied besteht zwischen Stammdaten und Dispositionsdaten?
2. Nennen Sie die wichtigsten Typen von Produktionsstammdaten.
3. Welche Aufgabe haben Datenmodelle?
4. Welche Sichten werden zur Beschreibung von Geschäftsprozessen verwendet?
5. Wozu dienen Vorgangskettendiagramme?

Übungsaufgaben

AUFGABE F14.1: SPEICHERUNG EINES GOZINTOGRAPHEN IN EINEM NETZWERK-ORIENTIERTEN DATENBANKSYSTEM

Betrachten Sie in Bild F.2 dargestellten Gozintographen mit zwei Endprodukten, zwei Baugruppen und drei Einzelteilen.

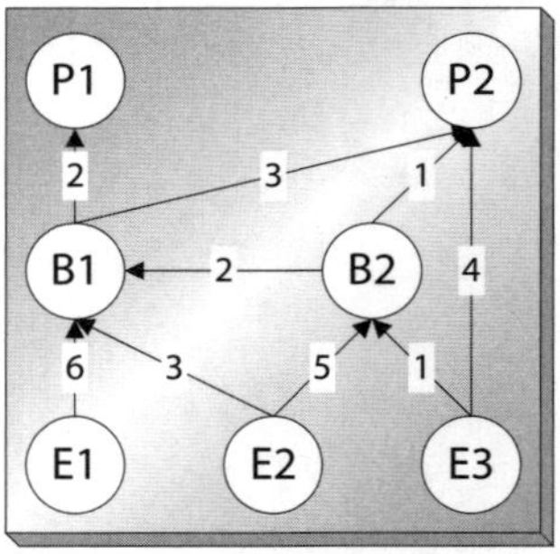

Bild F.2: Gozintograph

a) Entwerfen Sie ein Entity-Relationship-Diagramm für diesen Gozintographen. Speichern Sie diesen Gozintographen nach dem Netzwerkmodell mit Hilfe einer Teilestammdatei und einer Erzeugnisstrukturdatei.

b) Ermitteln Sie den Sekundärbedarf der Baugruppe B2 (Baukasten-Teileverwendungsnachweis) für den Fall, daß für alle direkt übergeordneten Erzeugnisse ein Bedarf von einer Einheit auftritt.

LÖSUNG

a) Das Entity-Relationship-Diagramm ist in Bild F.3 wiedergegeben.

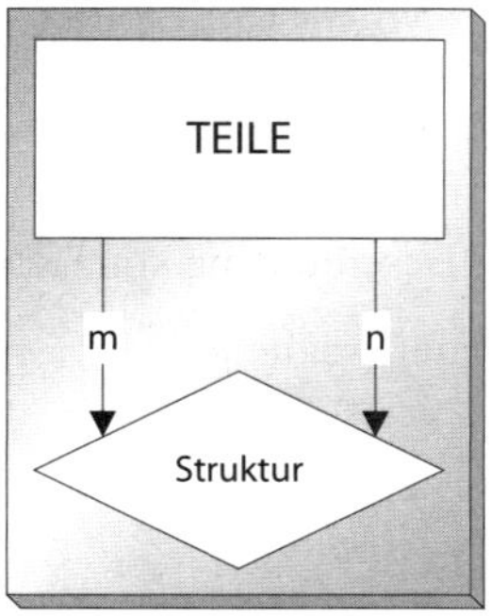

Bild F.3: ERM-Diagramm

Die Teilestamm- und die Erzeugnisstrukturdatei haben folgende Inhalte:

Teilestammdatei:

Satzadresse	Adresse des ersten ausgehenden Pfeiles	Adresse des ersten eintreffenden Pfeiles	Teilebezeichnung
1	10	ENDE	P1
2	20	ENDE	P2
3	50	10	B1
4	80	30	B2
5	ENDE	60	E1
6	ENDE	70	E2
7	ENDE	40	E3

Erzeugnisstrukturdatei:

Satzadresse	Adresse des übergeordneten Teils	Adresse des untergeordneten Teils	Folgeadresse in der Stücklistenverbindung (SLK)	Folgeadresse in der Teileverwendungsverbindung (TVK)	Direktbedarfskoeffizient	Pfeil
10	1	3	ENDE	20	2	B1→ P1
20	2	3	30	ENDE	3	B1→ P2
30	2	4	40	50	1	B2→ P2
40	2	7	ENDE	90	4	E3→ P2
50	3	4	60	ENDE	2	B2→ B1
60	3	5	70	ENDE	6	E1→ B1
70	3	6	ENDE	80	3	E2→ B1
80	4	6	90	ENDE	5	E2→ B2
90	4	7	ENDE	ENDE	1	E3→ B2

b) Wir steigen über den Teilestammsatz der Baugruppe B2 (Ankersatz) in die Datenbank ein und verfolgen die Teilverwendungskette (TVK) bis an ihr Ende:

Einstieg über Teilestammsatz	Adresse des übergeordneten Teils	Bezeichnung des übergeordneten Teils	Zwischensumme Sekundärbedarf der Baugruppe B2	1. Adresse in der Teileverwendungsverbindung
4				30
Erzeugnisstruktursatz				Folgeadresse in der Teileverwendungsverbindung
30	2	P2	1	50
50	3	B1	1+2=3	ENDE

AUFGABE F14.2: ARBEITSPLÄNE, ENTITY-RELATIONSHIP-DIAGRAMM

Zwei Erzeugnisse können jeweils nach zwei verschiedenen Arbeitsplänen produziert werden. Die Arbeitspläne enthalten die Arbeitsgänge „Drehen", „Bohren", „Fräsen", „Schleifen" und „Entgraten". Die Arbeitspläne sind in der folgenden Tabelle angegeben:

Arbeitsplan	Produkt	Arbeitsgang Nr.		
		1	2	3
1	1	Drehen	Bohren	Schleifen
2	1	Drehen	Schleifen	Bohren
3	2	Entgraten	Fräsen	Bohren
4	2	Fräsen	Bohren	Entgraten

Definieren Sie einen Ausschnitt einer Datenbank des Produktionsbereichs mit Hilfe eines ERM-Diagramms. Führen Sie die Entitytypen „TEILE" (Erzeugnisse), „APLAN" (Arbeitspläne), „AGANG" (Arbeitsgänge) und „VORRANGGRAPH" (technologische Reihenfolge zwischen Arbeitsgängen) ein.

LÖSUNG

In Bild F.4 ist das ERM-Diagramm wiedergegeben.

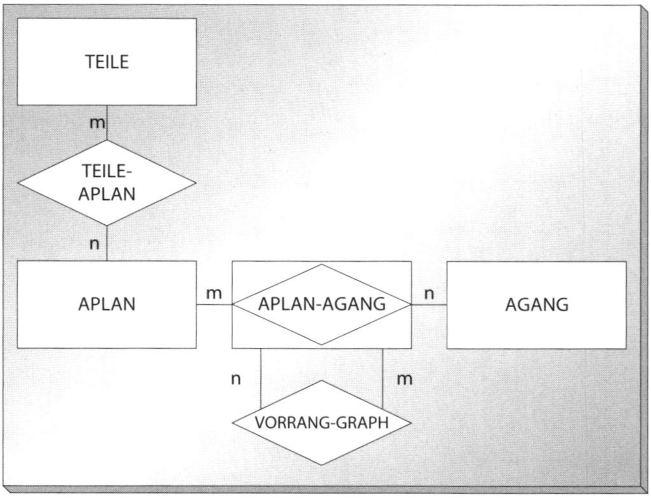

Bild F.4: ERM-Diagramm

Da ein Teil nach mehreren Arbeitsplänen produziert werden kann und andererseits ein Arbeitsplan für mehrere Teile eingesetzt werden kann, führen wir zwischen den Entitytypen TEILE und APLAN einen Beziehungstyp vom Komplexitätsgrad $m : n$ ein. Ein Arbeitsplan umfaßt mehrere Arbeitsgänge, und ein Arbeitsgang kann in mehreren Arbeitsplänen vorkommen. Daher ist auch der Beziehungstyp APLAN-AGANG vom Komplexitätsgrad $m : n$. Eine Beziehung zwischen einem Arbeitsplan und einem Arbeitsgang konkretisiert die Aufnahme des Arbeitsgangs in die Menge der zu dem Arbeitsplan gehörigen Arbeitsgänge. Die Reihenfolge, in der die einzelnen Arbeitsgänge einem Arbeitsplan zugeordnet werden, wird durch den

Beziehungstyp VORRANGGRAPH wiedergegeben. Da ein Arbeitsgang mehrere Vorgänger und mehrere Nachfolger haben kann, ist dieser Beziehungstyp vom Komplexitätsgrad $m : n$.

Literaturhinweise

Scheer (1997, 1998)

15 Advanced Planning Systems

Verständnis- und Wiederholungsfragen

1. Suchen Sie im Internet nach Anbietern von Advanced Planning Software (APS).

2. Nennen Sie die Gründe dafür, daß APS von Softwareunternehmen angeboten werden, obwohl es bereits seit Jahren Produktionsplanungs- und -steuerungssysteme gibt.

3. Beschreiben Sie die Grundstruktur eines APS und erläutern Sie die einzelnen Komponenten eines solchen Systems.

4. Vergleichen Sie das Konzept der kapazitätsorientierten Produktionsplanung und -steuerung mit den in einem typischen APS enthaltenen Funktionen.

5. Welche Bedeutung hat die mathematische Modellierung von Planungsproblemen für die Entwicklung von APS.

6. Ist es sinnvoll, in ein APS auch Funktionen der langfristigen Planung (z. B. Standortplanung) zu integrieren?

7. Suchen Sie im Internet nach Informationen darüber, welche Prognoseverfahren von den APS unterstützt werden?

8. Erläutern Sie die Erweiterungen des „Capable-to-Promise" gegenüber dem „Available-to-Promise".

9. Diskutieren Sie die Optionen, die einem Verkäufer zur Verfügung stehen, wenn er Zugriff auf eine Software mit Available-to-Promise-Unterstützung hat.

10. Welche organisatorischen Konsequenzen entstehen in einem logistischen Netz, wenn ein Verkäufer einem Kunden Lieferzusagen machen kann, die eine Veränderung bestehender Produktions- und Beschaffungspläne erfordern (Capable-to-Promise)?

11. Nennen Sie einige Voraussetzungen, die ein Anwender von APS hinsichtlich seiner Ausbildung mitbringen muß.

Übungsaufgaben

AUFGABE F15.1: GLOBALE VERFÜGBARKEITSPRÜFUNG (AVAILABLE-TO-PROMISE), EINPERIODENMODELL

Nach dem Zusammenschluß mehrerer Kalksandsteinwerke in Nordrhein-Westfalen ist der Verkaufssachbearbeiter Schneider-Lützgendorf (SL) für die Betreuung aller Großkunden des Unternehmens, das acht Produktionsstätten mit angeschlossenen Lägern unterhält, zuständig. An einem Montag erhält SL Aufträge für Kalksandsteine eines bestimmten Typs von insgesamt vier Kunden. Jeder Kunde bezahlt einen kundenspezifischen Stückpreis für die Kalksandsteine, der u. a. unter Berücksichtigung der Auftragsgröße festgelegt wurde. Alle Kunden möchten am nächsten Tag (Dienstag) beliefert werden. SL kennt die aktuellen Lagerbestände an allen Lagerstandorten.

a) Formulieren Sie ein Optimierungsmodell, mit dem SL entscheiden kann, welcher Kunde von welchem Lagerstandort aus beliefert werden soll.

b) Erweitern Sie das Modell um die Option, fehlende Mengen bei einem Fremdlieferanten zu beschaffen.

LÖSUNG

a) SL's Problem läßt sich sehr einfach als ein klassisches Transportproblem (siehe Kapitel 11.1) formulieren und lösen. Wir verwenden folgende Notation:

Indizes:

i	Lagerstandorte ($i = 1, 2, \ldots, I$)
j	Kunden bzw. Aufträge ($j = 1, 2, \ldots, J$)

Variablen:

x_{ij}	Liefermenge vom Lagerstandort i zum Kunden j
$x_{i,J+1}$	verbleibender Lagerbestand am Lagerstandort i
$x_{I+1,j}$	Fehlmenge des Kunden j

Daten:

b_i	Lagerbestand am Lagerstandort i
c_{ij}	Netto-Deckungsbeitrag pro Mengeneinheit bei Belieferung des Kunden j vom Lagerstandort i aus
d_j	Bestellmenge des Kunden j

Die Modellformulierung lautet dann:

Minimiere

$$\sum_{i=1}^{I} -c_{ij} \cdot x_{ij}$$

u. B. d. R.

Angebotsrestriktionen

$$\sum_{j=1}^{J+1} x_{ij} = b_i \qquad i = 1, 2, \ldots, I$$

Nachfragerestriktionen

$$\sum_{i=1}^{I+1} x_{ij} = d_j \qquad j = 1,2,\ldots,j$$

Nichtnegativität

$$x_{ij} \geq 0 \qquad i = 1,2,\ldots,I+1; j = 1,2,\ldots,J+1$$

Da die Algorithmen zur Lösung des klassischen Transportproblems die Minimierung der Zielfunktion voraussetzen, werden alle Netto-Deckungsbeiträge mit dem Faktor (-1) multipliziert.

b) Der Fremdlieferant kann ohne Änderung des Modells durch einen weiteren „Lagerstandort" mit spezifischen Netto-Deckungsbeiträgen modelliert werden.

AUFGABE F15.2: GLOBALE VERFÜGBARKEITSPRÜFUNG (AVAILABLE-TO-PROMISE), MEHRPERIODENMODELL

Ein Hersteller von PC-Komponenten hat mehrere Produktionsaufträge für ein Produkt eingeplant, die zu den folgenden Lagerzugängen führen. Der Anfangslagerbestand sei Null.

Periode	1	2	3	4	5	6	7	8
Zugangsmenge	80	–	80	–	80	–	80	–

An einem bestimmten Tag (Planungszeitpunkt 0) treffen in der Zeit von 9 bis 15 Uhr insgesamt neun Kundenaufträge ein, die in der folgenden Tabelle zusammengefaßt sind. Die Auftragsnummern geben die zeitliche Reihenfolge des Auftragseingangs wieder.

Nummer	1	2	3	4	5	6	7	8	9
Menge	60	20	10	20	60	20	30	60	40
Wunschtermin	1	2	3	4	4	5	5	7	8

a) Stellen Sie die Entwicklung des Lagerbestands im Zeitablauf dar, wenn die Aufträge in der Reihenfolge ihres Eintreffens an die Kunden ausgeliefert werden.

b) Formulieren Sie ein Optimierungsmodell zur Verfügbarkeitsprüfung und zur Bestimmung der Liefertermine aller Aufträge, wobei keine Teillieferungen zulässig sind.

c) Implementieren Sie das Modell mit Hilfe einer geeigneten PC-Software (z. B. AMPL; vgl. *Fourer et al.* (1993)), und bestimmen Sie die optimale Lösung.

d) Wie ändert sich die optimale Lösung, wenn der Auftrag 4 im Bedarfsfall bevorzugt auszuliefern ist?

e) Wie ändert sich das Optimierungsmodell, wenn Teillieferungen zulässig sind?

f) Wie ändert sich die optimale Lösung zu c), wenn Teillieferungen zulässig sind?

LÖSUNG

a) Der Lagerbestand am Ende der Periode t ist die Differenz aus kumulierter Lagerzugangsmenge und kumulierter Lagerabgangsmenge.

Periode	1	2	3	4	5	6	7	8
Kumulierte Zugangsmenge	80	80	160	160	240	240	320	320
Kumulierte Abgangsmenge	60	80	90	170	220	220	280	320
Lagerbestand	20	0	70	–10	20	20	40	0

Der Fehlbestand in Periode 4 zeigt, daß nicht alle Kunden termingerecht beliefert werden können. Die gesamte Lagerzugangsmenge reicht aber aus, um alle Kundenaufträge im Planungszeitraum auszuliefern.

b) Zur Formulierung des Optimierungsmodells definieren wir folgende Symbole:

Indizes:

j	Index der Kundenaufträge ($j = 1, \ldots, J$)
t	Periodenindex ($t = 1, \ldots, T$)

Daten:

c_{jt}	„Wert" der Erfüllung des Kundenauftrags j in Periode t
d_j	Auftragsmenge des Kundenauftrags j
q_t	geplante Zugangsmenge in Periode t

Variablen:

x_{jt}	Binärvariable, die den Wert 1 annimmt, wenn der Kundenauftrag j in Periode t ausgeliefert wird
y_t	Lagerbestand am Ende der Periode t

Das Optimierungsmodell soll dazu dienen, die Kundenaufträge aus den verfügbaren Lagerbeständen möglichst genau zum Wunschtermin auszuliefern. Zu diesem Zweck verwenden wir Zielfunktionskoeffizienten c_{jt}, mit denen die Auslieferung des Kundenauftrags j in Periode t gewichtet wird. Eine Auslieferung des Auftrags j möglichst genau zum Wunschtermin τ_j erreicht man, wenn man die Zielfunktionskoeffizenten des Auftrags für alle Lieferperioden vor τ_j Null setzt und wenn die Zielfunktionskoeffizienten umso kleiner sind, je größer die Terminabweichung ist. Für den Kundenauftrag 5 mit dem Wunschtermin $\tau_5 = 4$ verwenden wir z. B. die Zielfunktionskoeffizienten $\{0, 0, 0, 10, 9, 8, \ldots\}$.

Mit den Nebenbedingungen muß sichergestellt werden, daß jeder Auftrag höchstens einmal erfüllt wird. Außerdem muß die Entwicklung des Lagerbestands durch Lagerbilanzgleichungen beschrieben werden, wie sie z. B. auch in den dynamischen Losgrößenmodellen verwendet werden (vgl. *Günther und Tempelmeier* (2005), Abschnitt 9.1.3; Modell MLCLSP).

Die Modellformulierung lautet:

Maximiere

$$\sum_{j=1}^{J} \sum_{t=1}^{T} c_{jt} \cdot x_{jt}$$

u. B. d. R.

Auslieferung

$$\sum_{t=1}^{T} x_{jt} \leq 1 \qquad j = 1, 2, \ldots, 9$$

Bestandsfortschreibung

$$y_{t-1} + q_t - \sum_{j=1}^{J} d_j \cdot x_{jt} - y_t = 0 \qquad t = 1, 2, \ldots, 8$$

Wertebereiche

$$x_{jt} \in \{0, 1\} \qquad j = 1, 2, \ldots, 9;\ t = 1, 2, \ldots, 8$$

$$y_t \geq 0 \qquad t = 1, 2, \ldots, 8$$

c) Die Formulierung des Optimierungsproblems mit AMPL besteht aus der Modelldefinition und den Problemdaten.

Modelldefinition:

```
set AUF;                           # Menge der Aufträge
param d {AUF}  >= 0;               # Auftragsgrößen
param T > 0;                       # Länge des Planungshorizonts

var X {AUF, 1..T} binary;          # Liefervariablen
var y {0..T} >= 0;                 # Lagerbestand

param q {1..T} >= 0;               # Lagerzugangsmengen
param c {AUF, 1..T} >= 0;          # Zielfunktionskoeffizienten

# Modell:

maximize Ziel:
   sum {j in AUF, t in 1..T} (c[j,t] * X[j,t]);

subject to Auslieferung {j in AUF}:
   sum {t in 1..T} X[j,t] <= 1;

subject to Lagerbilanz t in 1..T:
   y[t-1] + q[t] -  sum {j in AUF} d[j] * X[j,t] - y[t] = 0;

subject to StartLager:
   y[0] = 0;
```

Problemdaten:

```
param T := 8;

set AUF := 1 2 3 4 5 6 7 8 9 ;    # Auftragsnummern

# Kundenaufträge
param d  := 1 60   2 20   3 10   4 20   5 60   6 20   7 30   8 60   9 40;

# Lagerzugänge
param q  := 1 80   2 0   3 80   4 0   5 80   6 0   7 80   8 0 ;

# Gewichte
param c:     1    2    3    4    5    6    7    8   :=
      1     10    9    8    7    6    5    4    3
      2      0   10    9    8    7    6    5    4
      3      0    0   10    9    8    7    6    5
      4      0    0    0   10    9    8    7    6
      5      0    0    0   10    9    8    7    6
      6      0    0    0    0   10    9    8    7
      7      0    0    0    0   10    9    8    7
      8      0    0    0    0    0    0   10    9
      9      0    0    0    0    0    0    0   10   ;
```

Die optimale Lösung (x_{jt}-Werte) dieses Problems sieht wie folgt aus:

$j \backslash t$	1	2	3	4	5	6	7	8	verspätet?
1	1	–	–	–	–	–	–	–	nein
2	–	1	–	–	–	–	–	–	nein
3	–	–	1	–	–	–	–	–	nein
4	–	–	–	1	–	–	–	–	nein
5	–	–	–	–	1	–	–	–	ja
6	–	–	–	–	1	–	–	–	nein
7	–	–	–	–	1	–	–	–	nein
8	–	–	–	–	–	–	1	–	nein
9	–	–	–	–	–	–	–	1	nein

Die Bestandsentwicklung ist in der folgenden Tabelle zusammengefaßt. Da Teillieferungen annahmegemäß ausgeschlossen sind, bleibt am Ende der Periode 4 ein positiver Lagerbestand, obwohl nicht alle Aufträge, deren Wunschtermin in dieser Periode liegt, auch in dieser Periode ausgeliefert werden. Die verwendete Formulierung der Zielfunktion des Optimierungsmodells hat zu einer Verschiebung der Auslieferung des Auftrags 5 geführt. Der Zielwert beträgt 88.

Periode	1	2	3	4	5	6	7	8
Kumulierte Zugangsmenge	80	80	160	160	240	240	320	320
Kumulierte Abgangsmenge	60	80	90	110	220	220	280	320
Lagerbestand	20	0	70	50	20	20	40	0

Untersucht man die Lösung genauer, dann stellt man fest, daß es im Hinblick auf den Lagerbestand günstiger ist, den Auftrag 5 (Auftragsmenge 60) zum Wunschtermin und stattdessen den Auftrag 4 (Auftragsmenge 20) mit Verspätung auszuliefern. Das ist möglich, ohne daß sich der Zielwert (88) verändert. Man kann diese Lösung durch eine Modifikation der Zielfunktion des Modells erreichen, indem man die Lagerbestände mit einem Strafkostensatz h gewichtet und die Summe $\sum_{t=1}^{T} h \cdot y_t$ von der obigen Zielfunktion abzieht. Der Strafkostensatz h im Vergleich zu den c_{jt}-Werten muß so klein sein, daß es nicht zu einer vorzeitigen Belieferung der Kunden kommt. Setzt man im Beispiel $h = 0.0001$, dann ergibt sich die folgende Bestandsentwicklung, die aus dem Austausch der Liefertermine der Aufträge 4 und 5 resultiert. Der Lagerbestand ist nun um insgesamt 40 ME gesunken.

Periode	1	2	3	4	5	6	7	8
Kumulierte Zugangsmenge	80	80	160	160	240	240	320	320
Kumulierte Abgangsmenge	60	80	90	150	220	220	280	320
Lagerbestand	20	0	70	10	20	20	40	0

d) Die verspätete Auslieferung des Auftrags 4 kann vermieden werden, indem man die Zielkoeffizienten dieses Auftrags so verändert, daß seine Terminabweichung eine größere Reduktion des Zielwertes verursacht als die Verspätungen der anderen Aufträge. Dies erreichen wir, indem wir die c_{4t}-Werte von $\{0,0,0,10,9,8,7,6\}$ auf z. B. $\{0,0,0,10,8.9,7.8,6.7,5.6\}$ ändern. Die optimale Lösung dieses Problems ist mit der in c) ermittelten Lösung identisch.

e) Teillieferungen können durch Änderung des Wertebereichs der x_{jt}-Variablen erreicht werden. Wir ersetzen die Bedingung $x_{jt} \in \{0,1\}$ durch die Bedingung $x_{jt} \geq 0$.

f) Da die Ganzzahligkeitsrestriktionen für die x_{jt}-Variablen entfallen sind, erhalten wir ein lineares Optimierungsproblem mit kontinuierlichen Variablen, das vergleichsweise leicht gelöst werden kann. Die optimale Lösung (x_{jt}-Werte) lautet:

$j \backslash t$	1	2	3	4	5	6	7	8	verspätet?
1	1	–	–	–	–	–	–	–	nein
2	–	1	–	–	–	–	–	–	nein
3	–	–	1	–	–	–	–	–	nein
4	–	–	–	1	–	–	–	–	nein
5	–	–	–	0.83	0.17	–	–	–	teilweise
6	–	–	–	–	1	–	–	–	nein
7	–	–	–	–	1	–	–	–	nein
8	–	–	–	–	–	–	1	–	nein
9	–	–	–	–	–	–	–	1	nein

Diese Lösung sieht vor, 50 ME ($= 0.83 \cdot 60$) des Auftrags 5 in Periode 4 und den Rest von 10 ME ($= 0.17 \cdot 60$) in Periode 5 auszuliefern. Die resultierende Bestandsentwicklung sieht dann wie folgt aus:

Periode	1	2	3	4	5	6	7	8
Kumulierte Zugangsmenge	80	80	160	160	240	240	320	320
Kumulierte Abgangsmenge	60	80	90	160	220	220	280	320
Lagerbestand	20	0	70	0	20	20	40	0

Literaturhinweise

Fleischmann und Meyr (2003)
Knolmayer (2001)
Miller (2001)
Stadtler und Kilger (2005)

Literaturverzeichnis

Aaker, D. A. (2001). *Developing Business Strategies* (6. Aufl.). New York: Wiley.

Arnold, D. (2002). *Materialfluß in Logistiksystemen* (3. Aufl.). Berlin: Springer.

Askin, R. und C. Standridge (1993). *Modeling and Analysis of Manufacturing Systems*. New York: Wiley.

Bamberg, G. und A. Coenenberg (2002). *Betriebswirtschaftliche Entscheidungslehre* (11. Aufl.). München: Vahlen.

Bischak, D. P. (1996). Performance of a manufacturing module with moving workers. *IIE Transactions 28*, 723–733.

Bischoff, E. und W. Dowsland (1982). An application of the micro to product design and distribution. *Journal of the OR Society 33*, 271–280.

Bischoff, E. und M. Ratcliff (1995). Issues in the development of approaches to container loading. *Omega – International Journal of Management Science 23*, 377–390.

Błażewicz, J., K. Ecker, E. Pesch, G. Schmidt und J.Węglarz (1996). *Scheduling Computer and Manufacturing Processes* (2. Aufl.). Berlin: Springer.

Chopra, S. und P. Meindl (2004). *Supply Chain Management – Strategy, Planning, and Operation* (2. Aufl.). Upper Saddle River: Prentice-Hall.

Clemen, R. T. und T. Reilly (2001). *Making Hard Decisions with Decisions Tools* (2. Aufl.). Pacific Grove: Duxbury Press.

Conway, R., W. Maxwell, J. McClain und L. Thomas (1988). The role of work-in-process inventory in serial production lines. *Operations Research 36*, 229–241.

De Koster, R. und E. van der Poort (1998). Routing order pickers in a warehouse: A comparison between optimal and heuristic solutions. *IIE Transactions 30*, 469–480.

Decker, M. (1993). *Variantenfließfertigung*. Heidelberg: Physica.

Derstroff, M. (1995). *Mehrstufige Losgrößenplanung mit Kapazitätsbeschränkungen*. Heidelberg: Physica.

Domschke, W. und A. Drexl (1996). *Logistik: Standorte* (4. Aufl.). München: Oldenbourg.

Domschke, W. und A. Drexl (2002). *Einführung in Operations Research* (5. Aufl.). Berlin: Springer.

Domschke, W., A. Scholl und S. Voss (1997). *Produktionsplanung* (2. Aufl.). Berlin: Springer.

Dowsland, W. (1991). Three-dimensional packing – solution approaches and heuristic development. *International Journal of Production Research 29*, 1673–1685.

Drexl, A., B. Fleischmann, H.-O. Günther, H. Stadtler und H. Tempelmeier (1994). Konzeptionelle Grundlagen kapazitätsorientierter PPS-Systeme. *Zeitschrift für betriebswirtschaftliche Forschung 46*, 1022–1045.

Eisenführ, F. und M. Weber (2002). *Rationales Entscheiden* (4. Aufl.). Berlin: Springer.

Fleischmann, B. und H. Meyr (2003). Planning hierarchy, modeling and advanced planning systems. In: T. de Kok und S. Graves (Hrsg.), *Supply Chain Management*, Handbooks in Operations Research and Management Science. Amsterdam: North-Holland.

Fourer, R., D. Gay und B. Kernighan (1993). *AMPL – A Modeling Language For Mathematical Programming*. South San Francisco: Scientific Press.

Fox, M. (1995). *Quality Assurance Management* (2. Aufl.). London: Chapman & Hall.

Frese, E. (1994). Industrielle Personalwirtschaft. In: M. Schweitzer (Hrsg.), *Industriebetriebslehre.* (2. Aufl.). München: Vahlen. S. 219–325.

Garvin, D. (1992). *Operations Strategy: Text and Cases*. Englewood Cliffs: Prentice Hall.

Geselle, M. (1997). *Hierarchische Produktionsplanung bei Werkstattproduktion.* Glienicke/Berlin: Galda + Wilch.

Gietz, M. (1994). *Computergestützte Tourenplanung mit zeitkritischen Restriktionen.* Heidelberg: Physica.

Grunow, M. und H.-O. Günther (2002). Simultaneous Engineering. In: H.-U. Küpper und A. Wagenhofer (Hrsg.), *Handwörterbuch Unternehmensrechnung und Controlling* (4. Aufl.). Stuttgart: Poeschel.

Gstettner, S. (1998). *Leistungsanalyse von Produktionsssteuerungssystemen.* Heidelberg: Physica.

Gstettner, S. und H. Kuhn (1996). Analysis of production control systems Kanban and CONWIP. *International Journal of Production Research 34*, 3253–3273.

Günther, H.-O. (1989). *Produktionsplanung bei flexibler Personalkapazität.* Stuttgart: Poeschel.

Günther, H.-O. (1990). Bestimmung kostenminimaler Produktionspläne mit Hilfe der Tabellenkalkulation. *WiSt – Wirtschaftswissenschaftliches Studium 19*(6), 275–279.

Günther, H.-O. (1992). Netzplanorientierte Auftragsterminierung bei offener Fertigung. *OR Spektrum 14*, 229–240.

Günther, H.-O. (2000). Hierarchische Produktionsplanung. In: H. Corsten (Hrsg.), *Lexikon der Betriebswirtschaftlehre* (4. Aufl.). München: Oldenbourg. S. 335–339.

Günther, H.-O., M. Gronalt und R. Zeller (1998). Job sequencing and component setup on a surface mount placement machine. *Production Planning & Control 9*, 201–211.

Günther, H.-O. und C. Strauß (1994). Flexible Schicht- and Personaleinsatzplanung. In: H. Corsten (Hrsg.), *Handbuch Produktionsmanagement*. Wiesbaden: Gabler. S. 943–962.

Günther, H.-O. und H. Tempelmeier (1995). *Produktionsmanagement – Einführung mit Übungsaufgaben* (2. Aufl.). Berlin: Springer.

Günther, H.-O. und H. Tempelmeier (2005). *Produktion und Logistik* (6. Aufl.). Berlin: Springer.

Hahn, D. und B. Taylor (1999). *Strategische Unternehmungsplanung – Strategische Unternehmungsführung* (8. Aufl.). Heidelberg: Physica.

Hamel, W. (1996). Arbeits- und Leistungsbewertung. In: W. Wittmann, W. Kern, R. Köhler, H.-U. Küpper und K. von Wysocki (Hrsg.), *Handwörterbuch der Produktionswirtschaft*. Stuttgart: Schäffer-Poeschel. S. 101–115.

Hansmann, K.-W. (2001). *Industrielles Management* (7. Aufl.). München: Oldenbourg.

Heizer, J. und B. Render (2004). *Operations Management* (7. Aufl.). Upper Saddle River: Prentice Hall.

Helber, S. (1994). *Kapazitätsorientierte Losgrößenplanung in PPS-Systemen*. Stuttgart: M&P, Verlag für Wissenschaft und Forschung.

Helber, S. (2004). Konfigurationsplanung bei Fließproduktion. In: D. Arnold, H. Isermann, A. Kuhn und H. Tempelmeier (Hrsg.), *Handbuch Logistik* (2. Aufl.). Berlin: Springer. S. A3–21–A3–31.

Hill, T. (2000). *Manufacturing Strategy: Text and Cases* (3. Aufl.). Homewood, Ill.: Irwin.

Homburg, C. (2000). *Quantitative Betriebswirtschaftslehre* (3. Aufl.). Wiesbaden: Gabler.

Hopp, W. J. und M. L. Spearman (2001). *Factory Physics – Foundations of Manufacturing Management* (2. Aufl.). Boston: McGraw-Hill.

Isermann, H. (1987). Ein Planungssystem zur Optimierung der Palettenbeladung mit kongruenten rechteckigen Versandgebinden. *OR Spektrum 9*, 235–249.

Isermann, H. (1998). Stauraumplanung. In: H. Isermann (Hrsg.), *Logistik*. (2. Aufl.). Landsberg/Lech: Moderne Industrie. S. 245–286.

Jansen, R. und R. Grünberg (1992). Trends in der Kommissioniertechnik. *Zeitschrift für Logistik 13*(1), 4–15.

Kern, W. (1992). *Industrielle Produktionswirtschaft* (5. Aufl.). Stuttgart: Poeschel.

Klein, R. (1999). *Scheduling of Resource-Constrained Projects*. Boston: Kluwer.

Klein, R. und A. Scholl (2004). *Planung und Entscheidung*. München: Vahlen.

Knolmayer, G. (1990). Stand and Entwicklungstendenzen der computergestützten Produktionsplanung and -steuerung. In: K. Kurbel und H. Strunz (Hrsg.), *Handbuch Wirtschaftsinformatik*. Stuttgart: Poeschel.

Knolmayer, G. (2001). Advanced Planning and Scheduling Systems: Optimierungsmethoden als Entscheidungskriterium für die Beschaffung von Software-Paketen? In: U. Wagner (Hrsg.), *Zum Erkenntnisstand der Betriebswirtschaftslehre am Beginn des 21. Jahrhunderts*. Berlin: Duncker & Humblot. S. 135–155.

Kolisch, R. (1995). *Project Scheduling under Resource Constraints*. Heidelberg: Physica.

Kruschwitz, L. (1998). *Investitionsrechnung* (7. Aufl.). Berlin: DeGruyter.

Kuhn, H. (2002). Analyse des Nutzungsgrads verketteter Produktionsanlagen. *Zeitschrift für wirtschaftliche Fertigung 97*(3), 116–120.

Kuhn, H. (2004). Konfigurationsplanung bei Zentrenproduktion. In: D. Arnold, H. Isermann, A. Kuhn und H. Tempelmeier (Hrsg.), *Handbuch Logistik* (2. Aufl.). Berlin: Springer. S. A3–31–A3–45.

Küpper, H.-U. und S. Helber (2004). *Ablauforganisation in Produktion und Logistik* (3. Aufl.). Stuttgart: Schäffer-Poeschel.

Kupsch, P. und R. Marr (1991). Personalwirtschaft. In: E. Heinen (Hrsg.), *Industriebetriebslehre*, S. 729–896. (9. Aufl.). Wiesbaden: Gabler.

Luczak, H. (1998). *Arbeitswissenschaft* (2. Aufl.). Berlin: Springer.

Miller, T. (2001). *Hierarchical Operations and Supply Chain Planning*. London: Springer-Verlag.

Nahmias, S. (2001). *Production and Operations Analysis* (4. Aufl.). Homewood, Ill.: Irwin.

Neumann, K. (1996). *Produktions- und Operations-Management*. Berlin: Springer.

Neumann, K. und M. Morlock (1993). *Operations Research*. München: Hanser.

Neumann, K., C. Schwindt und J. Zimmermann (2003). *Project Scheduling with Time Windows and Scarce Resources* (2. Aufl.). Berlin: Springer.

Pesch, E. (1998). Einlastungsstrategien in der Werkstattfertigung. In: H. Isermann (Hrsg.), *Logistik*. (2. Aufl.). Landsberg/Lech: Moderne Industrie. S. 353–367.

Pfohl, H.-C. (2004). *Logistiksysteme* (7. Aufl.). Berlin: Springer.

Pinedo, M. und X. Chao (1999). *Operations Scheduling*. Boston: Irwin/McGraw-Hill.

Porter, M. (1999). *Wettbewerbsstrategie: Methoden zur Analyse von Branchen and Konkurrenten* (10. Aufl.). Frankfurt am Main: Campus.

Rosenwein, M. (1996). A comparison of heuristics for the problem of batching orders for warehouse selection. *International Journal of Production Research 34*, 657–664.

Ross, J. (1994). *Total Quality Management* (2. Aufl.). London: Kogan Page.

Ruben, R. und F. Jacobs (1999). Batch construction heuristics and storage assignment strategies for walk/ride and pick systems. *Management Science 45*, 575–596.

Scheer, A.-W. (1997). *Wirtschaftsinformatik* (7. Aufl.). Berlin: Springer.

Scheer, A.-W. (1998). *ARIS – Vom Geschäftsprozeß zum Anwendungssystem* (3. Aufl.). Berlin: Springer.

Scheithauer, G. und U. Sommerweiß (1998). 4-block heuristic for the rectangle packing problem. *European Journal of Operational Research 108*, 509–526.

Schneeweiß, C. (1991). *Planung 1*. Berlin: Springer.

Schneeweiß, C. (2002). *Einführung in die Produktionswirtschaft* (8. Aufl.). Berlin: Springer.

Scholl, A. (1999). *Balancing and Sequencing of Assembly Lines* (2. Aufl.). Heidelberg: Physica.

Schonberger, R. und E. Knod Jr. (1997). *Operations Management – Serving the Customer* (6. Aufl.). Homewood, Ill.: Irwin.

Schulte, C. (1999). *Logistik* (3. Aufl.). München: Oldenbourg.

Silver, E. A., D. F. Pyke und R. Peterson (1998). *Inventory Management and Production Planning and Scheduling* (3. Aufl.). New York: Wiley.

Simon, H. (1988). Management strategischer Wettbewerbsvorteile. *Zeitschrift für Betriebswirtschaft 58*, 461–480.

Sixt, M. (1996). *Dreidimensionale Packprobleme*. Frankfurt am Main: Peter Lang Europäischer Verlag der Wissenschaften.

Stadtler, H. (1996). Hierarchische Produktionsplanung. In: W. Kern, H.-H. Schröder und J. Weber (Hrsg.), *Handwörterbuch der Produktionswirtschaft* (2. Aufl.). Stuttgart: Schäffer-Poeschel. S. 631–641.

Stadtler, H. (1998). Gestaltung von Lagersystemen. In: H. Isermann (Hrsg.), *Logistik*. (2. Aufl.). Landsberg/Lech: Moderne Industrie. S. 223–235.

Stadtler, H. und C. Kilger (Hrsg.) (2005). *Supply Chain Management and Advanced Planning* (3. Aufl.). Berlin: Springer.

Tempelmeier, H. (1983). *Quantitative Marketing-Logistik*. Berlin: Springer.

Tempelmeier, H. (1992). Planung Flexibler Fertigungssysteme. *WISU – Das Wirtschaftsstudium 21*, 407–413.

Tempelmeier, H. (2003a). *Material-Logistik – Modelle und Algorithmen für die Produktionsplanung und -steuerung und das Supply Chain Management* (5. Aufl.). Berlin: Springer.

Tempelmeier, H. (2003b). Practical considerations in the optimization of flow production systems. *International Journal of Production Research 41*(1), 149–170.

Tempelmeier, H. (2005). Produktion und Logistik. In: M. Bitz, R. Ewert, M. Domsch und F. Wagner (Hrsg.), *Vahlens Kompendium der Betriebswirtschaftslehre, Band 1* (5. Aufl.). München: Vahlen.

Tempelmeier, H. und H. Kuhn (1993). *Flexible Fertigungssysteme – Entscheidungsunterstützung für Konfiguration und Betrieb*. Berlin: Springer.

Tempelmeier, H. und H. Kuhn (1996). Softwaretools zur Kapazitätsplanung flexibler Produktionssysteme. *Industrie Management 12*(3), 29–33.

Ulrich, K. T. und S. D. Eppinger (2004). *Product Design and Development* (3. Aufl.). New York: McGraw-Hill.

Vollmann, T. E., W. L. Berry, D. C. Whybark und F. Jacobs (2004). *Manufacturing Planning and Control Systems* (5. Aufl.). Homewood, Ill.: Irwin.

Wäscher, G. (1985). Ökonomische Grundlagen der innerbetrieblichen Standortplanung. *WiSt – Wirtschaftswissenchaftliches Studium 14*, 237–244.

Wäscher, G. (1993). Logistikorientiertes Layout von Fertigungssystemen. In: P. Milling und G. Zäpfel (Hrsg.), *Betriebswirtschaftliche Grundlagen moderner Produktionsstrukturen*. Herne: Neue Wirtschafts-Briefe. S. 77–104.

Zäpfel, G. (1989a). *Strategisches Produktionsmanagement*. Berlin: De Gruyter.

Zäpfel, G. (1989b). *Taktisches Produktionsmanagement*. Berlin: De Gruyter.

Zäpfel, G. (1996). *Grundzüge des Produktions- und Logistikmanagement*. Berlin: DeGruyter.

Zavadlav, E., J. O. McClain und L. J. Thomas (1996). Self-buffering, self-balancing, self-flushing production lines. *Management Science 42*, 1151–1164.

Ziegler, H. (1990). Produktionsablaufplanung and -steuerung bei Mehrproduktfließlinien. In: K.-P. Kistner, J. Ahrens, G. Feichtinger, J. Minnemann und L. Streitferdt (Hrsg.), *Operations Research Proceedings 1989*. Berlin: Springer. S. 161–171.

Zink, K. (1992). Total Quality Management. In: K. Zink (Hrsg.), *Qualität als Managementaufgabe* (2. Aufl.). Landsberg/Lech: Verlag Moderne Industrie. S. 9–52.

Zink, K. (1993). Partizipative Konzepte in der „Fabrik der Zukunft". In: P. Milling und G. Zäpfel (Hrsg.), *Betriebswirtschaftliche Grundlagen moderner Produktionsstrukturen*. Herne: Neue Wirtschafts-Briefe. S. 267–280.

Zülch, G. (1996). Arbeitsplatzgestaltung. In: W. Wittmann, W. Kern, R. Köhler, H.-U. Küpper und K. von Wysocki (Hrsg.), *Handwörterbuch der Produktionswirtschaft*. Stuttgart: Schäffer-Poeschel. S. 126–137.

Anhang

A.1 PMT-Produktions-Management-Trainer

Der Produktions-Management-Trainer (PMT) ist ein unter MS-Windows lauffähiges interaktives Programm, mit dem zahlreiche der in diesem Lehrbuch angesprochenen Probleme und eine große Anzahl von Fragestellungen, die eher dem produktionswirtschaftlichen Vertiefungsstudium zuzurechnen sind, bearbeitet werden können. Der PMT soll dem Nutzer die Möglichkeit bieten, quantitative Entscheidungsprobleme aus der Produktion und der Logistik Schritt für Schritt nachvollziehbar zu lösen. Dabei kann auf vordefinierte Beispiele zurückgegriffen werden. Man kann aber auch eigene Beispieldaten eingeben. Besonderes Ziel ist es dabei, nicht nur die fertige Lösung eines Problems, d. h. das Ergebnis eines kompletten Lösungsverfahrens, sondern auch die Folge der algorithmischen Zwischenschritte, die bis zur endgültigen Lösung des Problems zu durchlaufen sind, darzustellen. Dies zeigt Bild 1 anhand des Moduls zur exponentiellen Glättung zweiter Ordnung, wo nach Eingabe des aktuellen Beobachtungswertes und Betätigung des „Berechnen"-Knopfs in einem Zwischenergebnisfeld die Prognoseformel mit den aktuellen numerischen Werten angezeigt wird.

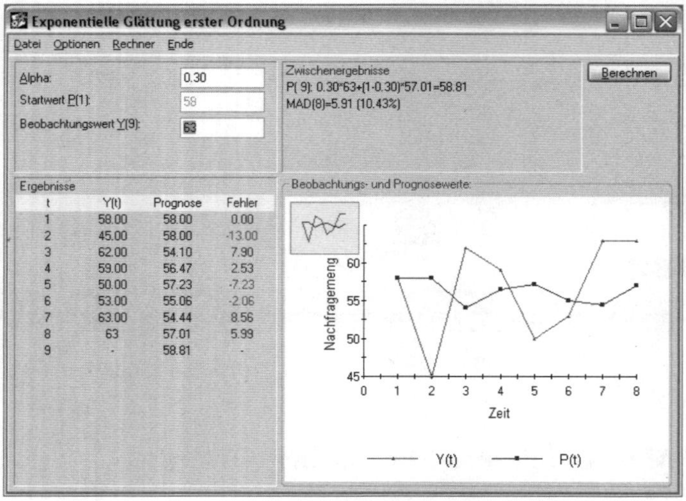

Bild 1: Exponentielle Glättung zweiter Ordnung

Die Zwischenergebnisse können größtenteils auch über die Windows-Zwischenablage gesichert werden. Die Ergebnisdarstellung wird soweit wie möglich durch graphische Darstellungen ergänzt. Dies zeigt Bild 2, in dem der Bildschirm zur Fließbandabstimmung wiedergegeben ist. Hier werden die einzelnen Zwischenschritte des Planungsverfahrens tabellarisch und graphisch dokumentiert. Dadurch kann der Anwender seine eigenen Berechnungen detailliert überprüfen.

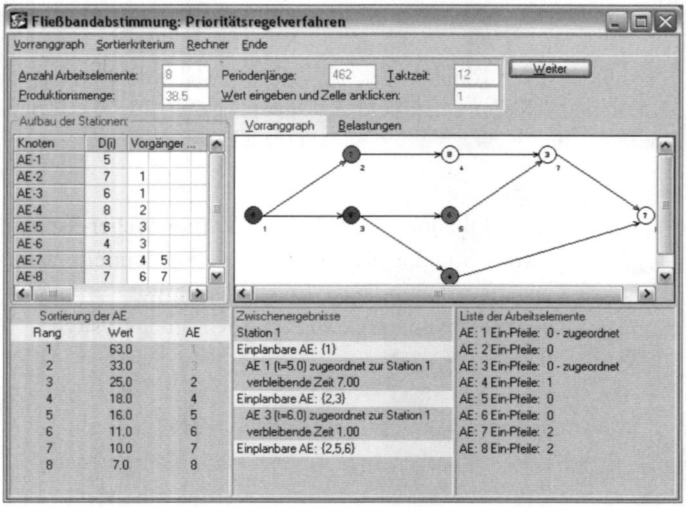

Bild 2: Fließbandabstimmung

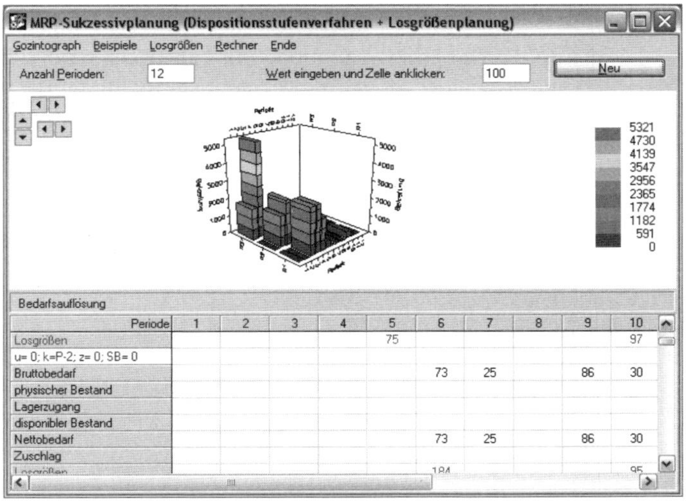

Bild 3: MRP-Sukzessivplanungskonzept

Für jedes betrachtete Problem bzw. Lösungsverfahren existiert ein Modul, mit dem der Anwender über ein problemspezifisches Fenster kommunizieren kann. Während einige Module primär auf die Übung von Rechenverfahren abgestellt sind, dienen andere Module dazu, die Auswirkungen bestimmter Entscheidungsoptionen quantitativ darzustellen. Dies gilt z. B. für das in Bild 3 dargestellte Modul zur MRP-Sukzessivplanung, das die Auswirkungen unterschiedlicher Verfahren zur Losgrößenplanung, wie sie in den derzeit gängigen PPS-Systemen eingesetzt werden, auf die Kapazitätsbelastung der Ressourcen zeigt.

Die für das vorliegende Lehrbuch relevanten Module sind in der folgenden Übersicht mit einem PC-Symbol gekennzeichnet:

1.		Taktische Produktionsplanung
11.		Standortplanung
111.		Standortplanung in der Ebene (Steiner-Weber-Modell)
112.		Diskrete Standortplanung (gegebene potentielle Standorte)
12.		Kapazitätsplanung bzw. Leistungsanalyse
121.		Kapazitätsplanung für Flexible Fertigungssysteme
1211.		Statischer Ansatz
1212.		Mittelwert-Analyse
122.		Kapazitätsplanung für Produktionsinseln
123.		Kapazitätsplanung für Fließproduktionssysteme
1231.		Zwei Stationen mit beschränkten Puffern (Markov-Modell)
1232.		Drei Stationen mit beschränkten Puffern (Markov-Modell)
1233.		M Stationen

12331. M/M/1-Warteschlangenmodell mit unbeschränkten Puffern
12332. GI/G/1-Warteschlangenmodell mit unbeschränkten Puffern
12333. Abschätzungsformeln für Systeme mit beschränkten Puffern
12334. M/M/1-Warteschlangenmodell mit beschränkten Puffern
1234. GI/G/1-Warteschlangenmodell mit beschränkten Puffern
13. Fließbandabstimmung
14. Innerbetriebliche Standortplanung

2. Operative Produktionsplanung
21. Beschäftigungsglättung
211. LP-Modell (mehrperiodig)
212. Column-Minima-Verfahren
213. Supply Network Planning (einstufig)
214. Supply Network Planning (mehrstufig)
22. Hauptproduktionsprogrammplanung
221. Globale Belastungsfaktoren
222. Kapazitätsbedarfsprofil
23. Materialbedarfsplanung
231. ABC-Analyse
232. Programmorientierte Verfahren
2321. Lineares Gleichungssystem
2322. MRP-Sukzessivplanungskonzept (Dispositionsstufenverfahren einschl. dynamischer Losgrößenplanung und Kapazitätsbelastungsübersicht)
233. Verbrauchsorientierte Verfahren
2331. Zeitreihenanalyse
2332. Exponentielle Glättung 1. Ordnung
2333. Exponentielle Glättung 2. Ordnung
2334. Verfahren von Holt
2335. Verfahren von Winters
24. Losgrößenplanung
241. Klassische Bestellmenge
242. Klassische Losgröße
243. Mehrprodukt-Losgrößenplanung
244. Dynamische Losgrößenmodelle
2441. Exakte Lösung (Wagner-Whitin-Verfahren)
2442. Silver-Meal-Verfahren
2443. Verfahren von Groff
2444. Gleitende wirtschaftliche Losgröße
2445. Mehrstufige Losgrößenplanung
245. Durchlaufzeit versus Losgröße

2451.	Einstufige Einprodukt-Produktion
2452.	Einstufige Mehrprodukt-Produktion
25.	Terminplanung
251.	Durchlaufterminierung (MPM-Netzplantechnik)
252.	Terminplanung mit beschränkten Ressourcen (RCPSP)
253.	Ablaufplanung
2531.	Eine Maschine
25311.	Prioritätsregeln
25312.	Reihenfolgeabhängige Rüstkosten/-zeiten (Traveling-Salesman-Problem)
2522.	Johnson-Verfahren (zwei Maschinen)
26.	Lagerhaltungspolitiken
261.	(s,q)-Politik (β-Servicegrad-Restriktion)
262.	(s,q)-Politik (Lieferzeit-Restriktion)
263.	Simulation einer (s,q)-Politik
264.	(r,S)-Politik (β-Servicegrad-Restriktion)
265.	Simulation einer (r,S)-Politik
266.	Simulation der Nachfragemenge in der Wiederbeschaffungszeit
267.	Sicherheitsbestand bei normalverteilter Nachfrage in der Wiederbeschaffungszeit
268.	Erwartungswert der Fehlmenge bei diskreter Verteilung der Nachfrage in der Wiederbeschaffungszeit
27.	Transportplanung (Klassisches Transportproblem)
3.	Verschiedenes
31.	Qualitätskontrolle
311.	Annahmekennlinien bei losweiser Kontrolle
312.	Prozeßkontrolle
32.	Instandhaltungsplanung
33.	OR: Kürzeste-Wege-Algorithmus nach Dijkstra
34.	OR: Warteschlangenmodelle

Die Benutzeroberfläche des PMT ist so gestaltet, daß auch der ungeübte PC-Benutzer mit dem Programm zurechtkommt. Prinzipiell sind immer zuerst Beispieldaten einzugeben. Anschließend kann das Lösungsverfahren mit seinen einzelnen Zwischenschritten ausgeführt werden.

A.2 Ein multimediales Lernsystem zur Produktion und Logistik

Zur Veranschaulichung der Fragestellungen aus den Bereichen Produktion und Logistik und zu ihrer Vertiefung wurde ein multimediales Lernsystem entwickelt, das dem Nutzer weitere Einblicke in die Planungsprobleme der Produktion und Logistik verschaffen soll. Das auf einer CD (ca. 430 MB) verfügbare Lernsystem enthält graphische Übersichtsdarstellungen, Fotos, kurze Zusammenfassungen, schrittweise durch den Nutzer aktivierbare Algorithmen, Simulationsmodelle und kurze digitalisierte Filmsequenzen von realen Produktionsabläufen. Die folgenden Darstellungen vermitteln einen ersten Eindruck von der Benutzeroberfläche des Systems.

Bild 4: Hauptfenster

Derzeit stehen fünf Lernmodule zu den Themengebieten Flexible Fertigungssysteme, Fließproduktion, Bestandsmanagement, Losgrößenplanung und Materialbedarfsplanung (MRP) zur Verfügung.

Vor allem die Themengebiete Flexible Fertigung und Fließproduktion können sinnvoll durch Filmsequenzen illustriert werden, da wohl die meisten Studierenden keine praktische Vorstellung von derartigen Produktionssystemen haben. Im folgenden Bild wird eine Filmsequenz zum Werkzeugwechsel mit einem Werkzeugkettenmagazin gezeigt.

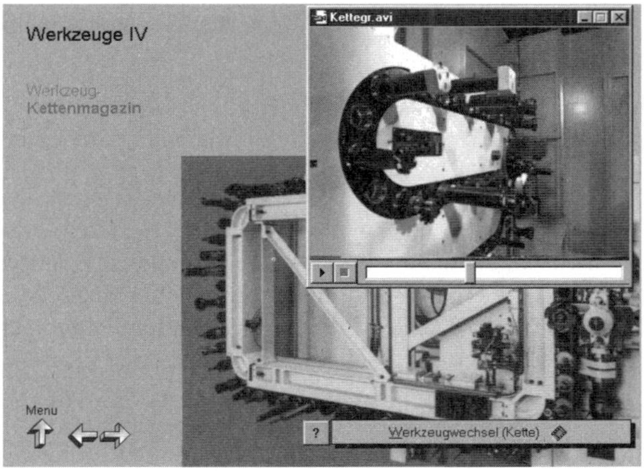

Bild 5: Eine Seite zum Thema Flexible Fertigung

In anderen Themenbereichen liegt der Schwerpunkt auf umfangreichen Vergleichen verschiedener Algorithmen anhand von Beispielen. So kann der Nutzer z. B. im Themengebiet Materialbedarfsplanung (MRP) mit einem einfachen Blättern durch das Lernsystem sehr schnell die Auswirkungen unterschiedlicher Algorithmen auf die Lösung eines Beispiels erkennen.

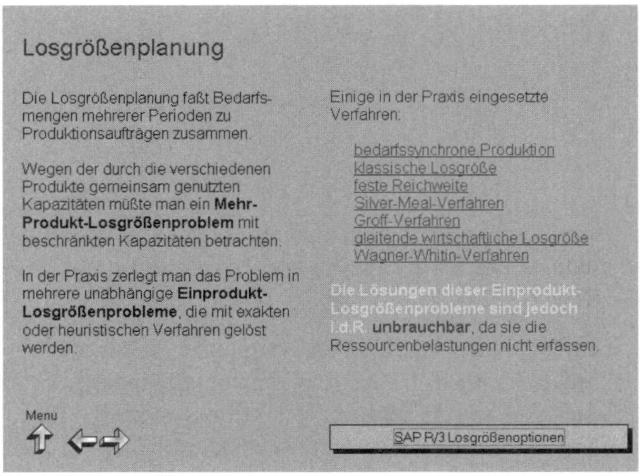

Bild 6: Eine Seite zum Thema Losgrößenplanung im MRP-Konzept

Das Lernsystem kann im Hörsaal zur multimedialen Unterstützung des Unterrichts eingesetzt werden. Es kann aber auch von den Studierenden zur Nachbereitung des Vorlesungsstoffes genutzt werden. Die Erfahrungen zeigen, daß die Konzeption tragfähig ist und daß der Prozeß der Wissensvermittlung erheblich erleichtert wird.

Interessenten können beide Systeme (Produktions-Management-Trainer sowie Produktion-und-Logistik-CD) gegen Entgelt bei folgender Adresse beziehen:

POM Prof. Tempelmeier GmbH
Am Kapellenbusch 13
D-50374 Erftstadt
Tel. 02235 430704 – Fax. 02235 9299251
URL http://www.pom-consult.de